时尚百搭毛衫

谭阳春 主编

辽宁科学技术出版社

·沈阳·

本书编委会
主　编　谭阳春
编　委　王丽波　王艳青　李玉栋　贺梦瑶　罗　超

图书在版编目（CIP）数据

时尚百搭毛衫/谭阳春主编. —沈阳：辽宁科学技术出版社，2011.9
ISBN 978-7-5381-7028-3

I. ①时… II. ①谭… III. ①毛衣—编织—图集 IV. ①TS941.763-64

中国版本图书馆CIP数据核字（2011）第115953号

如有图书质量问题，请电话联系
湖南攀辰图书发行有限公司
地　　址：长沙市车站北路236号芙蓉国土局B栋1401室
邮　　编：410000
网　　址：www.penqen.cn
电　　话：0731-82276692　82276693

出版发行：辽宁科学技术出版社
（地址：沈阳市和平区十一纬路29号　邮编：110003）
印 刷 者：湖南新华精品印务有限公司
经 销 者：各地新华书店
幅面尺寸：185 mm × 210 mm
印　　张：9
字　　数：40千字
出版时间：2011年9月第1版
印刷时间：2011年9月第1次印刷
责任编辑：郭　莹　众　合
摄　　影：郭　力
封面设计：效国广告
版式设计：天闻·尚视文化
责任校对：王玉宝

书　　号：ISBN 978-7-5381-7028-3
定　　价：24.80元
联系电话：024-23284376
邮购热线：024-23284502
淘宝商城：http://lkjcbs.tmall.com
E-mail：lnkjc@126.com
http：//www.lnkj.com.cn
本书网址：www.lnkj.cn/uri.sh/7028

目录 CONTENTS

Lianglikaijinpian

靓丽开襟篇

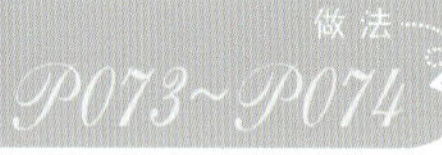

做法 P073~P074

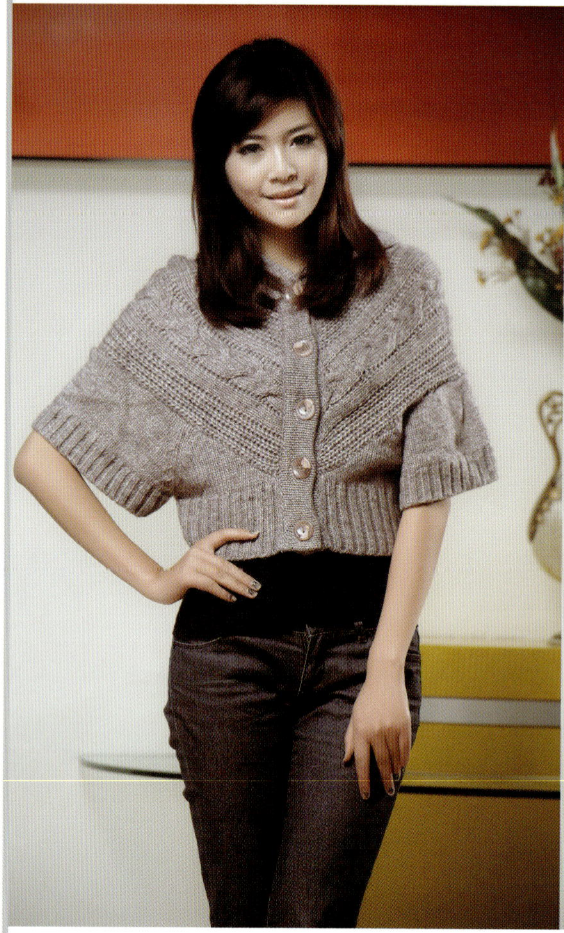

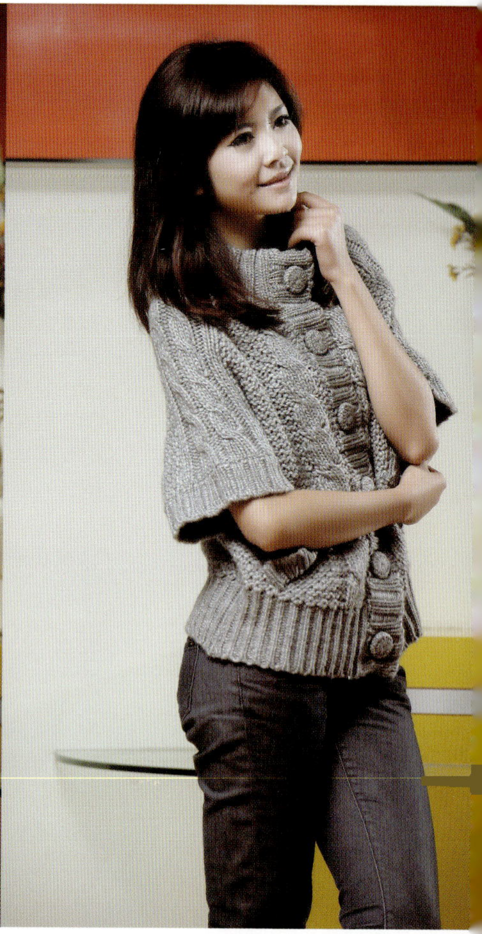

时尚纽扣衫

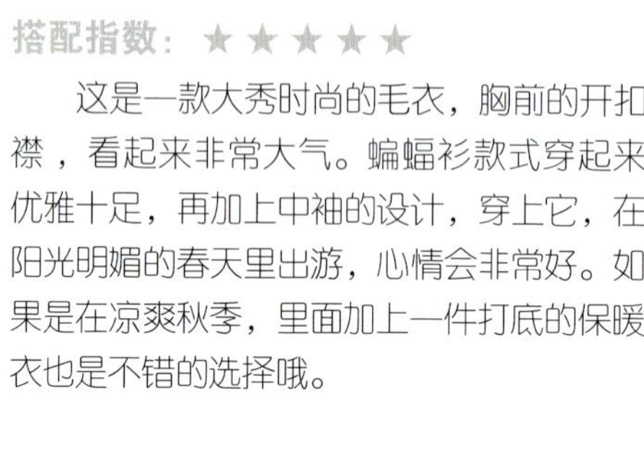

搭配指数： ★★★★★

这是一款大秀时尚的毛衣，胸前的开扣襟，看起来非常大气。蝙蝠衫款式穿起来优雅十足，再加上中袖的设计，穿上它，在阳光明媚的春天里出游，心情会非常好。如果是在凉爽秋季，里面加上一件打底的保暖衣也是不错的选择哦。

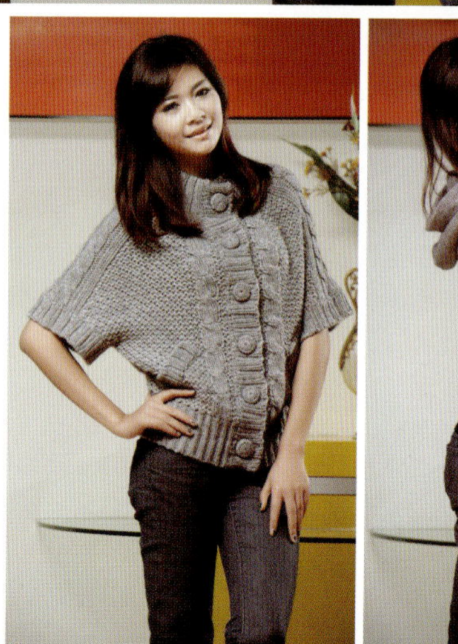

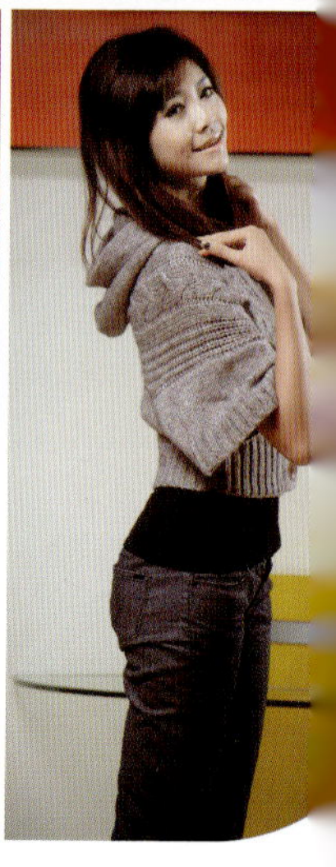

新潮纽扣装

搭配指数： ★★★★

无论是宽松的蝙蝠袖还是宽大的衣领设计，都是非常时尚的。纽扣的点缀增添活力，让你拥有高贵的气质。

做法 P075~P076

适合体型： 高挑体型、苗条体型、微胖体型。

适宜季节： 春季、秋季、冬季。

P077~P079 做法

神秘紫色装

搭配指数： ★★★★

紫色是最尊贵的颜色，紫色的梦幻总是让我们沉迷。柔软的毛线，增加了此款毛衣的活泼与亲切感。

适合体型： 高挑体型、苗条体型。
适宜季节： 春季、秋季、冬季。

P080~P081 做法

紫色开襟衫

搭配指数：★★★★

在紫色的国度里，开敞的领口，露出白皙的脖颈，让你风情万种，柔软的毛毛增加了衣服的圆润感。

适合体型：苗条体型、高挑体型、偏胖体型。

适宜季节：春季、秋季、冬季。

做法
P082~P083

清纯花边衫

搭配指数： ★★★★★

白色是纯洁的象征，胸前和衣摆处的花边设计，增加了衣服的层次感。搭配裤子或裙子都能展现出窈窕的淑女形象。

适合体型： 苗条体型、偏瘦体型。

适宜季节： 春季、秋季、夏季。

做法
P084~P085

甜美拉链衫

搭配指数： ★★★

甜美的粉色，会让你肤色显得更加红润，再配上迷人的微笑，让你回头率大增。

适合体型： 高挑体型、苗条体型、偏胖体型。

适宜季节： 春季、秋季、夏季。

做法
P085~P086

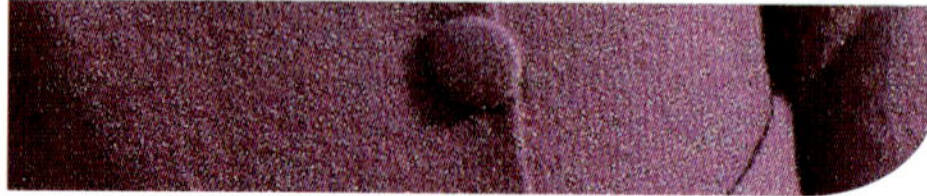

适合体型：高挑体型、微胖体型、苗条体型。
适宜季节：春季、秋季、冬季。

花边开襟衫

搭配指数：★★★★

大翻领的设计增加了毛衣的层次感，开襟的扣子妙笔生花。花边的设计添加了毛衣的层次，长长的款式更修身飘逸。

魅力红色装

做法 P087~P088

搭配指数： ★★★★

红色是最美艳的颜色，穿上这款衣服，像是一朵绽放在万花丛中的高贵牡丹，备受人们的喜爱，领口毛毛的点缀，显得更加美丽。

适合体型： 苗条体型、偏胖体型、高挑体型。

适宜季节： 春季、秋季、冬季。

靓丽纽扣衫

搭配指数： ★★★★★

可爱的纽扣使衣服精致，无论是翻领还是蝙蝠款式，都别有一番韵味。

做法 P088~P090

适合体型： 高挑体型、微胖体型、苗条体型。

适宜季节： 春季、秋季、冬季。

做法
P091~P092

优雅系扣衫

搭配指数： ★★★★

别致的纽扣为原本简约的毛衣增添了亮点，帽子上漂亮的毛毛，让温暖的感觉涌上心头。

适合体型： 苗条体型、偏胖体型、高挑体型。

适宜季节： 春季、秋季、冬季。

做法
P093~P094

高雅花样衫

搭配指数： ★★★★

美丽的编织花样很有特色。在微风的吹拂下，衣摆优雅飘扬。

适合体型： 高挑体型、苗条体型、偏胖体型。

适宜季节： 春季、初季、冬季。

婉约开襟衫

搭配指数： ★★★★★

大幅度的开襟设计带有欧美流行的风范，穿上它，更显明星般的气质，你还在犹豫什么呢？

P095~P097 做法

适合体型： 苗条体型、高挑体型、偏胖体型。

适宜季节： 春季、初夏、秋季、初冬。

P098~P100 做法

风韵橙色装

搭配指数： ★★★★

明亮的橙色，给人温暖的感觉。荷叶边的设计增加了衣服的立体感，提升了衣服的品位。

在橙色的衬托下，让你更加光彩照人。

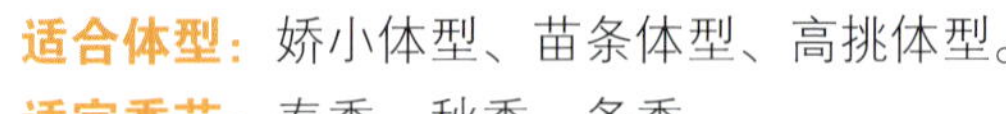

适合体型： 娇小体型、苗条体型、高挑体型。

适宜季节： 春季、秋季、冬季。

舒适开襟衫

搭配指数：★★★★

宽松舒适的毛衣带给人轻松的感觉。穿上它，在阳光明媚的阳台上，沏上一壶茶，在茶水香气弥漫之时，深深地吸一口气，感受这美好的时刻，品茗言欢。

P101~P103 做法

适合体型： 苗条体型、高挑体型、偏胖体型、娇小体型。

适宜季节： 春季、秋季、冬季。

百变开襟装

搭配指数： ★★★★

无论是袖口、衣领还是衣身和开襟，都把百变的特点体现得淋漓尽致，让你体会百变女生的快乐。

做法 P104~P106

适合体型： 高挑体型、偏胖体型、苗条体型。

适宜季节： 春季、秋季、冬季。

高雅短袖衫

搭配指数： ★★★★

既想拥有白领女性的高雅气质，又想拥有亲切感，就穿上它吧！

P107~P109 做法

适合体型： 高挑体型、苗条体型。

适宜季节： 春季、秋季。

P110~P111 做法

时尚无袖毛衣

搭配指数： ★★★★

厚重的无袖款式，温暖大方，简单时尚，里面搭穿个T恤或打底衫，都是非常漂亮的。

适合体型： 任何体型。

适宜季节： 春季、秋季、冬季。

做法
P112~P113

活力蝙蝠衫

搭配指数： ★★★★

时尚的造型，唯美而轻松的休闲款型，衣身两侧的兜兜设计，有着酷酷的休闲味道。

适合体型： 任何体型。

适宜季节： 春季、秋季。

做法 P113~P114

适合体型：高挑体型、偏胖体型、苗条体型。

适宜季节：春季、秋季、冬季。

镂空短袖衫

搭配指数：★★★★★

镂空的花样编织，看起来非常性感，胸前发簪式纽扣的设计很有复古的特色。袖子的设计，可以让你的手臂看起来更细。

宽松开襟衫

搭配指数：★★★★

做法 P115~P116

宽大的款式设计，把所有的赘肉都隐藏了，让你走在人群中拥有不一样的自信。

适合体型：微胖体型、高挑体型、苗条体型。

适宜季节：春季、秋季、冬季。

做法 P116~P117

修身毛领衫

搭配指数： ★★★★

修身的造型设计把腰部的赘肉都藏起来，拉长了腰部的线条，突显了整个身体的曲线，配上紧身的牛仔裤，让你的曲线跃然而出。

适合体型： 高挑体型、娇小体型、偏胖体型、苗条体型。

适宜季节： 春季、秋季、冬季。

神秘黑色衫

搭配指数：★★★★

P118~P120 做法

时尚的人说黑色代表神秘，前卫的人说黑色代表酷，成熟的人说黑色代表庄重。黑色总是透露出成熟与沉稳的气息。黑颜色的搭配加上时尚的设计，营造出浪漫迷人的美。

适合体型：高挑体型、偏胖体型、苗条体型。

适宜季节：春季、秋季、冬季。

做法
P121~P122

百搭小套衫

搭配指数： ★★★★

百搭的款式，随意搭配都能体现时尚、高贵的气质。

适合体型： 微胖体型、娇小体型、苗条体型。

适宜季节： 春季、夏季。

做法 P123~P124

舒适无袖衫

搭配指数： ★★★★

优雅碎花图案的贴身无袖衫，精细的编织，柔软而细腻的质感，让人倍感温馨。简约的无袖款式，带来了时尚的韵味。

适合体型： 高挑体型、苗条体型。

适宜季节： 春季、夏季、秋季。

P125~P127 做法

适合体型：娇小体型，高挑体型、苗条体型。
适宜季节：春季、秋季 。

俏丽动人装

搭配指数：★★★★

淡淡的颜色，属于春天那种飘渺浪漫的感觉。微薄的厚度和不一样的款式，必然成为今年春秋的大热之选。宽松的款式搭配修身的铅笔裤，显瘦又显高哦！穿着这样一款俏丽的针织衫去郊外游玩，与大自然有融为一体的感觉。

做法
P127~P128

精致花纹衫

搭配指数： ★★★★

衣身花纹与整体的款式设计给人俏皮的感觉，还带有清纯的学生气息。

适合体型： 娇小体型、高挑体型、苗条体型。

适宜季节： 春季、秋季、冬季。

做法 P129~P130

时尚短外套

搭配指数： ★★★★★

没有夸张的色彩，只有低调的灰白。百搭的颜色、别致的口袋和奔放的领口，在平淡中增添了小小的趣味。

适合体型： 娇小体型、苗条体型、高挑体型。

适宜季节： 春季、秋季、冬季。

淑女开襟衫

搭配指数： ★★★

P131~P133 做法

开襟衫可以与其他服装层叠搭配，单穿也很好看，整体的颜色搭配与款式设计让你有淑女的气质。

适合体型： 高挑体型、娇小体型、苗条体型。

适宜季节： 春季、秋季、冬季。

做法 P133~P134

显瘦黑色衫

搭配指数： ★★★★

漂亮的黑色与别致的款式有很好的修身效果，搭配一条红色的围巾，看起来会更加完美。

适合体型： 偏胖体型、高挑体型、苗条体型。

适宜季节： 春季、夏季、秋季。

活力小外套

搭配指数： ★★★★★

每个女人的衣橱都要有一件活力的小外套，无论是裤子还是裙子，都可以搭配。

做法 P135~P137

适合体型： 娇小体型、高挑体型、苗条体型。

适宜季节： 春季、夏季、秋季。

雅致开襟衫

搭配指数： ★★★★

精致的衣领设计，衬托出优雅美丽的脖子。看起来更漂亮迷人。花纹的设计，让毛衣显得更加美丽时尚。

P138~P140 做法

适合体型： 高挑体型、微胖体型、苗条体型。

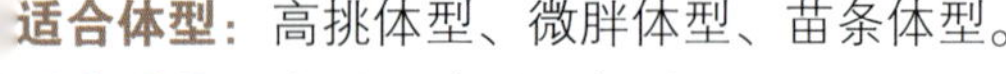

适宜季节： 春季、秋季、冬季。

做法
P141~P142

百媚长款毛衫

搭配指数： ★★★★

灰白的色调永远给人一种安静的感觉。在这种色调里，体现出妩媚的姿态，一投足，一蹙眉，怎能让人不心动。

适合体型： 高挑体型。

适宜季节： 春季、秋季、冬季。

Wumeida Dalingpian

妩媚大V领篇

做法 P143~P144

气质蝙蝠衫

搭配指数：★★★★

宽松的蝙蝠款型，低领的设计显露出颈部、胸前的白皙细腻皮肤，舒适、大气、时尚。三枚扣子的点缀起到画龙点睛的作用。体现娇美、可爱、时尚的气质。

P145~P146 做法

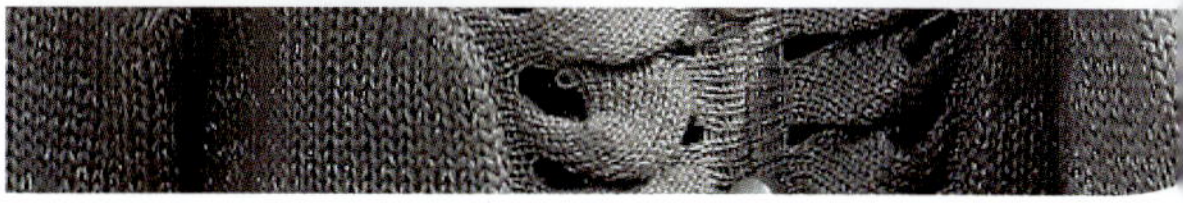

靓丽甜美衫

搭配指数： ★★★★

每个“美眉”的衣橱里都有这么几件美丽的衣服，V形衣领让人的心情都随之雀跃起来，搭配牛仔裤很有气质。再加上甜美的微笑，格外让人瞩目。

适合体型： 高挑体型、苗条体型、偏胖体型。

适宜季节： 春季、秋季、冬季。

做法 P147~P148

雅致花边毛衣

搭配指数： ★★★★

美丽可爱的花边层层点缀，增添美感与活力，让你更优雅迷人。

适合体型： 高挑体型、苗条体型、微胖体型。

适宜季节： 春季、秋季、冬季。

花边红色衫

搭配指数： ★★★★

荷花边是今年最流行的元素之一，这样的设计，增添了衣服的活力，加上淡淡的红色，能秀出你的好气色。

做法 P149~P150

适合体型： 娇小体型、高挑体型、苗条体型。

适宜季节： 春季、秋季、冬季。

别致短袖毛衣

搭配指数：★★★★

别致的短袖设计，宽松厚重的款型，可以很好地隐藏赘肉，领边、袖口、下摆的加深使整个衣服更精致、耐看。

做法 P153~P154

动感流苏毛衣

搭配指数： ★★★★

动感美丽的流苏是最近的流行元素，搭配在衣服上时尚而充满活力。

适合体型： 高挑体型、苗条体型、微胖体型。

适宜季节： 春季、秋季、冬季。

做法
P155~P156

米色深V领毛衣

搭配指数： ★★★★

淡雅的米色，折射出一股青春的活力。深V领的设计让衣服更宽松舒适。穿上它，让你的身心都得到放松。

适合体型： 高挑体型、苗条体型、微胖体型。

适宜季节： 春季、秋季、冬季。

温暖长款毛衣

搭配指数：★★★★

P157~P159 做法

厚重的款式温暖而大气，长款的设计突显身体的曲线，更显苗条身材。

适合体型： 高挑体型、苗条体型、微胖体型。

适宜季节： 春季、秋季、冬季。

做法
P160~P161

素雅V领衫

搭配指数： ★★★★

V领毛衣漂亮大方，衣形得体又突显身材。素雅的颜色让整个人看起来都清爽无比，透着一股干练之美。

适合体型： 高挑体型、苗条体型、偏胖体型。

适宜季节： 春季、秋季。

束腰V领衫

搭配指数： ★★★★

拥有纤细的小蛮腰，是每个女人的梦想，穿上它，女性美丽性感的曲线马上就出来了。

适合体型： 高挑体型、娇小体型、苗条体型。

适宜季节： 春季、秋季、冬季。

做法 P162~P163

做法 P164~P165

靓丽系带衫

搭配指数： ★★★★

在生机勃勃的春天，一抹绿意，增添了活力的气息，腰带的搭配突显出迷人曲线，秀出你的小蛮腰。

适合体型： 娇小体型、高挑体型、苗条体型。

适宜季节： 春季、秋季、冬季。

性感大V领衫

搭配指数：★★★★★

深V的领口，看起来性感十足。脖子上搭配一条银色的项链，在阳光的照耀下，越发迷人。

P166~P168 做法

适合体型：高挑体型、苗条体型，偏胖体型。

适宜季节：春季、秋季、冬季。

做法 P169~P170

婉约束腰毛衣

搭配指数：★★★★

桃心领设计得可爱美丽，腰部的设计突显出凹凸有致的苗条身材。

适合体型：苗条体型、高挑体型、偏胖体型。

适宜季节：春季、秋季、冬季。

可爱宜人衫

搭配指数： ★★★★

领口交叉的线条增加了一丝妩媚。增加了可爱感，有俏皮的韵味。具有很强的亲和力。

做法 P171~P172

适合体型： 娇小体型、高挑体型、偏胖体型、苗条体型。

适宜季节： 春季、夏季、冬季。

气质套头篇

做法 P173~P174

炫彩套头衫

搭配指数：★★★★

两种颜色搭配在一起，提升了视觉感，让一切简洁的设计充满了惊喜。

典雅条纹衫

做法 P175~P176

搭配指数： ★★★★

可爱的横条花纹，简单的款式和独特的衣领，起到了很好的装饰作用，在寒冷的冬天，更能起到良好的保暖作用。

适合体型： 偏胖体型，高挑体型，苗条体型。

适宜季节： 春季、秋季、冬季。

做法 P177~P178

清纯白色衫

搭配指数： ★★★★

白色是百搭色，轻盈的质感为你减压。白色的清爽与整体和谐的设计让你很出彩。

适合体型： 娇小体型，高挑体型，苗条体型。

适宜季节： 春季、秋季。

迷你腰带衫

搭配指数： ★★★★

淡雅的白色，给人纯净的美感。腰带的设计，拉长了整个身体的曲线。

P179~P180 做法

适合体型： 高挑体型，苗条体型。

适宜季节： 春季、秋季、冬季。

做法 P181~P182

气质翻领衫

搭配指数： ★★★★

大大的翻领，为原本简单的衣身增加了立体感，衣形非常塑身，也很好地展现了女性迷人的身体曲线。

适合体型： 高挑体型，微胖体型，苗条体型。

适宜季节： 春季、夏季、秋季。

P183~P184 做法

圆领中袖衫

搭配指数： ★★★★

圆领的设计，看上去落落大方，宽松的衣身，让微胖的“美眉”在今年的春秋显出迷人的曲线。

适合体型： 微胖体型，高挑体型，苗条体型。

适宜季节： 春季、夏季、秋季。

做法 P185~P187

适合体型：娇小体型、高挑体型、苗条体型。
适宜季节：春季、秋季。

特色套头毛衫

搭配指数：★★★★

短短的衣身，穿在身上让你显得娇小可爱，同时，它修饰的效果很好，让有赘肉的“美眉”也能大秀身材。

做法
P188~P189

宽松短袖衫

搭配指数： ★★★★

超大宽松的衣身与袖子能把身上的赘肉很好地掩盖，得体的设计，让上身曲线更加迷人。身材苗条的“美眉”穿上它也很显身材，衬托出你时尚又休闲可爱的气质。

适合体型： 任何体型。

适宜季节： 春季、秋季、冬季。

做法 P190~P191

舒适厚款毛衫

搭配指数： ★★★★

柔软的材质，穿在身上贴身美观，别致的领口设计，非常时尚。

适合体型： 高挑体型。

适宜季节： 春季、秋季、冬季。

灰色短袖衫

搭配指数：★★★★

这款衣服可以在不同的季节穿着，气温回暖的春天，可以单穿，尽情享受春天的喜悦，如果是在寒冷的冬季，在里面加上一件保暖内衣，也是不错的选择。

做法 P191~P192

适合体型：高挑体型，苗条体型，偏胖体型。
适宜季节：春季、秋季、冬季。

做法
P193~P194

娇艳短款毛衫

搭配指数： ★★★★

简洁的设计，使秀美的气质脱颖而出，别致的衣领，增加毛衣的立体感。穿上此款毛衣能彰显出女性的娇艳迷人。

适合体型： 高挑体型，娇小体型，苗条体型，偏胖体型。

适宜季节： 春季、秋季、冬季。

花边系带衫

做法 P195~P196

搭配指数： ★★★★

美丽的叶形花边，荷叶的不妖，枫叶的不素，都展现出来，颇有创意。

适合体型： 高挑体型，偏胖体型，苗条体型。

适宜季节： 春季、秋季、冬季。

P197~P198 做法

清纯魅力短袖衫

搭配指数： ★★★★

第一眼看上去，青春的活力形象马上映入眼帘，衣服花纹的设计体现了清纯的气质。更给你增加了几分清新的气息。

适合体型： 高挑体型，苗条体型。

适宜季节： 春季、夏季、秋季

做法
P199~P200

魅力束腰衫

搭配指数： ★★★★

很干净利落的款式，偏暖的灰白色调，再加上腰部的设计和装饰，秀出迷人小蛮腰，展现出一种洒脱飘逸的风格。

适合体型： 高挑体型，苗条体型。

适宜季节： 春季、秋季。

做法 P200~P201

宽松淑女衫

搭配指数： ★★★★

别致的中袖蝙蝠衫设计上时尚大方，穿上去让你更加迷人。

适合体型： 任何体型。

适宜季节： 春季、秋季、冬季。

深色妖媚衫

搭配指数： ★★★★

想要体现成熟的一面就选择它，毛衣的色调体现出女性成熟稳重与精明干练的风格。

适合体型： 微胖体型，高挑体型，苗条体型。

适宜季节： 春季、秋季、冬季。

P202~P203 做法

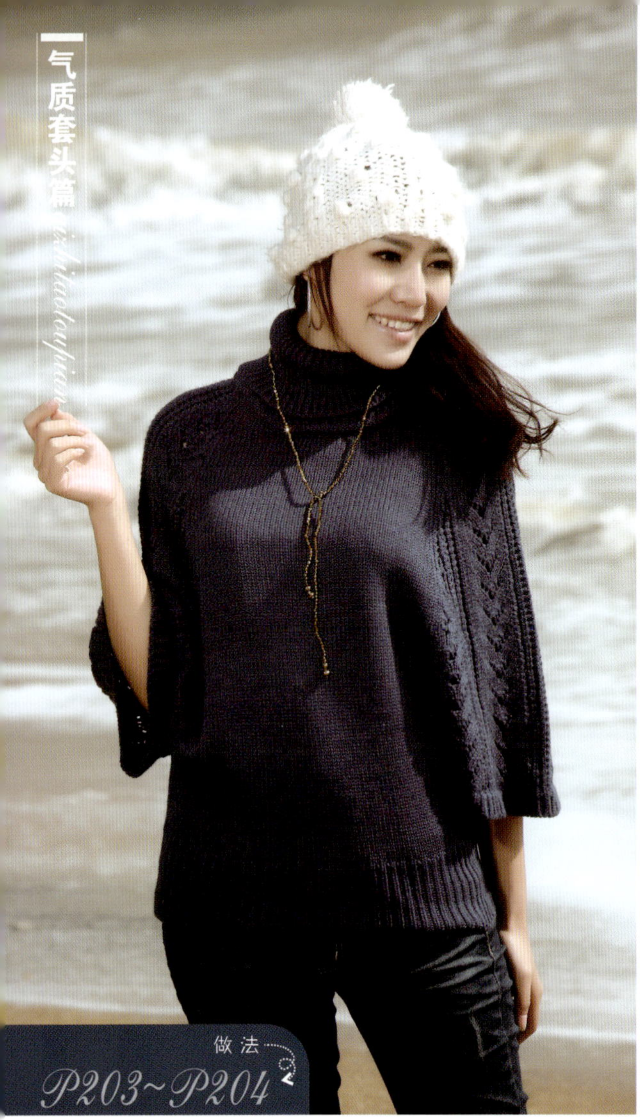

做法 P203~P204

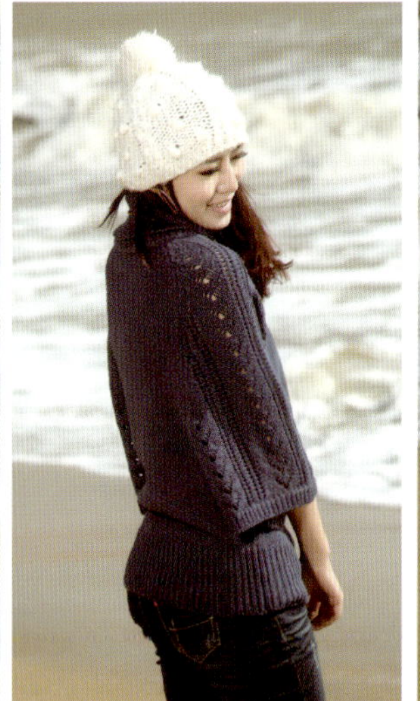

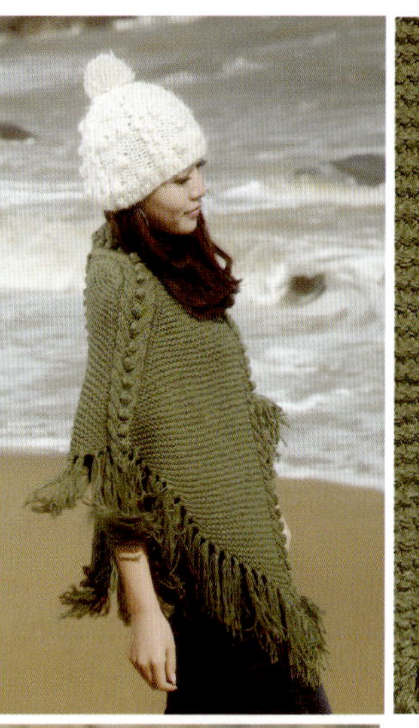

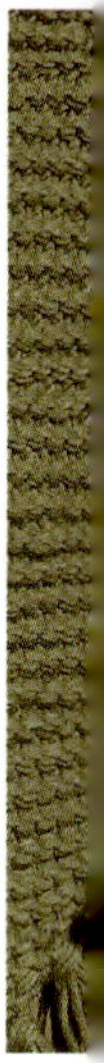

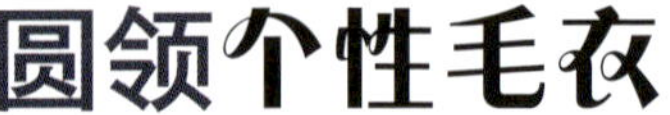

圆领个性毛衣

搭配指数： ★★★★

很有装饰效果的毛衣，穿上它个性十足。高领宽松衫极具高贵的气质，适合搭配紧身牛仔裤。

适合体型： 高挑体型。

适宜季节： 春季、秋季。

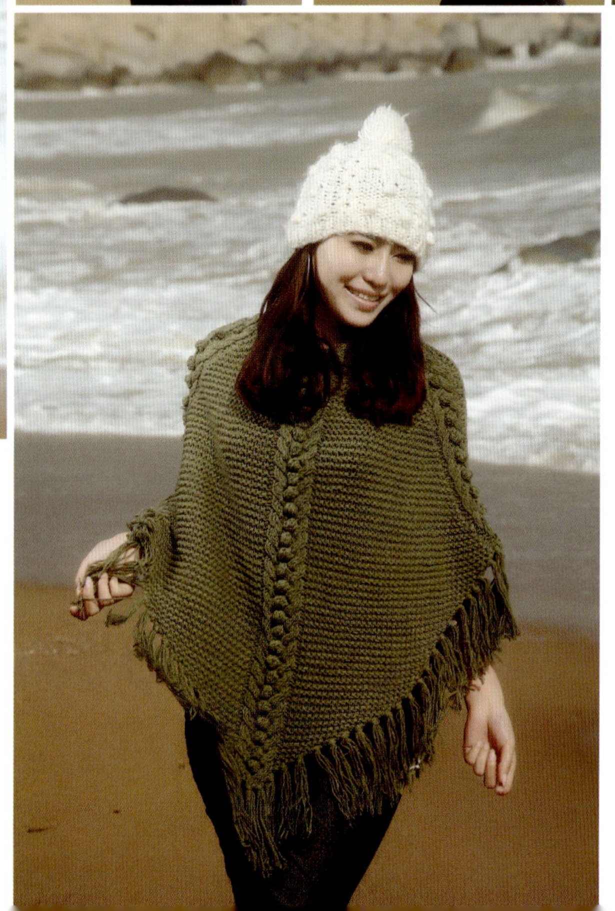

做法 P205~P206

简洁圆领衫

搭配指数： ★★★★

充满活力的颜色，给人带来清新的气息，宽松的圆领让香肩性感地显露出来。

适合体型： 娇小体型，苗条体型，高挑体型，偏胖体型。

适宜季节： 春季、秋季。

P207~P208 做法

浪漫束腰衫

搭配指数： ★★★★

独特的设计，镂空的针织花样，美丽洒脱怎能不吸引人的目光。别致的整体设计，体现出十足个性。

适合体型： 高挑体型，苗条体型，偏胖体型。

适宜季节： 春季 、秋季、冬季。

做法 P209~P210

素雅长袖衫

搭配指数： ★★★★

素雅的颜色，衬托出白皙的肤色，同时衬托出娴雅的气质，让你在职场中气宇非凡。

适合体型： 高挑体型，苗条体型。

适宜季节： 春季、冬季。

做法 P211~P212

秀气小巧衫

搭配指数： ★★★★

无论是厚重的高领还是轻薄的低领，穿上它，秀丽的气质马上展现出来。

适合体型： 高挑体型，苗条体型，偏胖体型。

适宜季节： 春季、秋季、冬季。

修身短袖衫

搭配指数：★★★★★

做法 P212~P213

独特的设计带有旗袍复古的风味，既稳重又时尚，把臀部的曲线很好地展现出来，让你气质大增，古典美与时尚气质俱存。

适合体型： 高挑体型，苗条体型，娇小体型。

适宜季节： 春季、秋季、冬季。

做法 P214~P215

时髦束腰衫

搭配指数： ★★★★

自然束腰的设计，展现出女性完美的曲线。穿着它出行，让你充满魅力和自信，在人群中与众不同。

适合体型： 高挑体型，苗条体型，偏胖体型。

适宜季节： 春季、秋季、冬季。

制作图解

时尚纽扣衫

【成品尺寸】衣长50cm　胸围96cm　袖长23cm

【工具】1.7mm棒针

【材料】灰色纯羊毛线

【密度】10cm²：44针×55行

【附件】纽扣5枚

【制作过程】先在前片门襟起针，按编织方向横织花样A织至另一边门襟。前片下摆分左右两部分，分别按图织完成。后片下摆同样织好，衣袖按图起针，织8cm双罗纹，改织下针，至织完成，按彩图全部缝合。领圈挑针，织下针35cm，边缘缝合，形成帽子。沿着帽子至左右门襟挑针，织下针6cm，褶边缝合，形成双层门襟，缝上纽扣，完成。

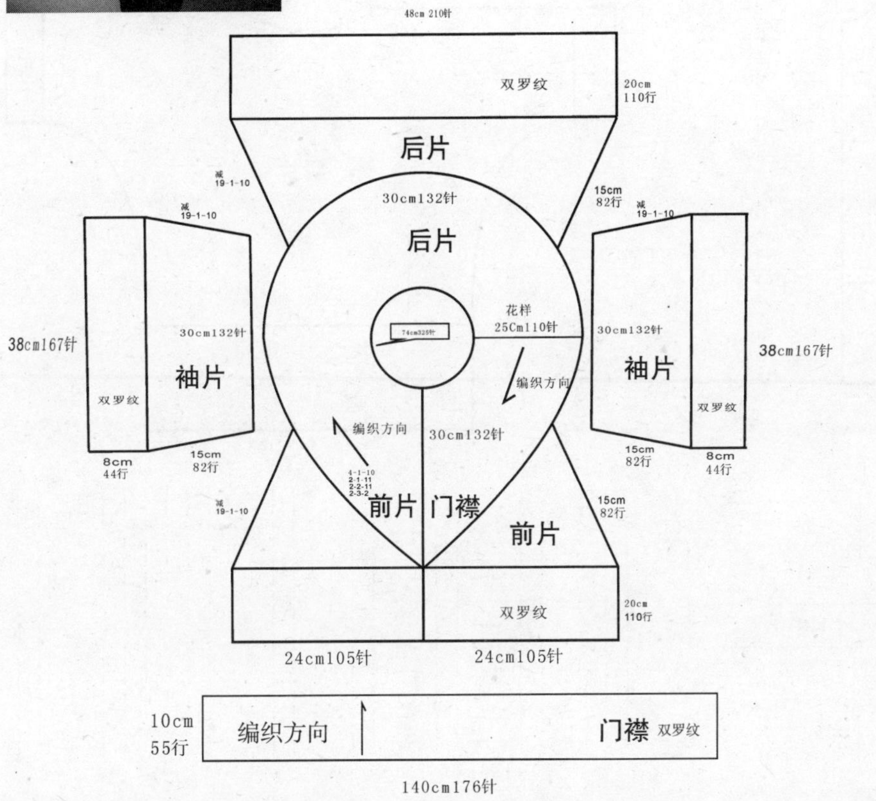

48cm 210针

双罗纹　20cm 110行

后片

减 19-1-10　15cm 82行

30cm132针

后片

减 19-1-10　减 19-1-10

38cm167针　30cm132针　袖片　双罗纹　8cm 44行　15cm 82行

74cm325针

花样 25Cm110针

编织方向

30cm132针　袖片　38cm167针　双罗纹　15cm 82行　8cm 44行

编织方向　30cm132针

4-1-10 2-1-11 2-2-11 2-3-2

减 19-1-10

前片　门襟　前片　15cm 82行

双罗纹　20cm 110行

24cm105针　24cm105针

10cm 55行　编织方向　门襟 双罗纹

140cm176针

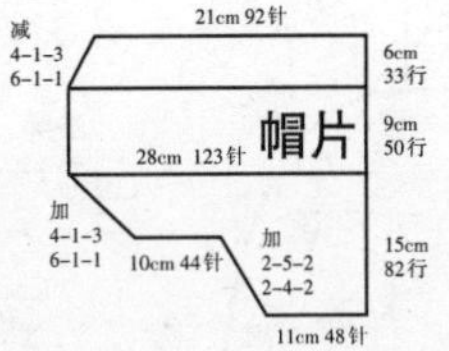

21cm 92针

减 4-1-3 6-1-1　6cm 33行

28cm 123针　帽片　9cm 50行

加 4-1-3 6-1-1　10cm 44针　加 2-5-2 2-4-2　15cm 82行

11cm 48针

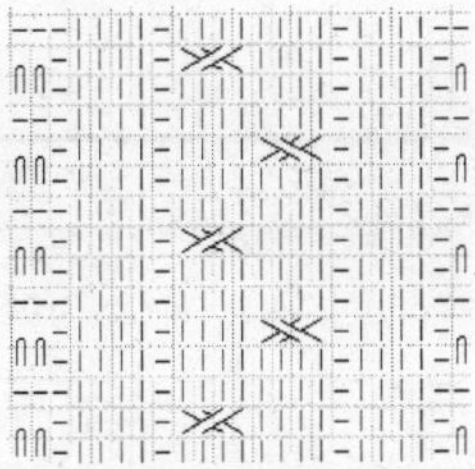

花样

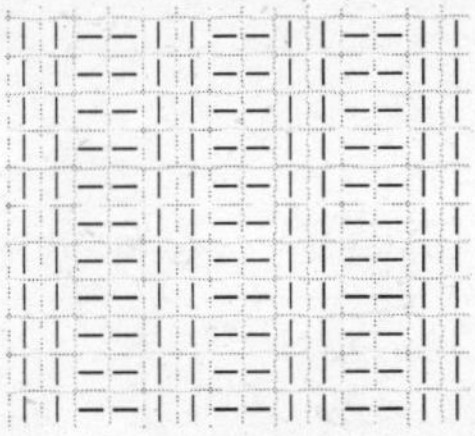

双罗纹

【成品尺寸】衣长65cm　胸围94cm　连肩袖长25cm

【工具】1.7mm棒针

【材料】灰色纯羊毛线

【密度】$10cm^2$：44针×55行

【附件】纽扣6枚

【制作过程】前片分左右两片，按编织方向起针，织10cm双罗纹后，改织花样，并开衣袋，至织完成。后片按编织方向起针，织10cm双罗纹后，改织花样，至织完成，腋下和领窝按图加减针。衣肩另织，全部缝合，领子挑针，织15cm双罗纹，形成立领。门襟另织，按图缝合，缝上衣袋和纽扣，完成。

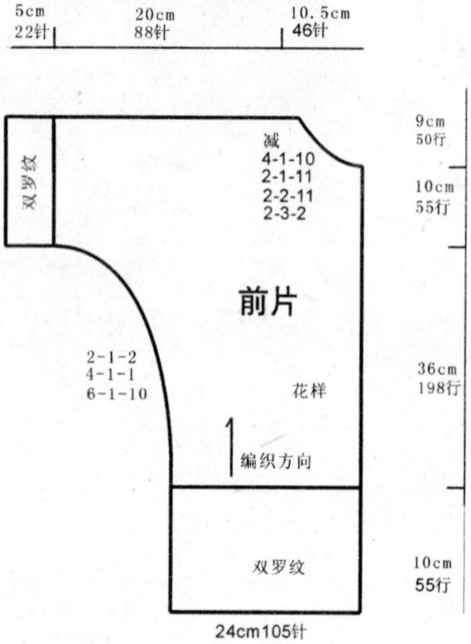

5cm 22针　20cm 88针　10.5cm 46针

9cm 50行　10cm 55行　36cm 198行　10cm 55行

双罗纹

减
4-1-10
2-1-11
2-2-11
2-3-2

前片

2-1-2
4-1-1
6-1-10

花样

编织方向

双罗纹

24cm105针

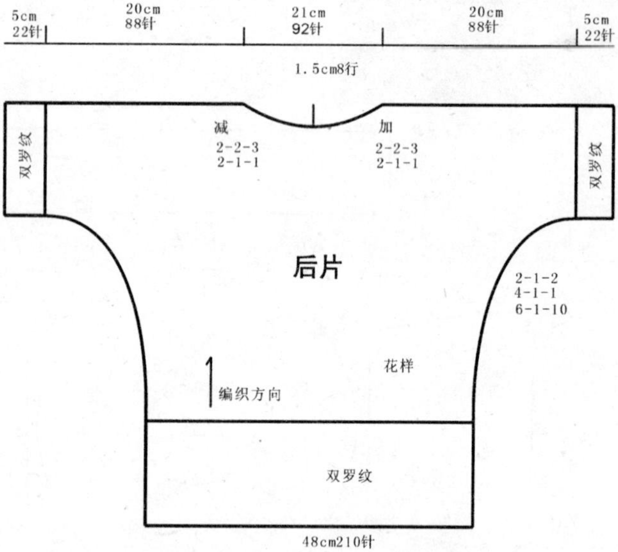

5cm 22针　20cm 88针　21cm 92针　20cm 88针　5cm 22针

1.5cm8行

双罗纹

减
2-2-3
2-1-1

加
2-2-3
2-1-1

双罗纹

后片

2-1-2
4-1-1
6-1-10

花样

编织方向

双罗纹

48cm210针

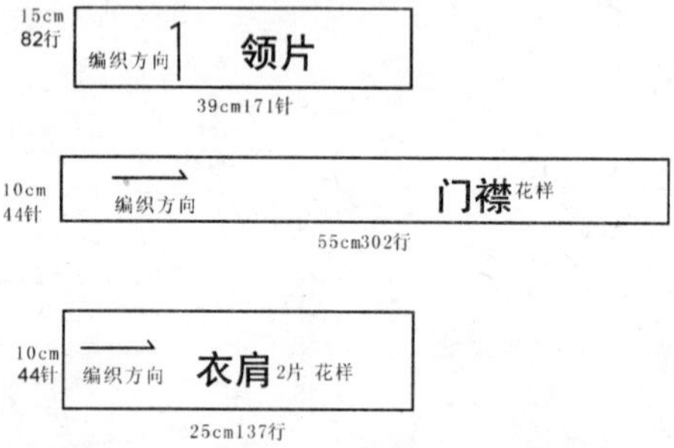

15cm 82行　编织方向　领片

39cm171针

10cm 44针　编织方向　门襟 花样

55cm302行

10cm 44针　编织方向　衣肩 2片 花样

25cm137行

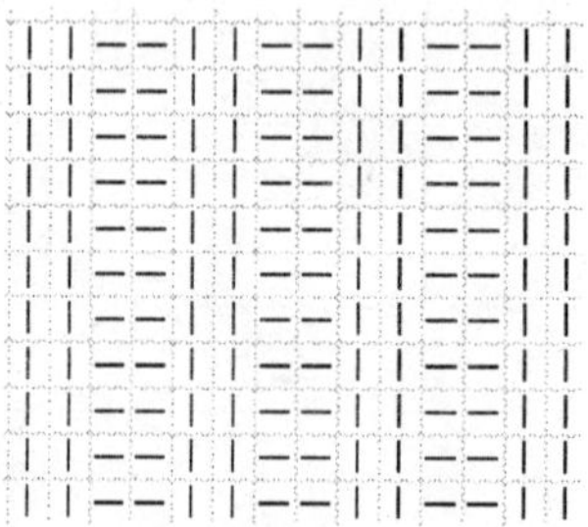

双罗纹

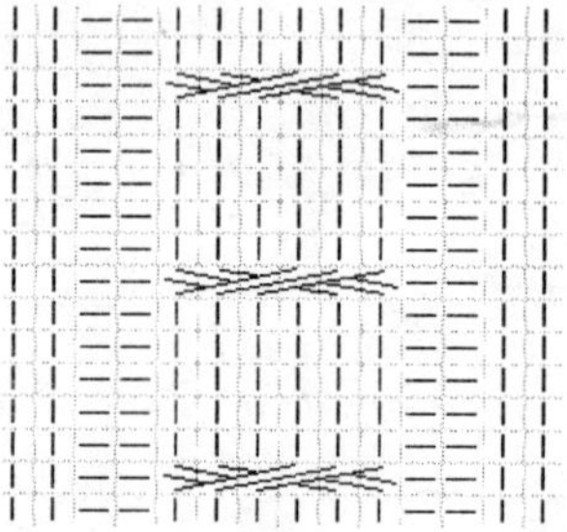

花样

新潮纽扣装

【成品尺寸】衣长61cm　胸围84cm　连肩袖长30cm

【工具】10号棒针

【材料】灰色中粗毛线400g

【密度】10cm²：17针×28.5行

【附件】纽扣6枚

【制作过程】1. 由A片开始织起，前片起30针，后片起72针，织4cm高的双罗纹然后织花样37cm，织2cm双罗纹，收针。

2. B片前片起45针，后片起101针，前后左右花型要对称，肩部按图减针，同时按图留出领窝。

3. 将A片、B片叠放在一起，交叉部分并织挑门襟，每4行挑3针，织7cm双罗纹。

4. 领口挑160针，织7cm双罗纹。

5. 织两个口袋缝在相应位子，钉上纽扣，完成。

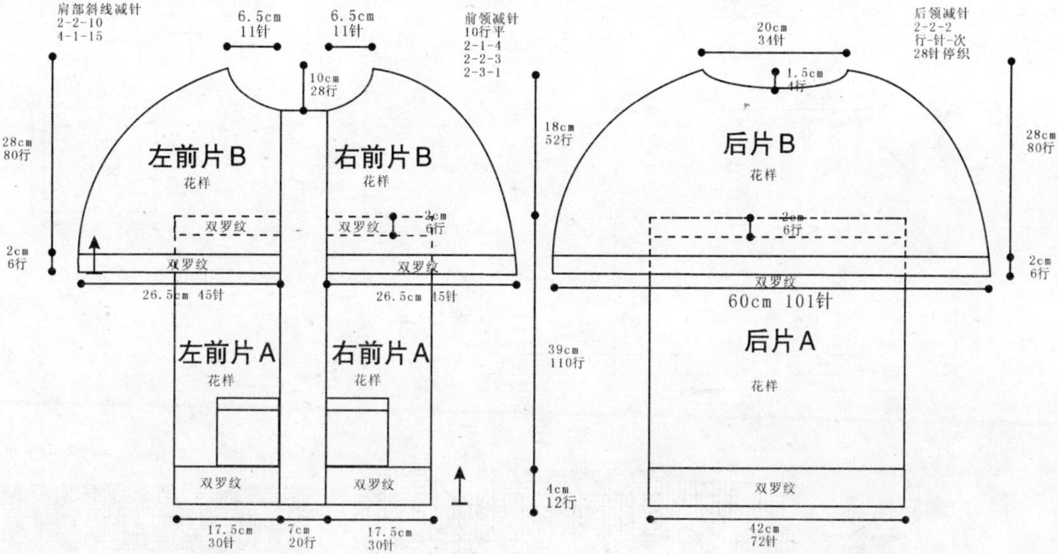

肩部斜线减针
2-2-10
4-1-15

6.5cm 11针　6.5cm 11针

前领减针
10行平
2-1-4
2-2-3
2-3-1

10cm 28行

28cm 80行

18cm 52行

左前片B 花样　右前片B 花样

双罗纹　双罗纹　2cm 6行

2cm 6行　双罗纹　双罗纹

26.5cm 45针　26.5cm 45针

左前片A 花样　右前片A 花样

39cm 110行

双罗纹　双罗纹

4cm 12行

17.5cm 30针　7cm 20针　17.5cm 30针

20cm 34针

后领减针
2-2-2
行-针-次
28针停织

1.5cm 4行

后片B 花样

28cm 80行

2cm 6行

2cm 6行

双罗纹

60cm 101针

后片A 花样

双罗纹

42cm 72针

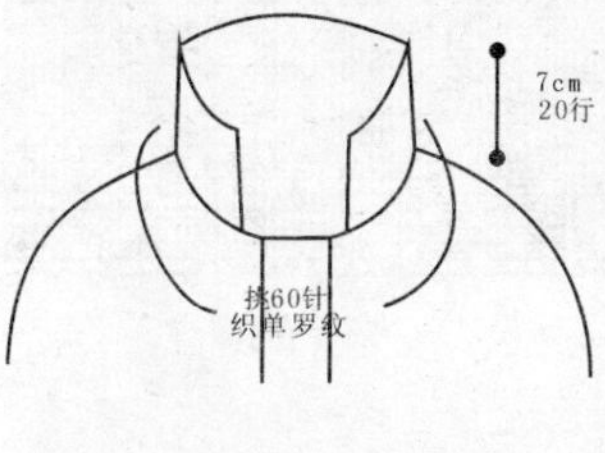

7cm 20行

挑60针
织单罗纹

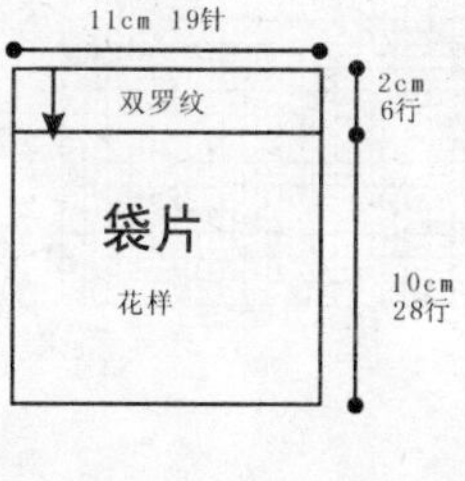

11cm 19针

双罗纹　2cm 6行

袋片 花样

10cm 28行

花样

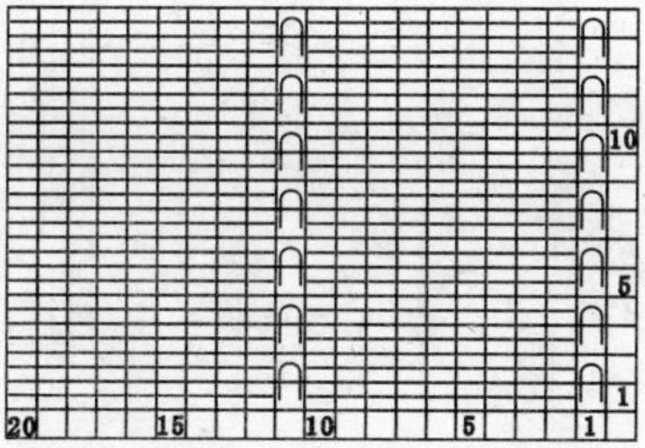

20　15　10　5　1

1　5　10

【成品尺寸】衣长80cm　胸围88cm　袖长20cm

【工具】10号棒针

【材料】白色中粗毛线600g

【密度】10cm²：17针×22行

【附件】纽扣3枚

【制作过程】1. 分A和B两部分进行编织。A部分由左向右编织，先起2针然后按图逐行加针，加至35针，再按图留出领窝，再逐行减针。部分由下向上编织起144针，织4cm单罗纹，在织33cm左右两侧按图收针。

2. 挑领，挑198针织双罗纹12cm，收针。

3. 挑门襟，每4行挑3针，织单罗纹4cm，收针，钉上纽扣，完成。

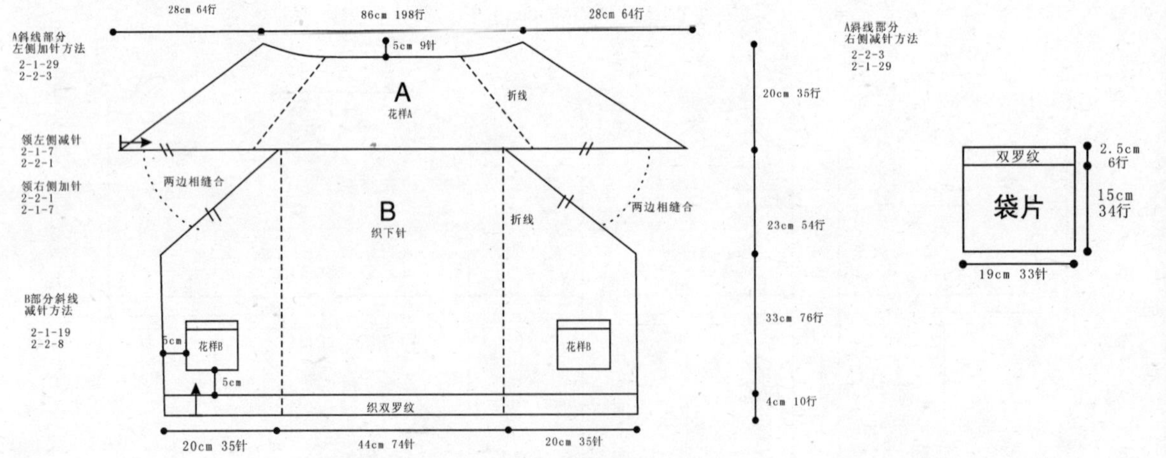

28cm 64行　86cm 198行　28cm 64行

A斜线部分
左侧加针方法
2-1-29
2-2-3

5cm 9针

A
花样A

折线

A斜线部分
右侧减针方法
2-2-3
2-1-29

20cm 35行

领左侧减针
2-1-7
2-2-1

领右侧加针
2-2-1
2-1-7

两边相缝合

B
织下针

折线

两边相缝合

23cm 54行

B部分斜线
减针方法
2-1-19
2-2-8

5cm
花样B
5cm

花样B

33cm 76行

织双罗纹

4cm 10行

20cm 35针　44cm 74针　20cm 35针

双罗纹
袋片
2.5cm 6行
15cm 34行
19cm 33针

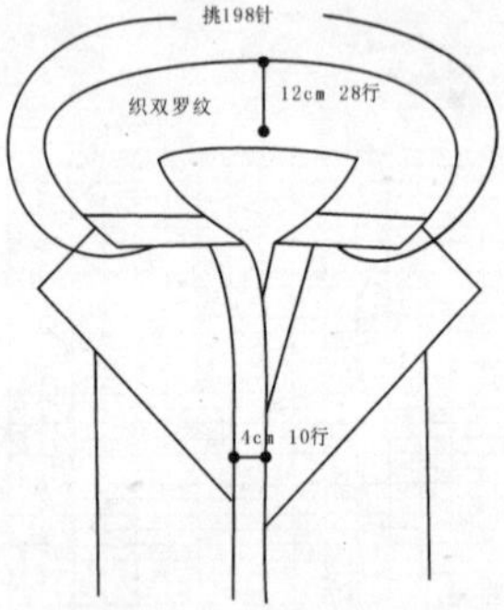

挑198针
织双罗纹
12cm 28行
4cm 10行

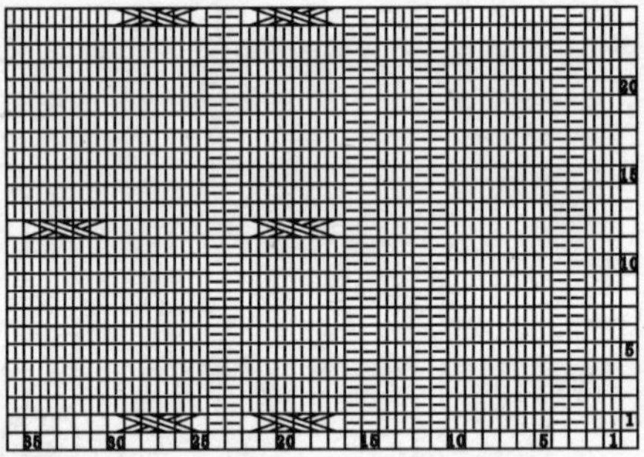

花样A

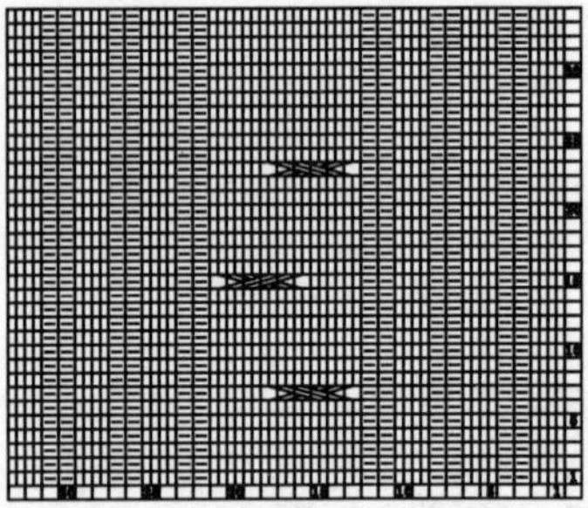

花样B

神秘紫色装

【成品尺寸】衣长65cm　胸围96cm　连肩袖长22cm

【工具】1.7mm棒针

【材料】深紫色纯羊毛线

【密度】10cm²：44针×55行

【附件】纽扣4枚　毛毛条若干

【制作过程】前片分左右两片，分别按图起针，织下针至织完成，后片按图起针，织下针至织完成。衣片和领窝按图加减针。衣袖按图织好，全部缝合。侧缝另织，沿着前后片侧缝和袖口缝合。领子挑针，织15cm双罗纹，形成翻领。缝上纽扣和领子毛毛条，完成。

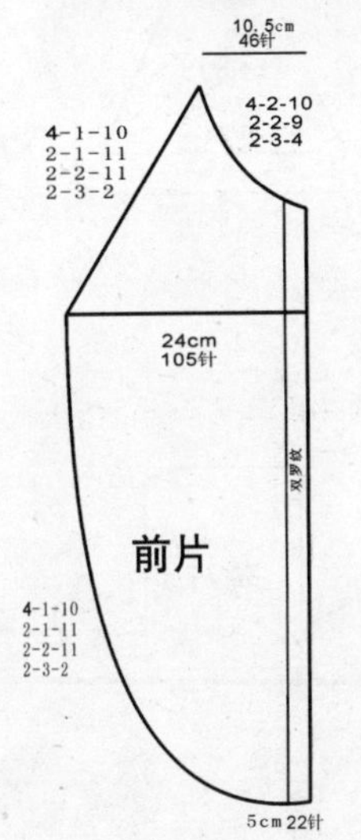

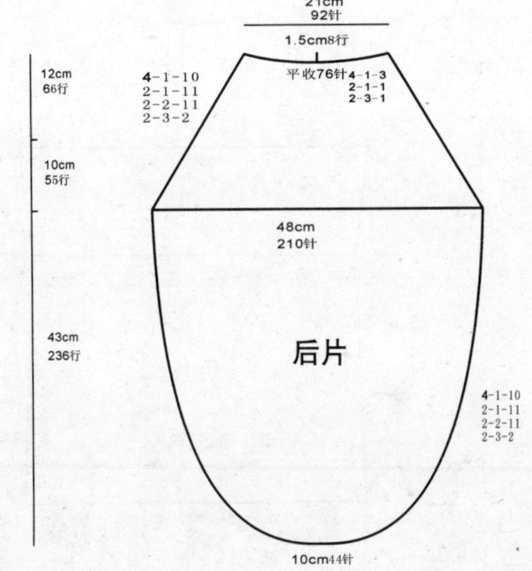

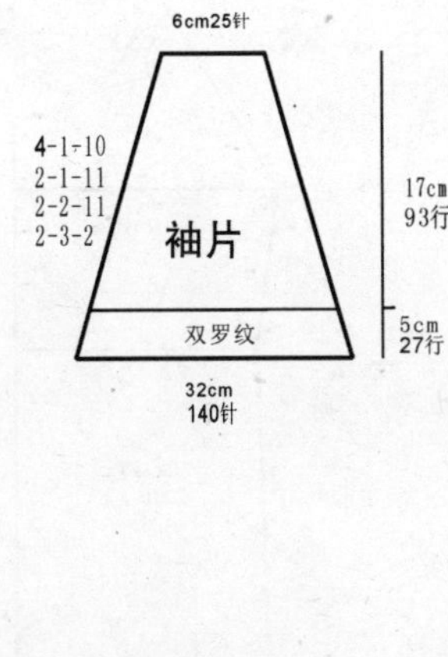

8cm 44行　编织方向　**侧缝** 双罗纹 2条

115cm506针

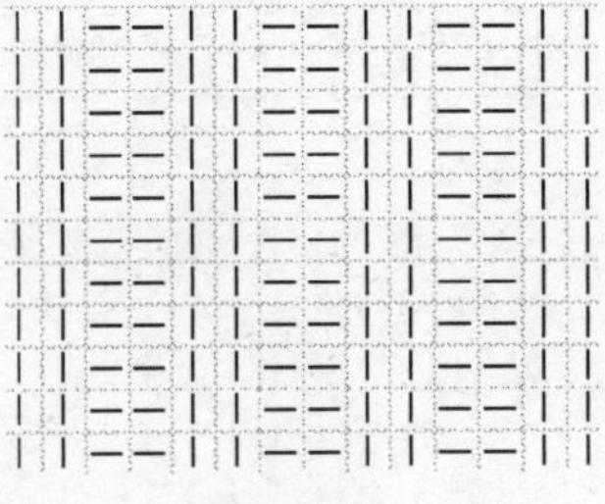

双罗纹

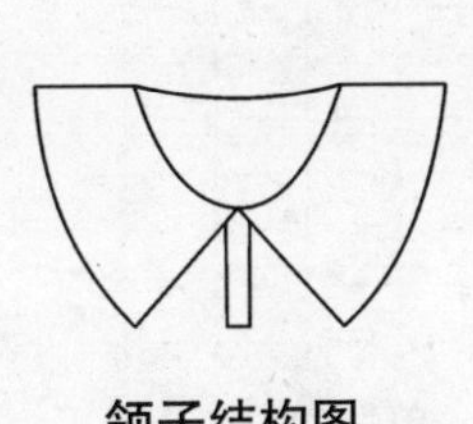

领子结构图

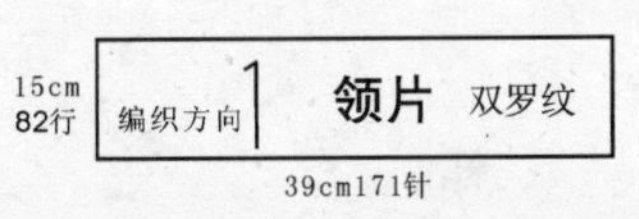

【成品尺寸】衣长65cm　胸围96cm　连肩袖长23cm

【工具】1.7mm棒针

【材料】深紫色纯羊毛线

【密度】10cm²：44针×55行

【附件】纽扣4枚　衣袋毛边2条

【制作过程】前片分左右两片，分别按图起针，先织双层平针底边后，改织花样至织完成。后片起针，先织双层平针底边后，改织花样至织完成。衣片和领窝按图加减针。衣袖按图起针，先织双层平针底边后，改织花样至织完成，全部缝合。领子另织，领圈打皱褶与领子缝合。缝上纽扣、衣袋和毛毛边，完成。

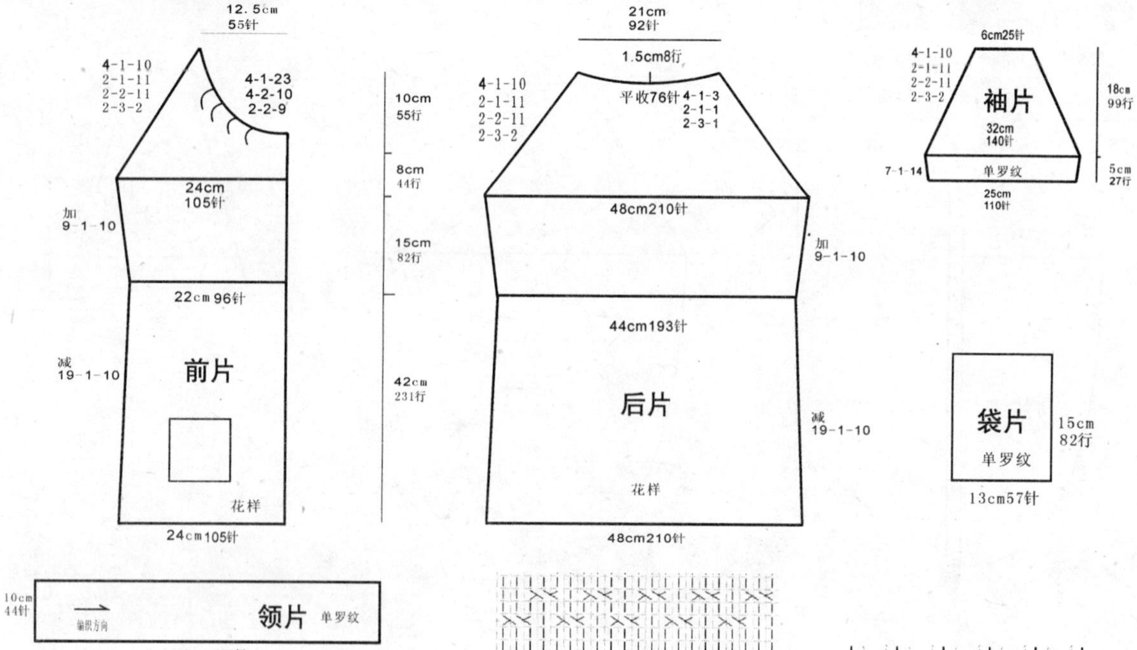

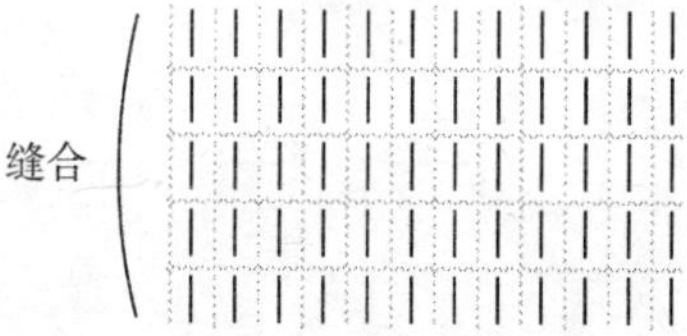

双层平针底边图解

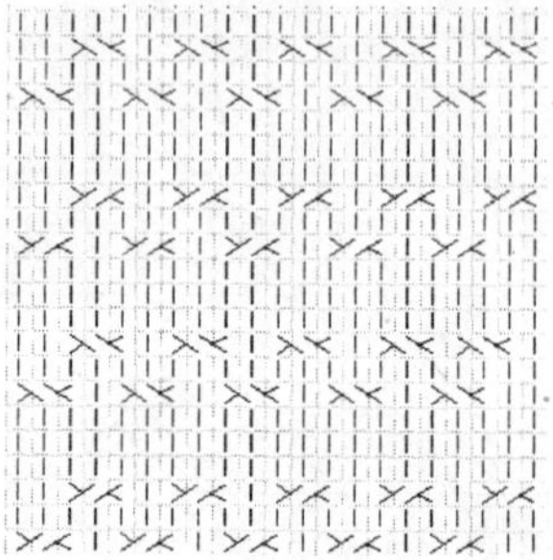

花样

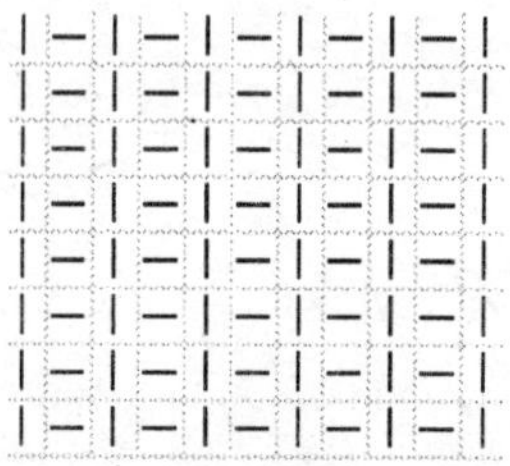

单罗纹

【成品尺寸】衣长65cm　胸围96cm　连肩袖长23cm

【工具】1.7mm棒针

【材料】深紫色纯羊毛线

【密度】10cm²：44针×55行

【附件】纽扣4枚　衣袋毛边2条

【制作过程】前片分左右两片，分别按图起针，先织双层平针底边后，改织花样至织完成。后片起针，先织双层平针底边后，改织花样至织完成。衣片和领窝按图加减针。衣袖按图起针，先织双层平针底边后，改织花样至织完成，全部缝合。领子另织，领圈打皱褶与领子缝合，缝上纽扣、衣袋和毛毛边，完成。

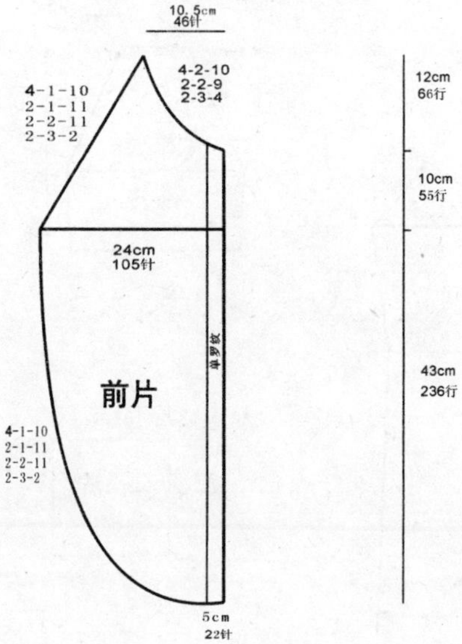

前片：10.5cm 46针；4-1-10 2-1-11 2-2-11 2-3-2；4-2-10 2-2-9 2-3-4；12cm 66行；10cm 55行；24cm 105针；单罗纹；43cm 236行；4-1-10 2-1-11 2-2-11 2-3-2；5cm 22针

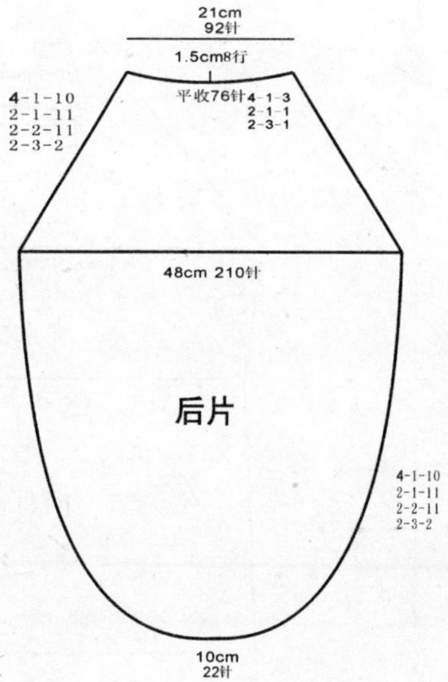

后片：21cm 92针；1.5cm8行；平收76针；4-1-3 2-1-1 2-3-1；4-1-10 2-1-11 2-2-11 2-3-2；48cm 210针；4-1-10 2-1-11 2-2-11 2-3-2；10cm 22针

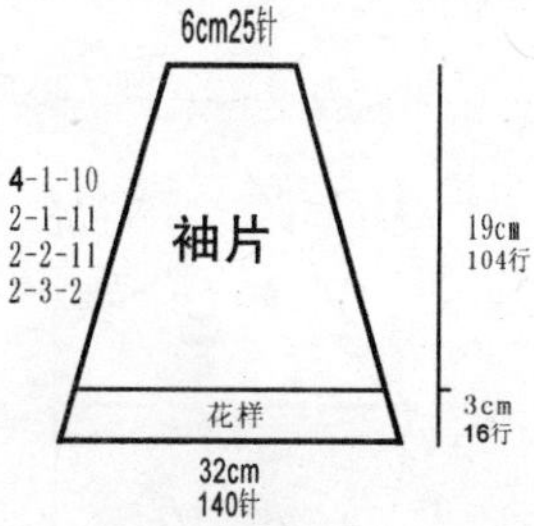

袖片：6cm25针；4-1-10 2-1-11 2-2-11 2-3-2；19cm 104行；花样；3cm 16行；32cm 140针

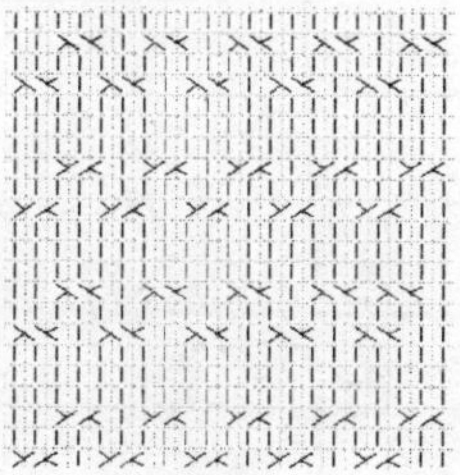

花样

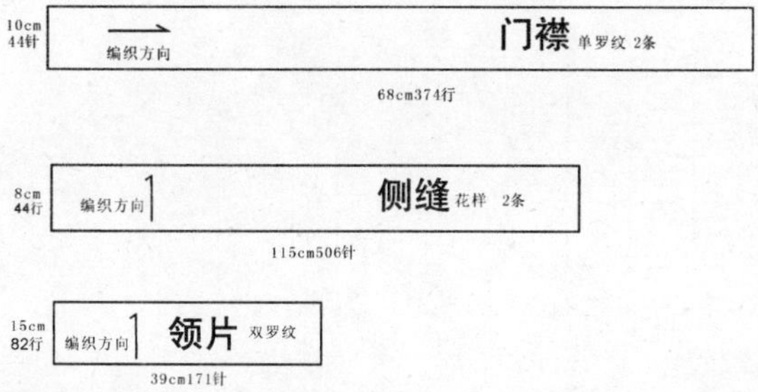

门襟 单罗纹 2条：10cm 44针；编织方向；68cm374行

侧缝 花样 2条：8cm 44行；编织方向；115cm506针

领片 双罗纹：15cm 82行；编织方向；39cm171针

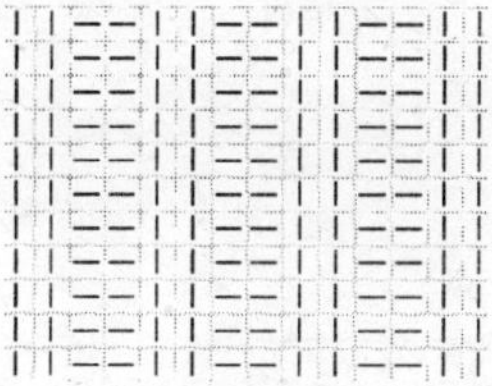

双罗纹

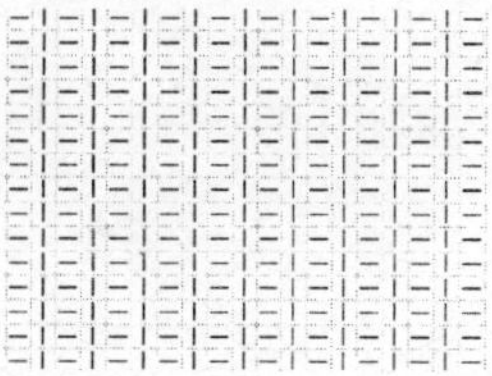

单罗纹

紫色开襟衫

【成品尺寸】衣长65cm　胸围96cm　连肩袖长31cm

【工具】1.7mm棒针

【材料】深紫色纯羊毛线

【密度】10cm²：44针×55行

【附件】纽扣3枚　领子毛毛边若干

【制作过程】前片分左右两片，分别按图起针，先织全平针3cm后，改织下针44cm，再织花样至织完成。后片起针，先织全平针后，改织下针至织完成。衣袖按图起针，先织全平针后，改织下针至织完成，全部缝合。领子另织，与领圈缝合，形成翻领。缝上纽扣、袖口衬耳、衣袋和领子毛毛边，完成。

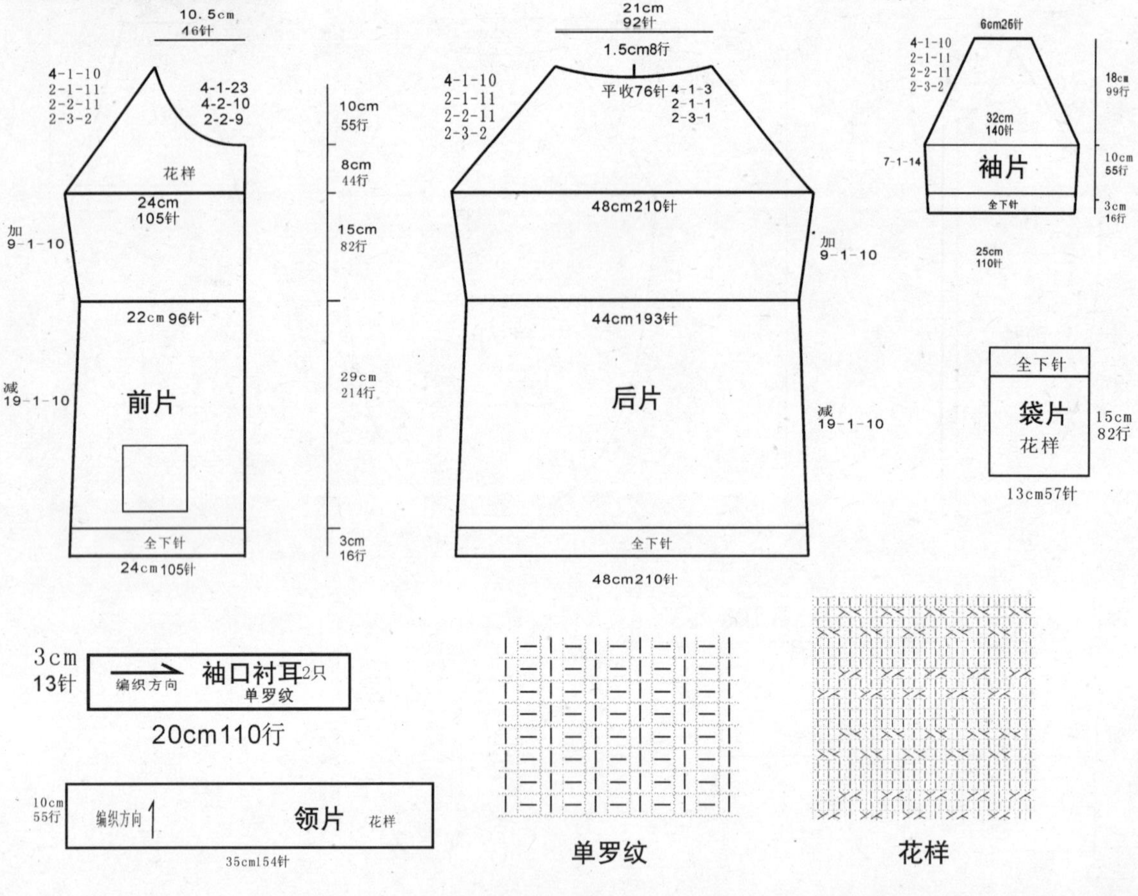

前片：10.5cm 46针；4-1-10 2-1-11 2-2-11 2-3-2；4-1-23 4-2-10 2-2-9；花样；24cm 105针；加 9-1-10；22cm 96针；减 19-1-10；全下针；24cm 105针；10cm 55行；8cm 44行；15cm 82行；29cm 214行；3cm 16行

后片：21cm 92针；1.5cm8行；平收76针 4-1-3 2-1-1 2-3-1；4-1-10 2-1-11 2-2-11 2-3-2；48cm210针；加 9-1-10；44cm193针；减 19-1-10；全下针；48cm210针

袖片：6cm26针；4-1-10 2-1-11 2-2-11 2-3-2；18cm 99行；32cm 140针；7-1-14；10cm 55行；全下针；3cm 16行；25cm 110针

袋片：全下针；花样；15cm 82行；13cm57针

袖口衬耳2只：3cm 13针；编织方向；单罗纹；20cm110行

领片：10cm 55行；编织方向；花样；35cm154针

单罗纹

花样

【成品尺寸】衣长65cm　胸围96cm　连肩袖长23cm

【工具】1.7mm棒针

【材料】深紫色纯羊毛线

【密度】10cm²：44针×55行

【附件】纽扣1枚　衣领毛毛边2条

【制作过程】前片分左右两片，分别按图起针，先织全平针后，改织花样至织完成。后片起针，先织全平针后，改织花样至织完成，衣片和领窝按图加减针。衣袖按图起针，先织全平针后，改织花样至织完成，全部缝合，领子另织，与领圈缝合。缝上纽扣和衣领毛毛边，完成。

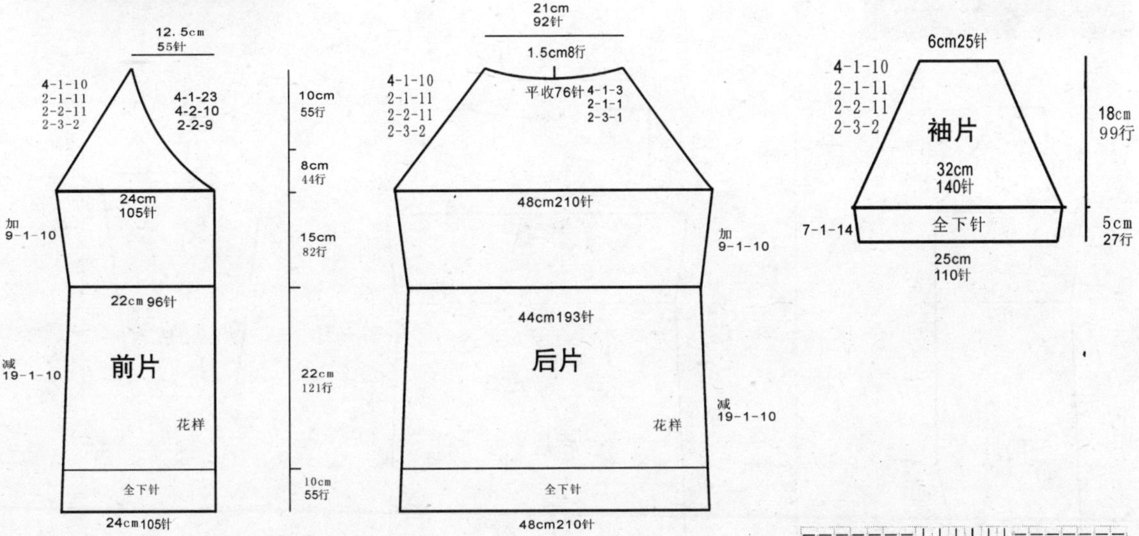

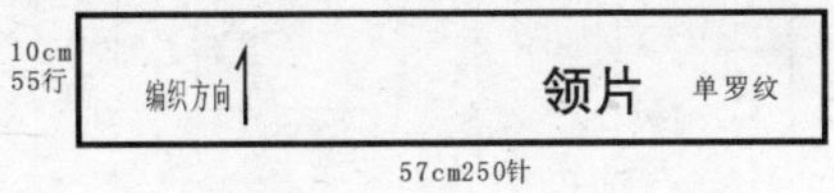

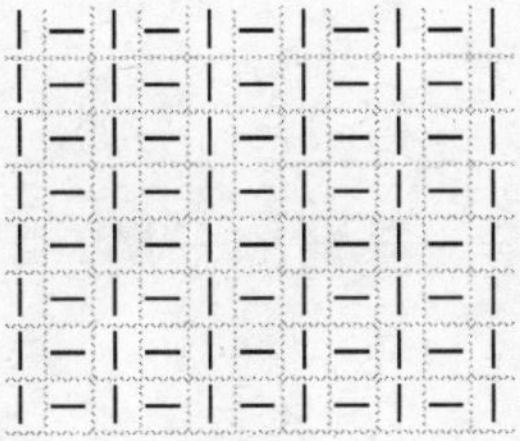

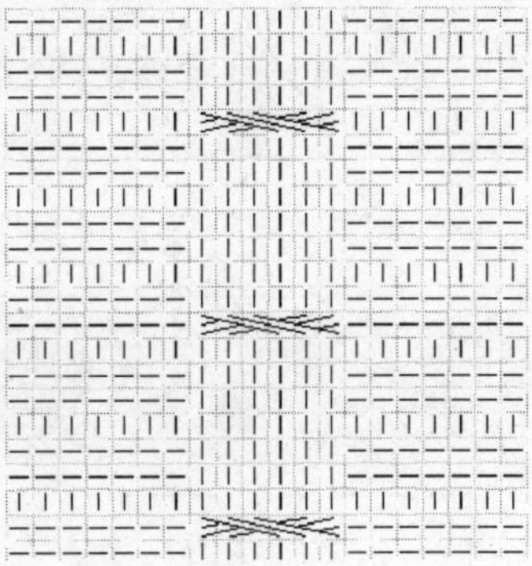

清纯花边衫

【成品尺寸】衣长65cm　胸围96cm　袖长53cm

【工具】1.7mm棒针

【材料】米白色纯羊毛线

【密度】10cm²：44针×55行

【制作过程】前片分左右两片，分别按图起针，织下针，衣摆圆角部分按图收针，至织完成。后片起针，织下针至织完成，衣袖按图起针，织下针后，改织花样，至织完成，全部缝合。花边另织，与衣片缝合，缝上绣花，完成。

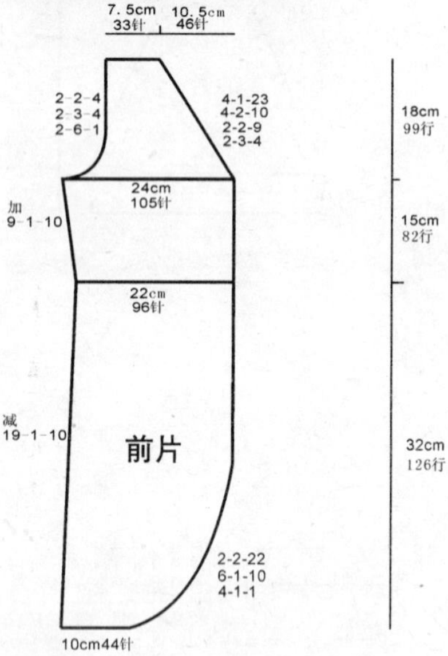

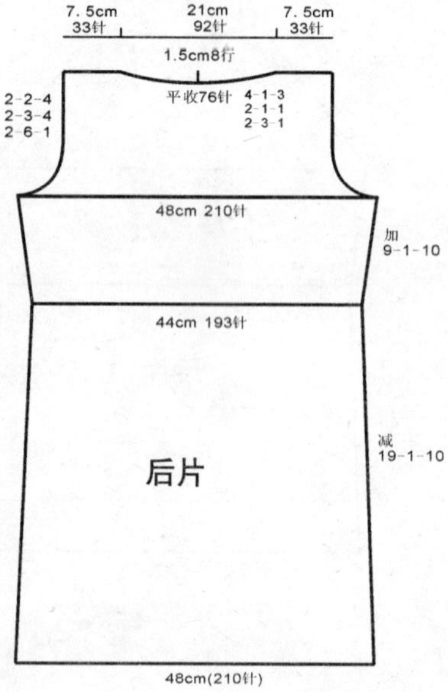

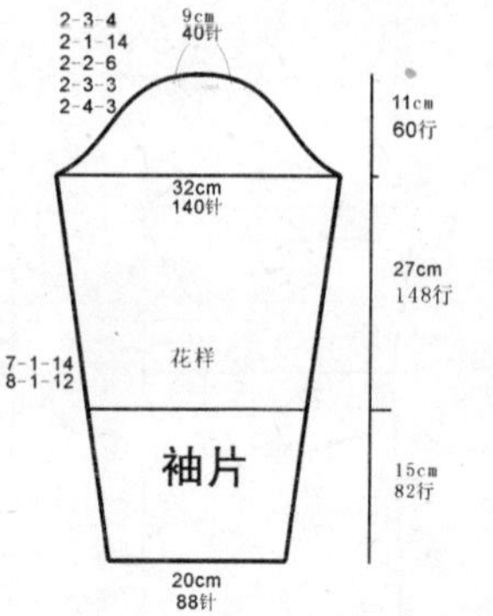

前片：7.5cm 33针　10.5cm 46针；2-2-4　2-3-4　2-6-1；4-1-23　4-2-10　2-2-9　2-3-4；24cm 105针；加 9-1-10；22cm 96针；减 19-1-10；2-2-22　6-1-10　4-1-1；10cm44针；18cm 99行；15cm 82行；32cm 126行

后片：7.5cm 33针　21cm 92针　7.5cm 33针；1.5cm8行；平收76针　4-1-3　2-1-1　2-3-1；2-2-4　2-3-4　2-6-1；48cm 210针；加 9-1-10；44cm 193针；减 19-1-10；48cm(210针)

袖片：2-3-4　2-1-14　2-2-6　2-3-3　2-4-3；9cm 40针；11cm 60行；32cm 140针；27cm 148行；花样；7-1-14　8-1-12；15cm 82行；20cm 88针

衣片花边：10cm 55行　编织方向　单罗纹　2条　270cm1188针

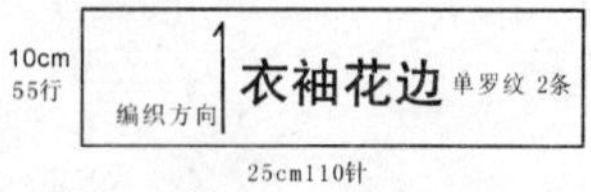

衣袖花边：10cm 55行　编织方向　单罗纹 2条　25cm110针

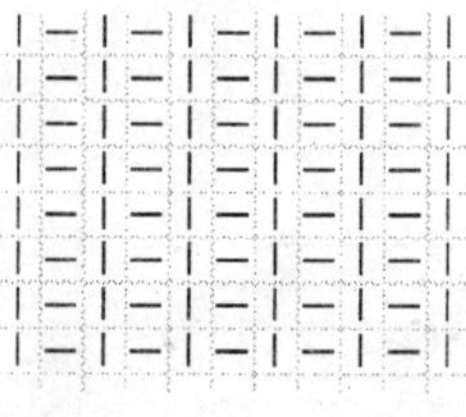

单罗纹

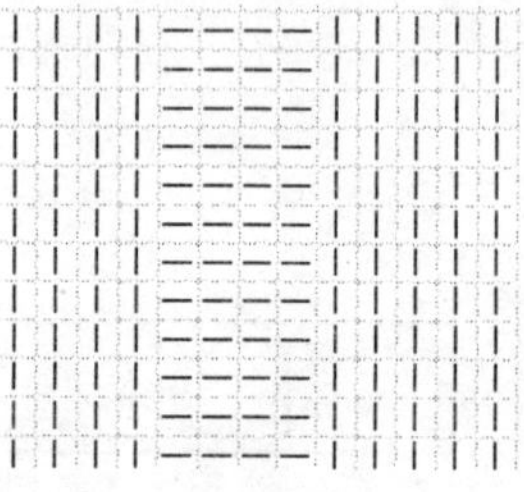

花样

【成品尺寸】衣长41cm　胸围96cm　袖长54cm

【工具】8号棒针　环形针

【材料】白色毛线320g

【密度】10cm²：21针×24行

【附件】蕾丝花边

【制作过程】1. 单股线编织。

2. 起94针编织后片花样，编织到20cm时开始袖窿减针，按结构图减完针后，不加减针编织到肩部，肩部各留出16针后进行领窝减针，完成后收针断线。

3. 起34针按花样编织前片，在一侧加出圆摆，共需加14针，编织到12cm时开始前衣领减针，编织到20cm时开始袖窿减针，按结构图减完针后不加减针编织到肩部，完成后收针断线。用同样方法完成另一侧前片，两片方向相反。

4. 起60针编织袖片花样，两侧均匀加针编织到45cm后开始袖山减针，最后余下20针收针断线。再完成另一片袖片。

5. 沿边对应相应位置缝合后，另起针用环形针宽松点挑织单罗纹针衣边，共织28行，外侧与蕾丝边缝合。

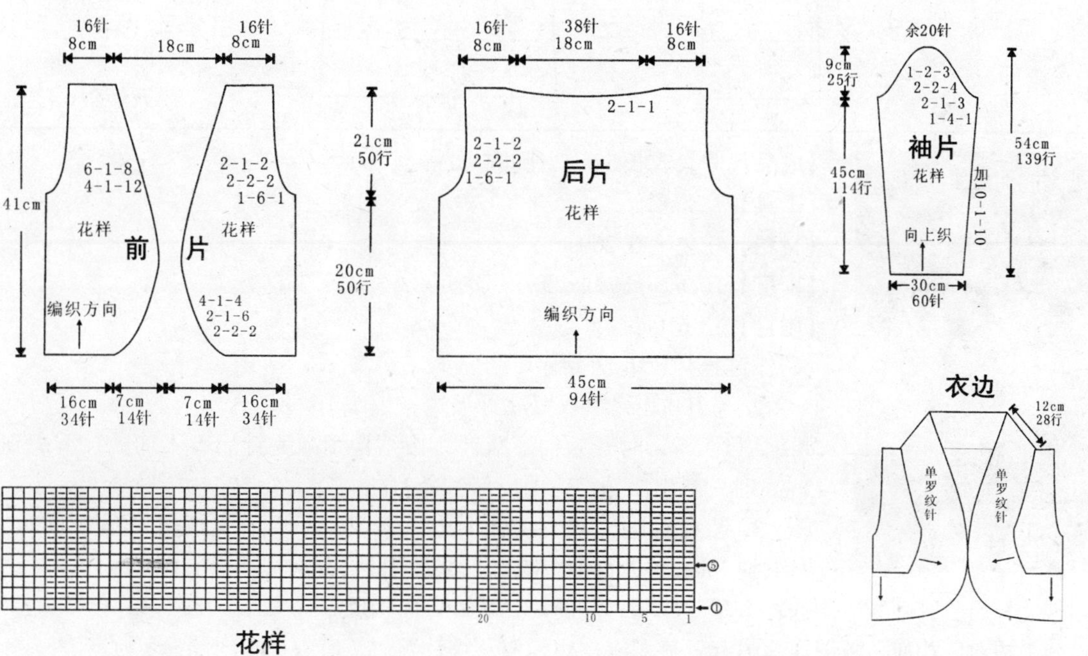

甜美拉链衫

【成品尺寸】衣长65cm　胸围96cm　袖长53cm

【工具】1. 7mm棒针

【材料】粉红色纯羊毛线

【密度】10cm²：44针×55行

【附件】拉链1条

【制作过程】前片分左右两片，分别按图起针，先织双罗纹10cm后，改织下针，至织完成。后片同样按图织好，衣袖按图织下针，至织完成，全部缝合。领圈挑针，织15cm双罗纹的长方形，装上拉链，形成翻领。缝上衣袋，用原线做成毛毛边，按彩图缝合，完成。

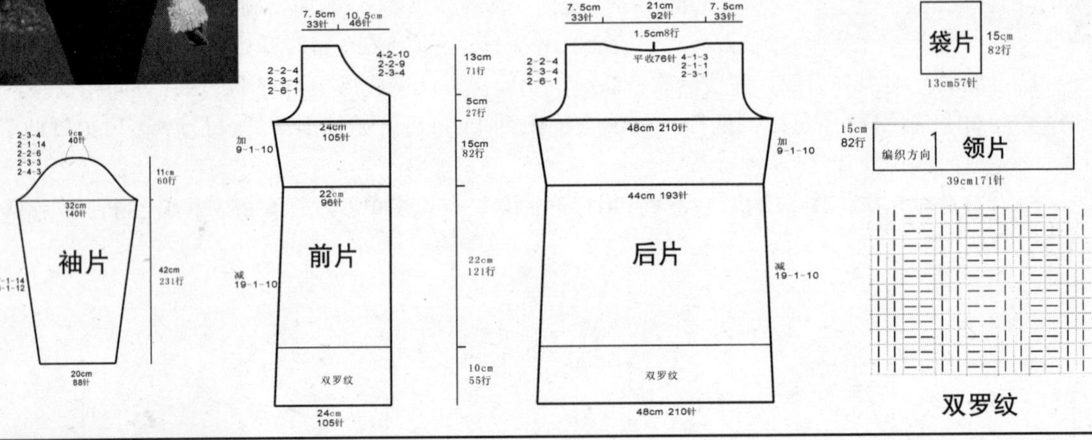

【成品尺寸】衣长58cm　胸围98cm

【工具】7号棒针

【材料】粉色毛线260g

【密度】10cm²：21针×25行

【附件】拉链1条

【制作过程】1. 单股线编织。

2. 起100针编织双罗纹针下边，编织16行后开始全下针编织后片，共编织到35cm时开始袖窿减针，按结构图减完针后，不加减针编织到56cm时，减出后领窝，两肩部各余11cm。

3. 起52针编织双罗纹针下边，编织16行后开始按花样编织前片，编织到35cm时进行袖窿减针，共编织到50cm时进行前衣领减针，按结构图减完针后收针断线。用同样方法完成另一侧前片，减针方向相反。

4. 沿边对应相应位置缝实。另起针挑织衣襟边、双罗纹针领边，沿衣襟边内侧缝实拉链。

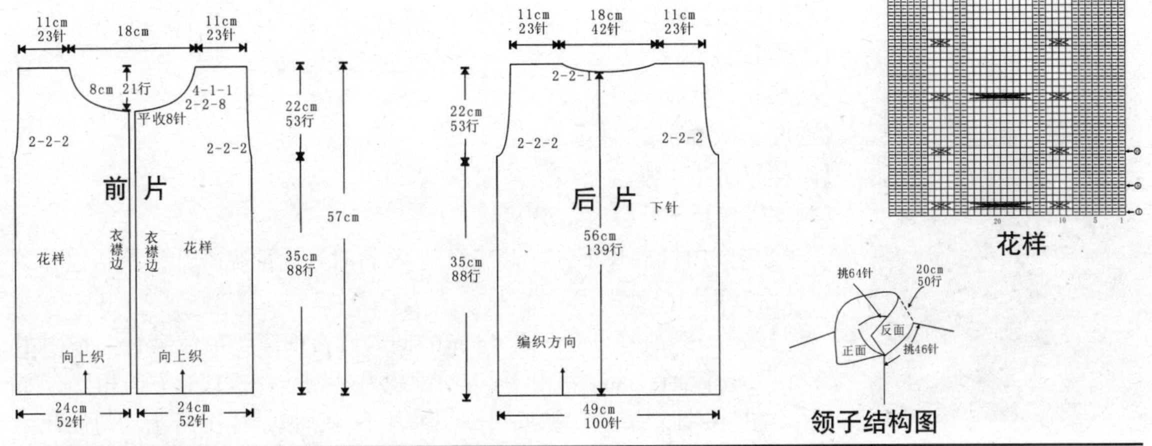

花边开襟衫

【成品尺寸】衣长85cm 胸围96cm 袖长53cm

【工具】1.7mm棒针

【材料】棕色纯羊毛线

【密度】10cm²：44针×55行

【制作过程】前片分左右两片，分别按图起针，织双罗纹，衣摆圆角部分按图收针，至织完成。后片和衣袖按图织好，衣袖口挑针，织10cm单罗纹，形成花边，全部缝合。沿着后片下摆、前片门襟、后领窝挑针，织10cm单罗纹，形成花边，完成。

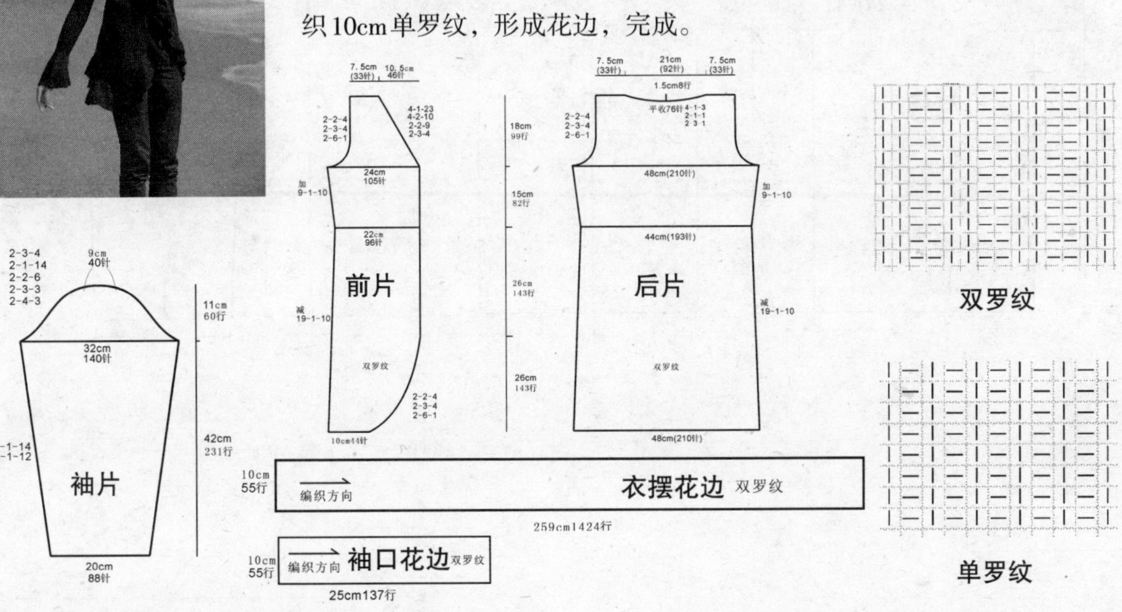

【成品尺寸】衣长70cm　胸围96cm　袖长51cm
【工具】9号棒针
【材料】紫色绵羊绒线680g
【密度】10cm²：25针×32行
【附件】纽扣3枚
【制作过程】1. 单股线编织。

2. 起110针后片下针，共编织到48cm时开始袖窿减针，按结构图减完针后，不加减针编织到肩部。

3. 起60针前片下针，织48cm后同时进行袖窿、前领减针，按图示减针后两肩各余10cm。用同样方法编织另一侧前片，减针方向相反。

4. 起62针双罗纹针从袖口编织袖片下针，按结构图所示均匀加针编织，编织39cm后开始袖山减针，按图所示减针后余12针，断线。用同样方法再完成另一片袖片。

5. 沿对应位置将各片缝合，沿领窝挑织双层双罗纹针装饰领片，内层是外层的1/2宽度。将装饰边及衣边、前片锁边造型，钉好纽扣，腰间穿入180cm单罗纹针腰带。

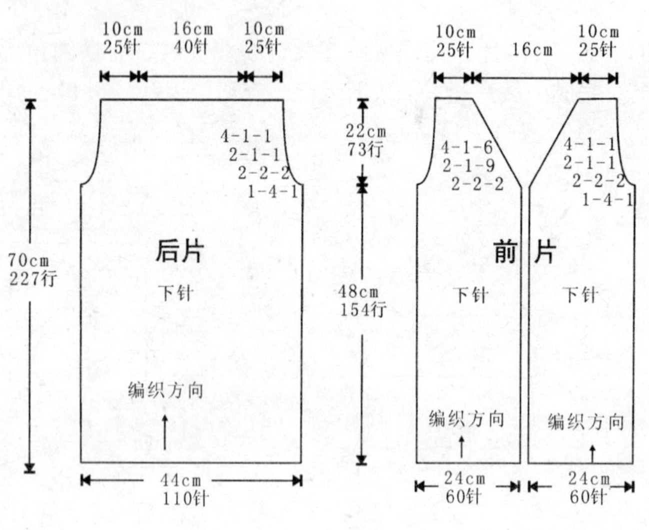

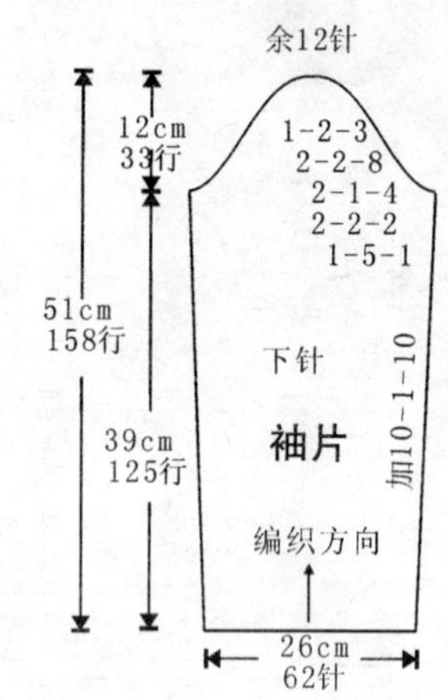

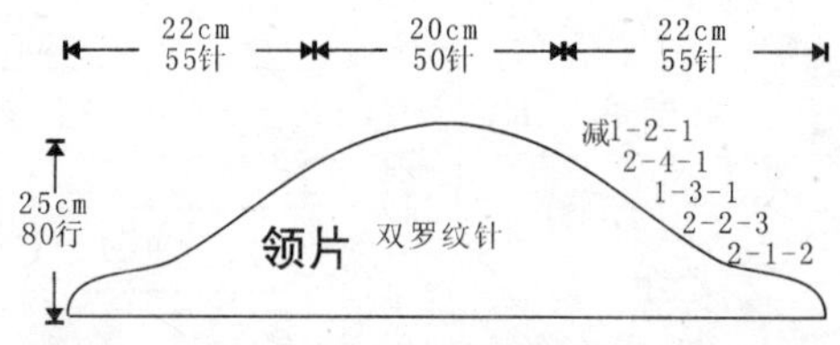

魅力红色装

【成品尺寸】衣长65cm　胸围96cm　袖长53cm

【工具】1.7mm棒针

【材料】西瓜红色纯羊毛线

【密度】10cm²：44针×55行

【附件】纽扣3枚

【制作过程】前片分左右两片，分别按图起针，织双罗纹10cm后改织花样，至织完成。后片按图起针，织10cm双罗纹后，改织花样，至织完成。袖窿和领窝按图加减针。衣袖按图起针，织10cm双罗纹后，改织花样，至织完成。衣袖和袖山按图加减针，全部缝合。门襟为长矩形另织，与前片缝合，腰带系于腰间。缝上纽扣，用原线做成毛毛领，完成。

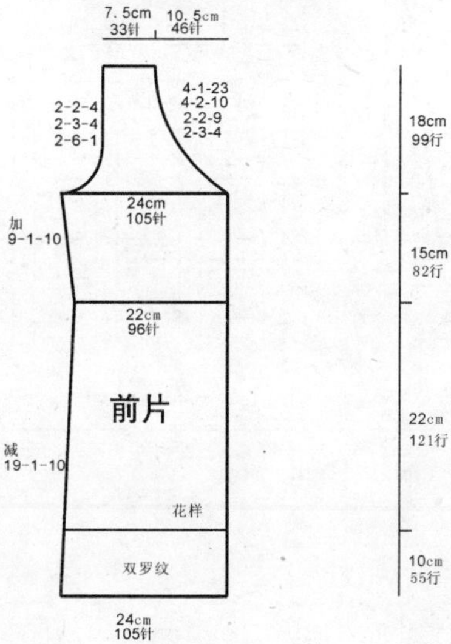

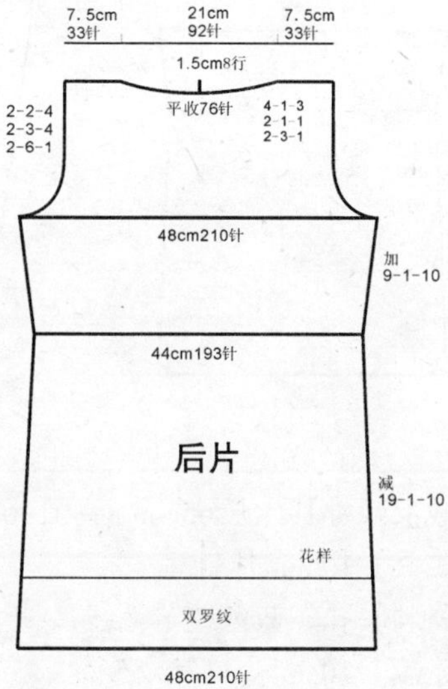

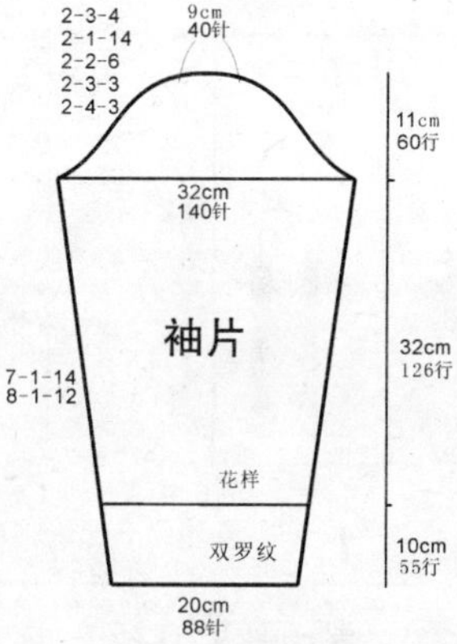

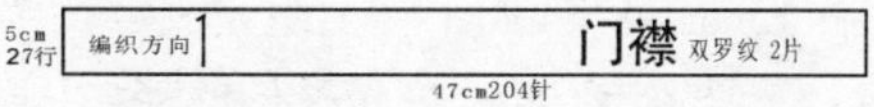

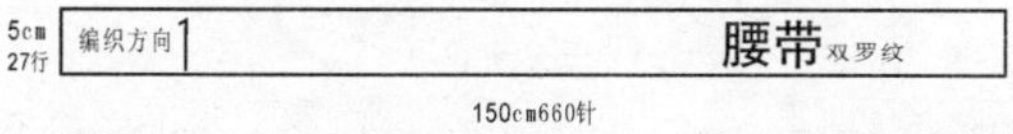

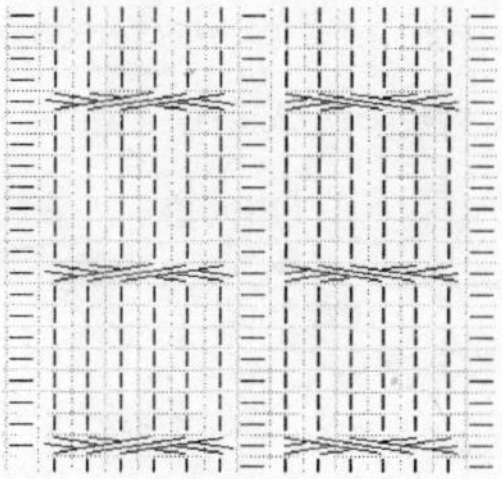

花样

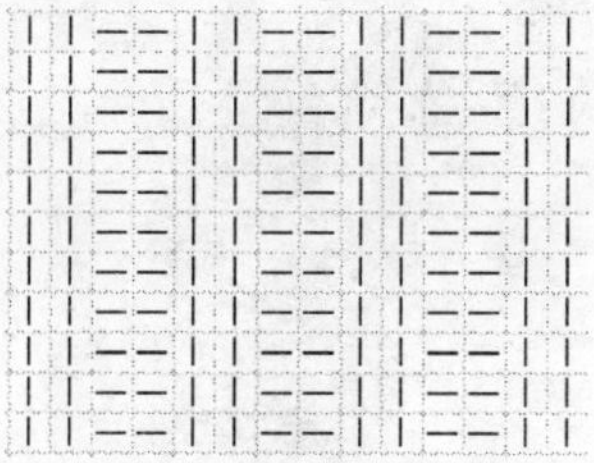

双罗纹

【成品尺寸】衣长65cm　胸围96cm　袖长53cm

【工具】1.7mm棒针

【材料】红色纯羊毛线

【密度】10cm²：44针×55行

【附件】拉链1条　毛毛领1条

【制作过程】前片分左右两片，分别按图起针，织花样，至织完成，后片和衣袖分别按图起针，织双罗纹，至织完成，全部缝合。领圈挑针，织5cm下针，褶边缝合，形成双层领，再缝上毛毛领，装上拉链，完成。

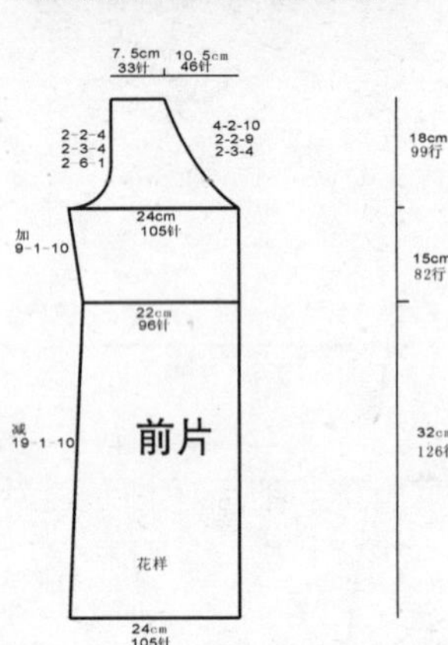

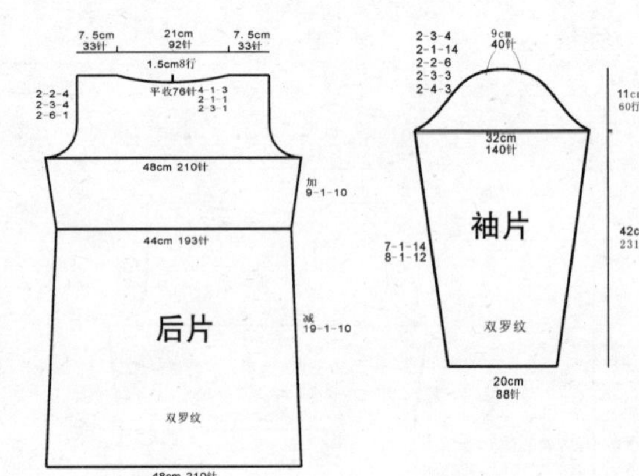

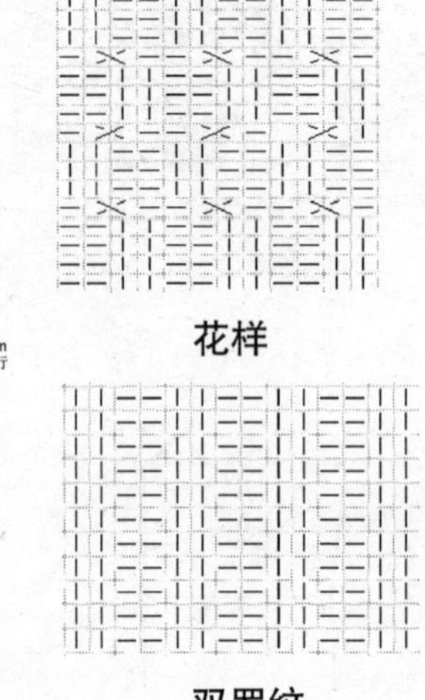
花样

双罗纹

靓丽纽扣衫

【成品尺寸】衣长65cm　胸围96cm　连肩袖长31cm

【工具】1.7mm棒针

【材料】孔雀蓝色纯羊毛线

【密度】10cm²：44针×55行

【附件】纽扣3枚　毛毛边若干

【制作过程】前片分左右两片，分别按图起针，先织花样15cm后，改织下针至织完成。后片起针，先织花样15cm后，改织下针至织完成。衣片和领窝按图加减针。衣袖按图起针，先织花样3cm后，改织下针至织完成，全部缝合。领子另织，与领圈缝合，形成圆领，缝上纽扣和毛毛边，完成。

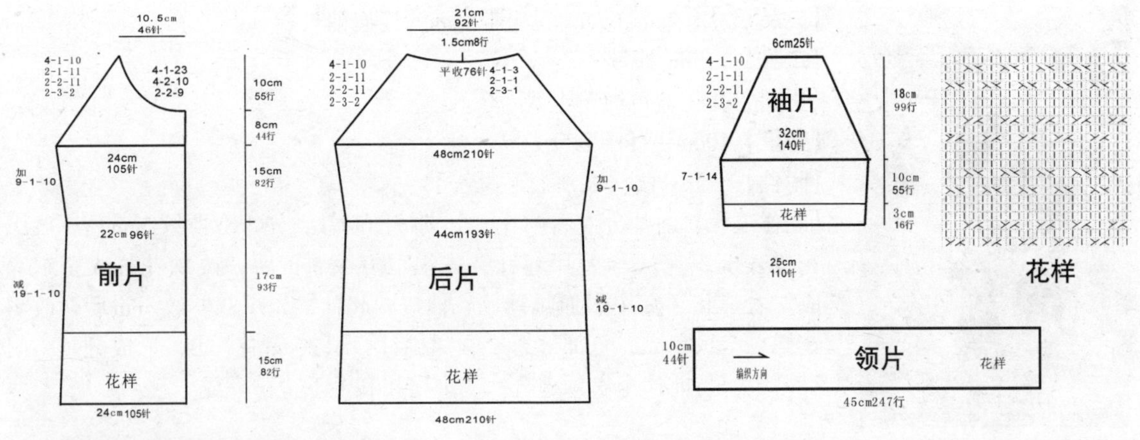

【成品尺寸】衣长65cm　胸围94cm　连肩袖长55cm

【工具】1.7mm棒针

【材料】蓝色纯羊毛线

【密度】10m^2：44针×55行

【附件】纽扣5枚

【制作过程】前片分左右两片，分别按图起针，织双罗纹20cm后，改织下针并开衣袋，至织完成。后片按图起针，织20cm双罗纹后，改织下针，全部缝合。领子挑针，织10cm双罗纹的长矩形，门襟另织，与前片缝合，形成翻领。袖口另织，与衣袖缝合，缝上纽扣，完成。

18cm
99行
内衣袋
12cm
52针
袋口
3cm16行
15cm66针

领子结构图

15cm
82行
编织方向
袖口 双罗纹 2条
60Cm264针

5cm
82行
编织方向
门襟 双罗纹 2条
75cm330针

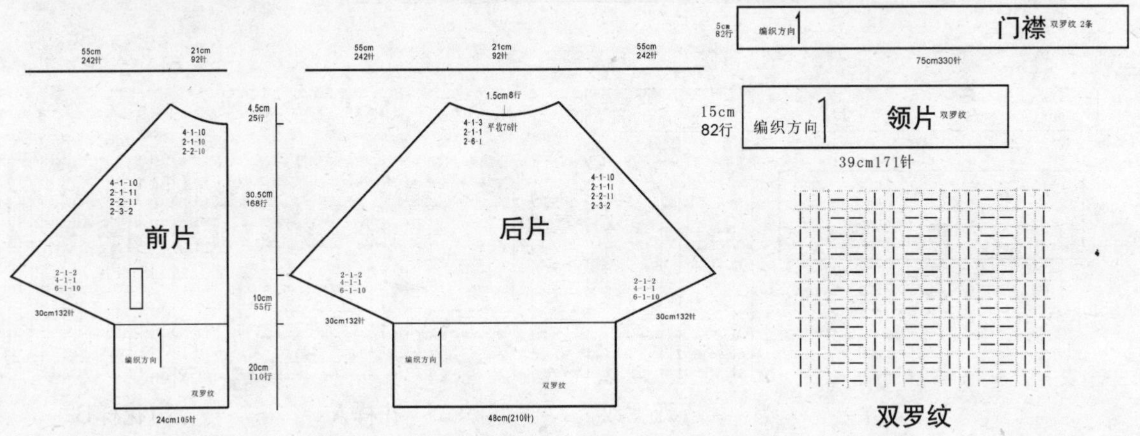

【成品尺寸】衣长65cm　胸围96cm　连肩袖长21cm

【工具】1.7mm棒针

【材料】孔雀蓝色纯羊毛线

【密度】10cm²：44针×55行

【附件】纽扣8枚　衣领毛毛边若干

【制作过程】前片分左右两片，分别按图起针，先织双罗纹5cm后，改织花样A至织完成。后片起针，先织双罗纹5cm后，改织花样A至织完成。衣片和领窝按图加减针。衣袖按图起针，先织双罗纹3cm后，改织花样A至织完成，全部缝合。领圈挑针，织20cm花样B，形成翻领。门襟另织，与前片至衣领缝合，缝上纽扣和毛毛边，完成。

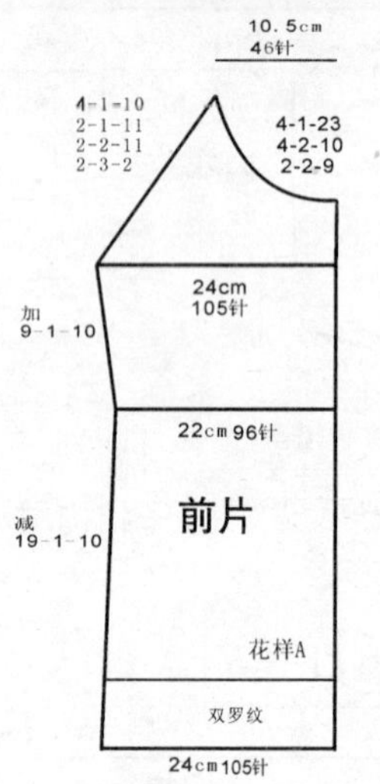

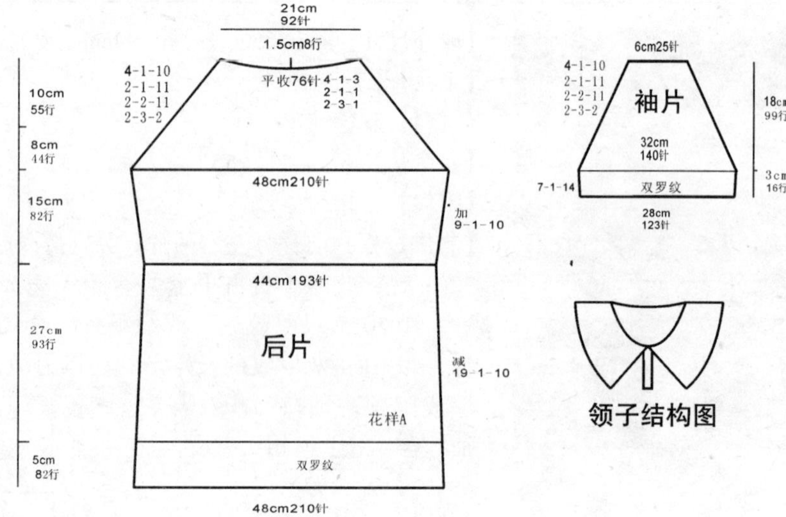

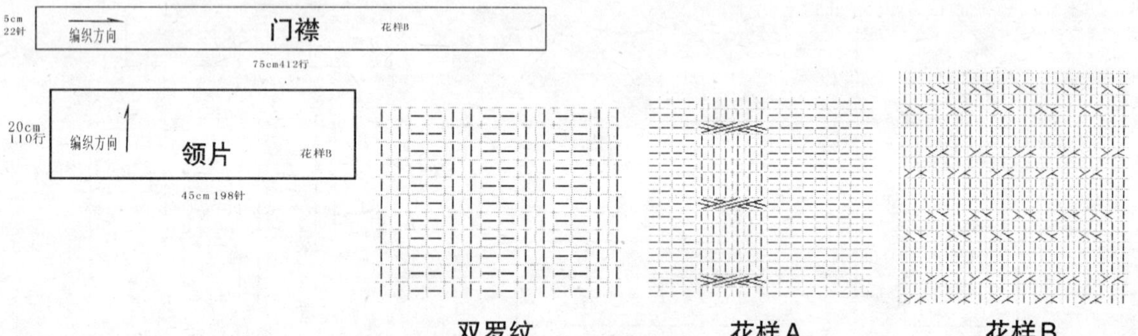

优雅系扣衫

【成品尺寸】衣长57cm　胸围96cm　袖长54cm

【工具】7号棒针

【材料】黑色羊毛线820g

【密度】10cm²：21针×25行

【附件】牛角扣4枚　装饰毛边1条、拉链2条

【制作过程】1. 单股线编织。

2. 起100针编织下边双罗纹针，编织20行后开始全下针编织后片，共编织到35cm时开始袖窿减针，按结构图减完针后，不加减针编织到56cm时，减出后领窝，两肩部各余10cm。

3. 起52针用同样针法编织前片，编织到35cm时进行袖窿减针，共编织到52cm时进行前衣领减针，按结构图减完针后收针断线。用同样方法完成另一侧前片，减针方向相反。

4. 起60针双罗纹针从袖口编织下针，按结构图所示均匀加针编织袖片，编织45cm后开始袖山减针，按图所示减针后余20针，断线。用同样方法再完成另一片袖片。

5. 另起22针单独编织口袋片下针，按图减针后沿双罗纹针边贴前片下侧将袋边缝实，装入装饰拉链。

6. 沿边对应相应位置缝实，另起针从侧缝处沿袖窿缝合线挑织双罗纹针装饰边，沿领边挑织下针帽片，沿帽顶边缝合。钉好纽扣，沿帽边缝实装饰毛边。

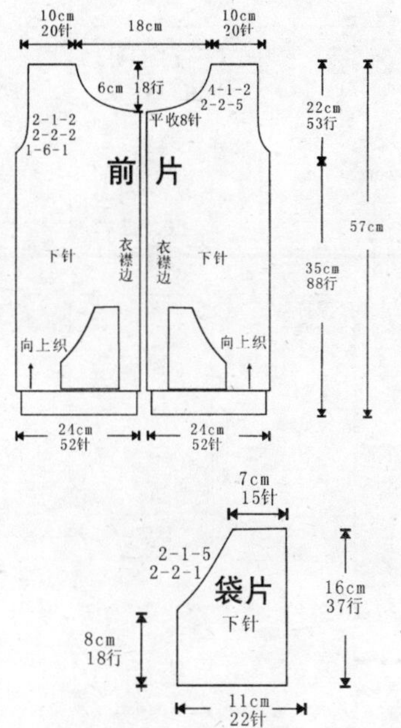

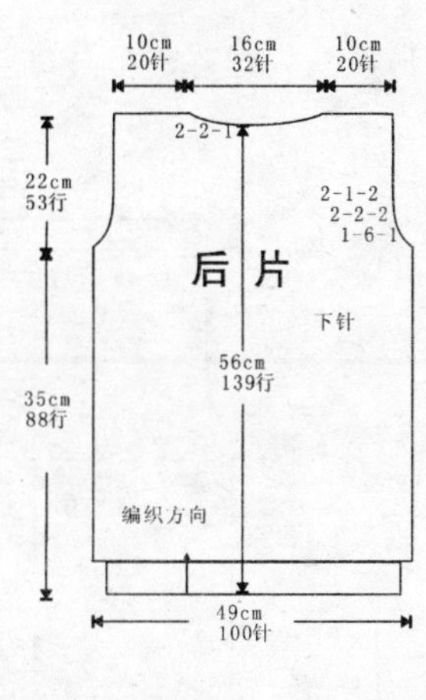

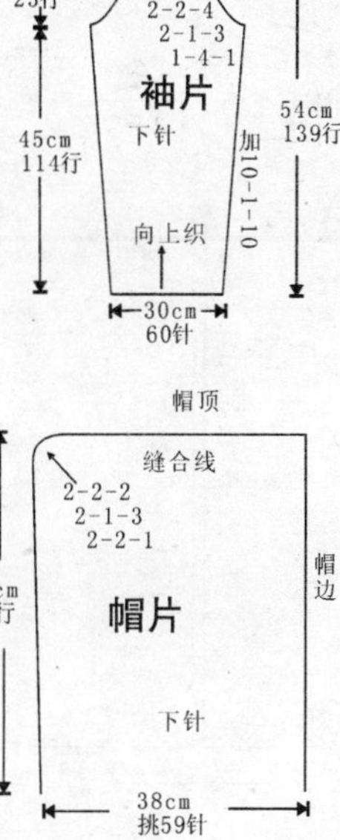

【成品尺寸】衣长57cm　胸围96cm　袖长54cm

【工具】7号棒针

【材料】黑色棉绒线820g

【密度】10cm^2：21针×25行

【附件】牛角扣3枚　装饰毛边

【制作过程】1. 单股线编织。

2. 起100针编织下边双罗纹针，编织16行后开始全下针编织后片，共编织到35cm时开始袖窿减针，按结构图减完针后，不加减针编织到56cm时，减出后领窝，两肩部各余10cm。

3. 起52针用同样针法编织前片，编织到35cm时进行袖窿减针，共编织到52cm时进行前衣领减针，按结构图减完针后收针断线。用同样方法完成另一侧前片，减针方向相反。

4. 起60针双罗纹针从袖口编织下针，按结构图所示均匀加针编织袖片，编织45cm后开始袖山减针，按图所示减针后余20针，断线。用同样方法再完成另一片袖片。

5. 另起22针单独编织下针口袋片，按图减针后贴前片下侧袋边缝实。

6. 沿边对应相应位置缝实，沿领边挑织下针帽片，沿边缝合。钉好纽扣，沿帽边缝实装饰毛边。

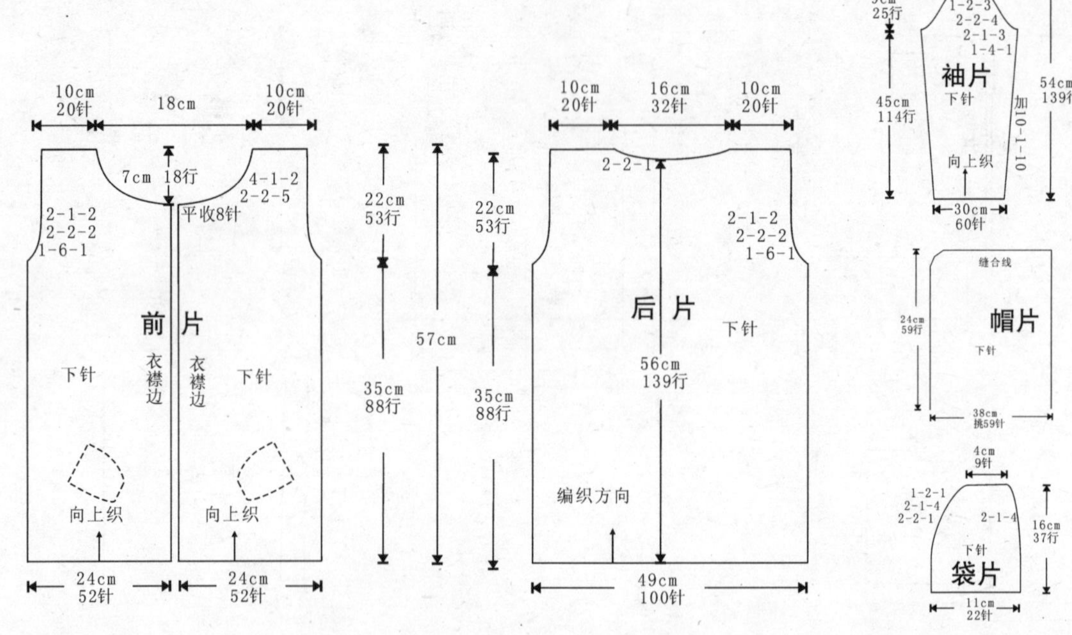

高雅花样衫

【成品尺寸】衣长56cm　胸围96cm　袖长53cm

【工具】7号棒针

【材料】驼色银线毛线680g

【密度】10cm²：21针×25行

【附件】纽扣3枚

【制作过程】1. 单股线编织。

2. 起100针双罗纹针边，编织下针后片，编织到35cm时开始袖窿减针，按结构图减完针后，不加减针编织到55cm时，减出后领窝，两肩部各余11cm。

3. 起52针双罗纹针边，编织前片花样A，编织到35cm时同时进行袖窿、前领窝减针，按结构图减完针后收针断线。用同样方法完成另一侧前片，减针方向相反。

4. 从袖口起60针双罗纹针编织袖片花样B，按结构图所示均匀加针，编织42cm后开始袖山减针，按图所示减针后余18针，断线。用同样方法再完成另一片袖片。

5. 沿边对应相应位置缝实。另起针连续挑织双罗纹衣襟边、领边，用钩花装饰，贴前片缝好袋片及纽扣。

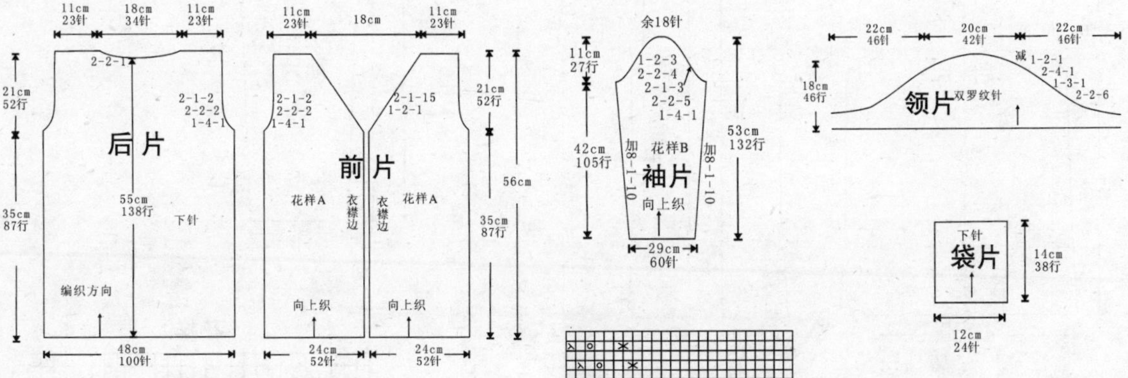

领片钩花样

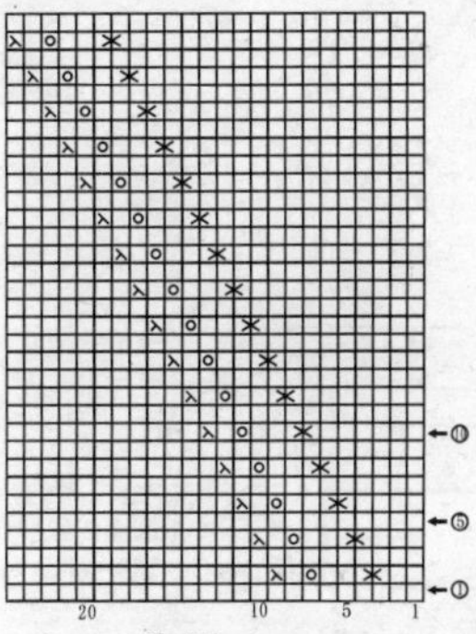

花样A

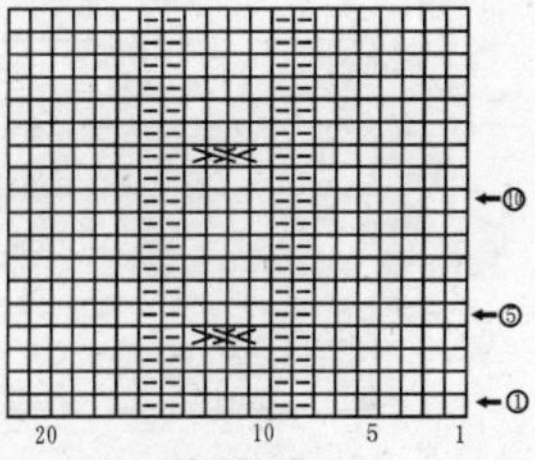

花样B

【成品尺寸】衣长60cm　胸围96cm　袖长50cm

【工具】9号棒针

【材料】浅灰色毛线980g

【密度】10cm²：25针×32行

【制作过程】1. 单股线编织。

2. 起122针编织后片下针，两侧均匀减针后，共编织到38cm开始袖窿减针，按结构图减完针后，不加减针编织到59cm时减出后领窝，两肩部各余11cm。

3. 起45针编织下针前片，一侧按图减针一侧不加减针，编织到38cm时减针侧进行袖窿减针，按结构图减完针后收针断线。用同样方法完成另一侧前片，减针方向相反。

4. 起62针从袖口编织下针袖片，按结构图所示均匀加针，编织40cm后开始袖山减针，按图所示减针后余12针，断线。用同样方法再完成另一片袖片。

5. 沿边对应相应位置缝实。依次将单独编织的装饰下边、衣襟边、袖口边与衣片缝合。

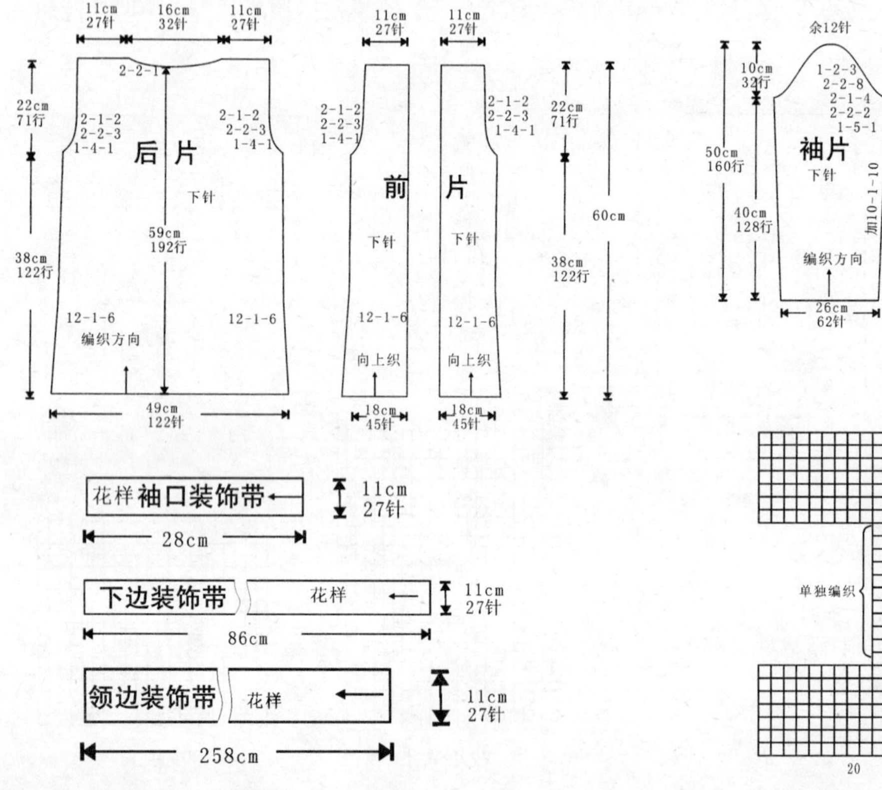

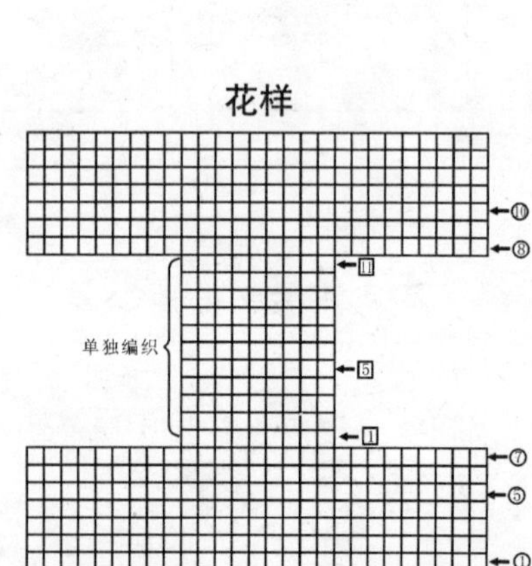

婉约开襟衫

【成品尺寸】衣长60cm　胸围92cm　袖长55cm

【工具】7号棒针　5号棒针　环形针

【材料】灰色毛线760g

【密度】10cm²：21针×25行

【制作过程】1. 单股线编织。

2. 起96针编织后片下针，编织到38cm时开始袖窿减针，按结构图减完针后，不加减针编织到肩部，两肩部各余10cm。

3. 起18针编织前片下针，一侧按图加出圆摆，一侧不加减针，共加30针，编织到38cm袖窿减针的同时开始前领窝减针，按图示减针后两肩各余10cm。用同样方法编织完成另一片前片，加减针方向相反。

4. 用粗针起112针从袖口编织下边花样，共织15cm，然后花样减针为下针后用细针编织袖片，减针后袖口余56针，按结构图所示均匀加针编织，编织30cm后开始袖山减针，按图所示减针后余16针，断线。用同样方法再完成另一片袖片。

5. 沿对应位置将各片缝合，用细针连续挑织花样衣边，织3cm后换粗针继续编织，衣边共织15cm。

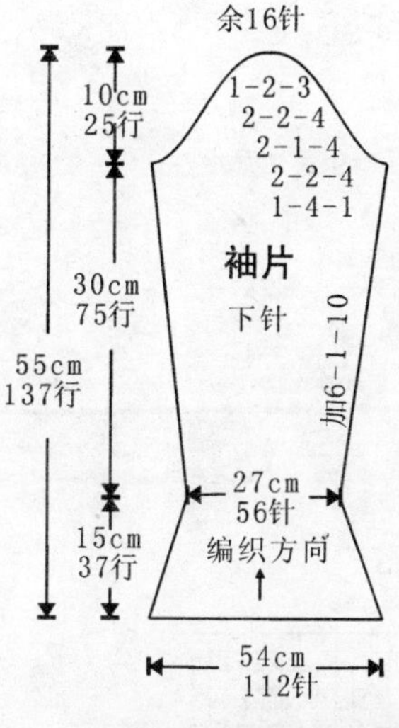

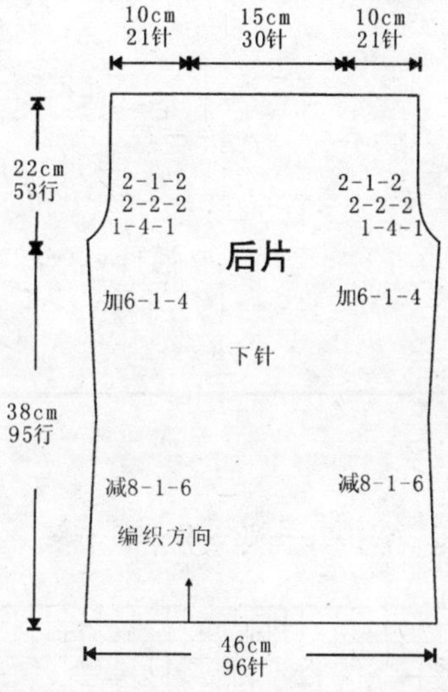

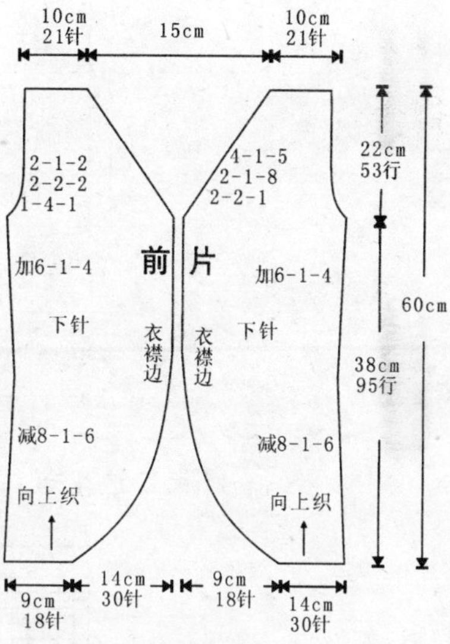

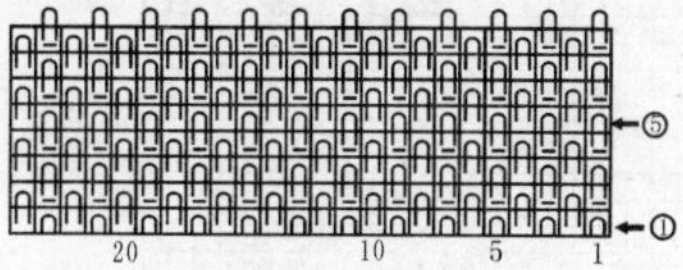

【成品尺寸】衣长63cm　胸围96cm　袖长30cm

【工具】7号棒针　环形针　5号钩针

【材料】灰色毛线520g

【密度】10cm²：21针×25行

【附件】纽扣3枚

【制作过程】1. 单股线编织。

2. 起64针从袖口开始编织下针，两侧按图示加针编织，共加36行后完成袖片编织。身片织至5cm时，按图加减出前衣襟边及领窝，后片不加减针编织16cm作后领窝，再按原来减加针针数如数加减另一侧，完成后收针断线。

3. 将前后片沿侧缝对接缝合。单独起222针编织花样装饰边，按衣片加减针完成后，分别沿衣边、衣襟边缝实。外侧钩边装饰，钉好纽扣。

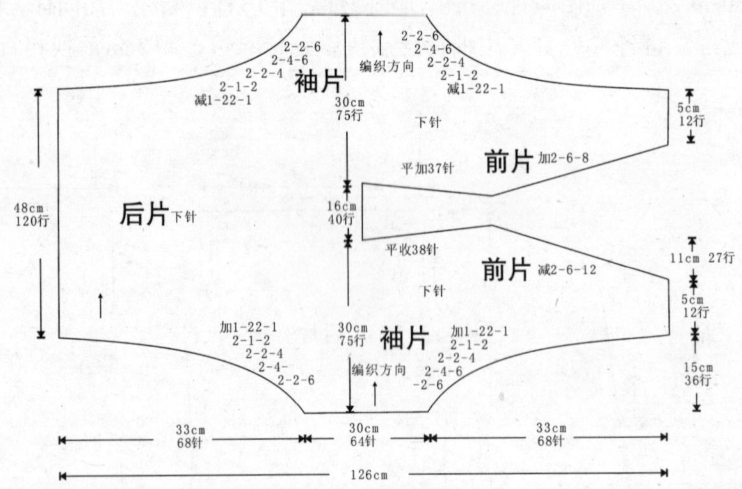

装饰边花样

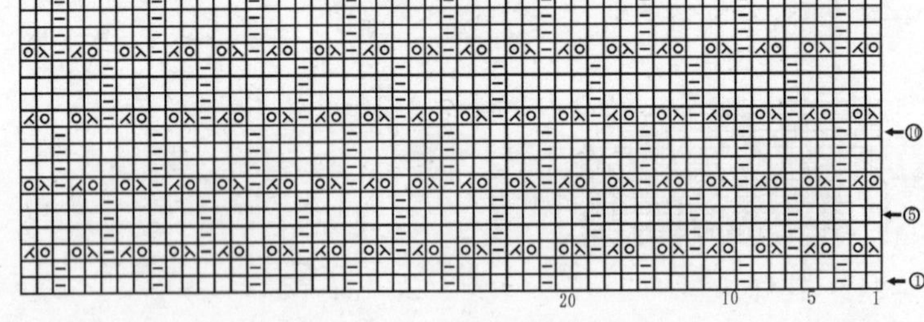

【成品尺寸】衣长62cm　胸围92cm　袖长51cm

【工具】9号棒针

【材料】浅灰色毛线980g

【密度】10cm²：25针×32行

【制作过程】1. 单股线编织。

2. 起115针编织后片下针，编织到28cm两侧开始袖窿减针，按结构图减完针后，不加减针编织到肩部，两肩部各余10cm。

3. 起3针后加针编织前片下针，按图加针，身长共编织到40cm时进行袖窿减针，按结构图减完针后收针断线。用同样方法完成另一侧前片，减针方向相反。

4. 起62针双罗纹针边后从袖口编织袖片下针，按结构图所示均匀加针，编织39cm后开始袖山减针，按图所示减针后余12针，断线。用同样方法再完成另一片袖片。

5. 沿边对应相应位置缝实。沿前片一端连续挑织花样B衣襟边、领边，将单独编织的下摆片与衣片缝合。

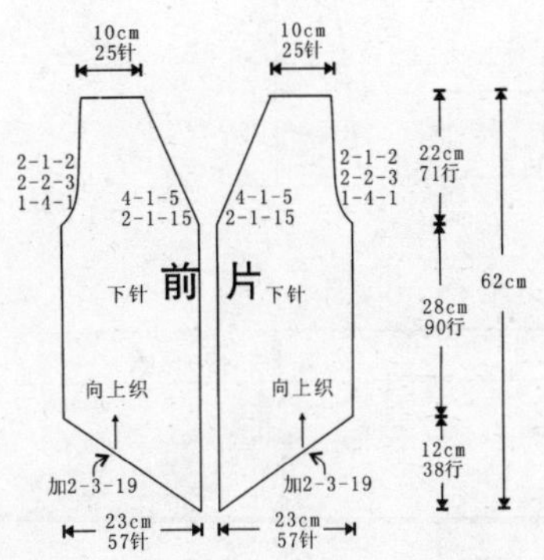

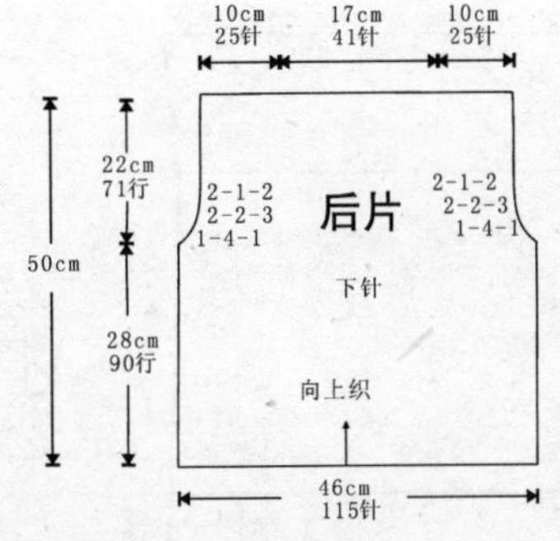

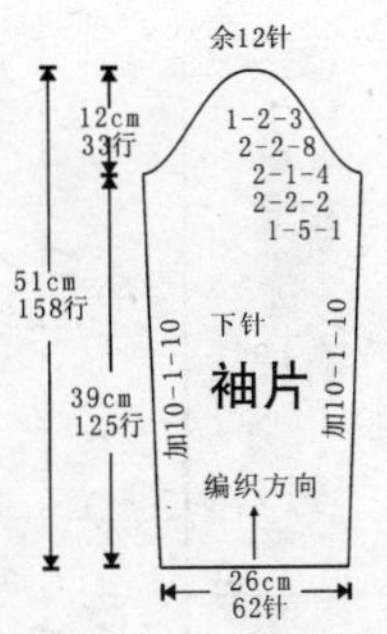

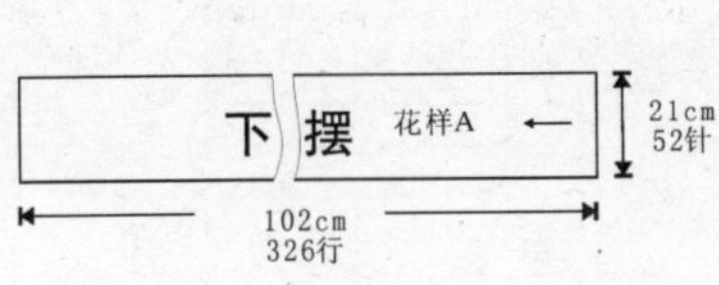

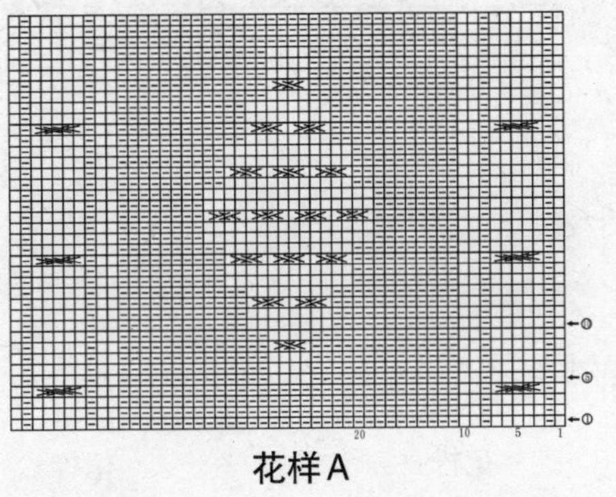

花样A

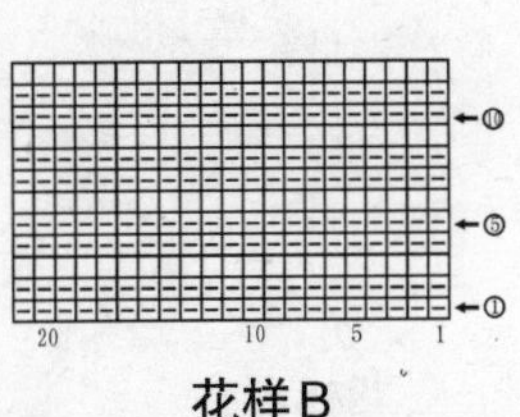

花样B

风韵橙色装

【成品尺寸】衣长65cm　胸围96cm　袖长53cm

【工具】1.7mm棒针

【材料】棕色纯羊毛线

【密度】10cm²：44针×55行

【附件】拉链1条　金属扣1枚

【制作过程】前片分左右两片，分别按图起针，织花样A10cm后改织花样C，至织完成。后片和衣袖按图织花样B，全部缝合。领圈挑针，织35cm单罗纹的长方形，顶端对折缝合，形成帽子。装上拉链，系上穿好金属扣的腰带，完成。

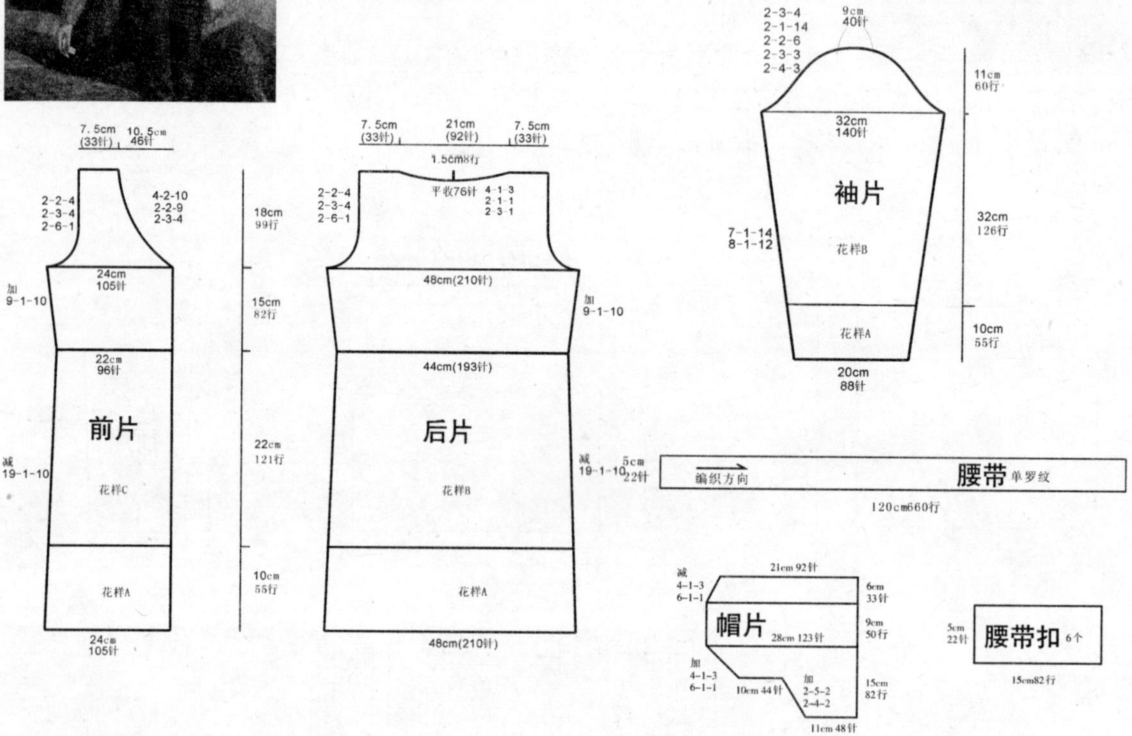

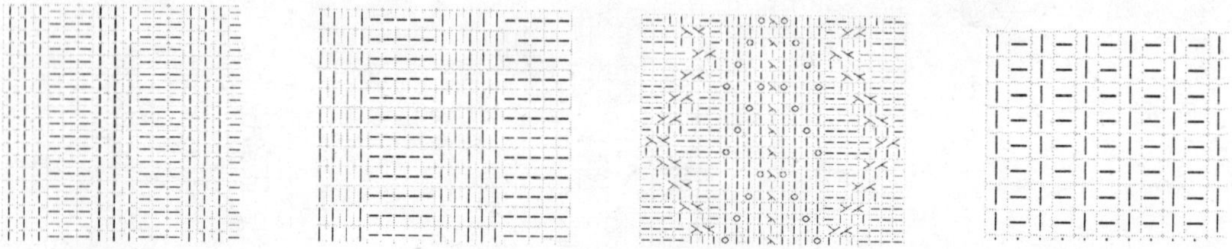

前片　后片　袖片　腰带　帽片　腰带扣

花样A　花样B　花样C　单罗纹

【成品尺寸】衣长52cm　胸围92cm　袖长53cm

【工具】7号棒针　5号钩针　锁边机

【材料】黄褐色马海毛线520g

【密度】10cm²：21针×24行

【附件】纽扣3枚

【制作过程】1. 单股线编织。

2. 起96针双罗纹针编织后片，编织到24cm时改织下针，共编织到30cm时开始袖窿减针，按结构图减完针后，不加减针编织肩部，肩部各余10cm。

3. 起52针双罗纹针编织一侧前片，编织到24cm时改织下针，编织到30cm时同时进行袖窿、前领窝减针，按结构图减针，完成后收针断线。用同样方法完成另一侧前片，减针方向相反。

4. 起60针从袖口编织袖片下针，按结构图所示均匀加针，编织37cm后开始袖山减针，按图所示减针后余20针，断线。用同样方法再完成另一片袖片。

5. 沿对应相应位置缝合。另起针宽松点编织12针下针装饰带，每个位置装饰带共编织2条，分别将装饰带一侧用锁边机锁边，另一侧2条重叠后沿衣边与衣片缝实。钩好装饰衣边，留出扣眼位置，钉好纽扣。

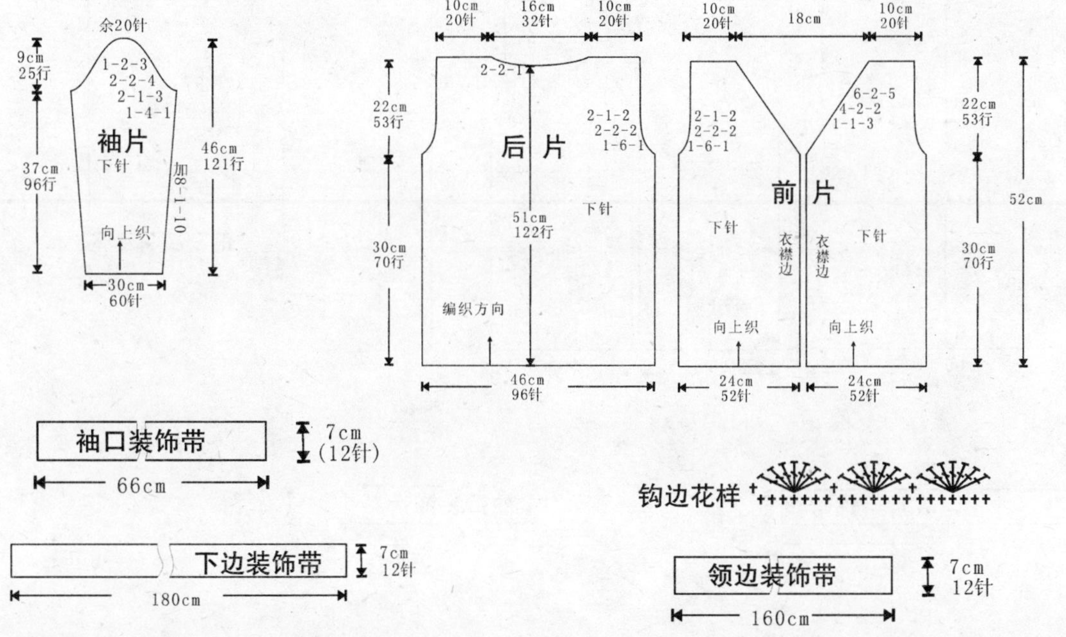

【成品尺寸】衣长52cm　胸围92cm　袖长53cm

【工具】7号棒针　5号棒针　锁边机

【材料】黄褐色马海毛线520g

【密度】10cm²：21针×24行

【附件】子母扣3枚

【制作过程】1. 单股线编织。

2. 起96针下针编织后片，共编织到30cm时开始袖窿减针，按结构图减完针后，不加减针编织肩部，各余10cm。

3. 起52针下针编织一侧前片，编织到30cm时同时进行袖窿、前领窝减针，按结构图减针，两侧减针方向相反，完成后收针断线。用同样方法完成另一侧前片。

4. 起60针从袖口编织袖片下针，按结构图所示均匀加针，编织37cm后开始袖山减针，按图所示减针后余20针，断线。用同样方法再完成另一片袖片。

5. 沿对应相应位置缝合。另起针宽松点编织12针下针装饰带，共编织2条各410cm和2条各66cm，分别将一侧用锁边机锁边，另一侧将2条重叠后沿衣边与衣片缝实，钉好子母扣。

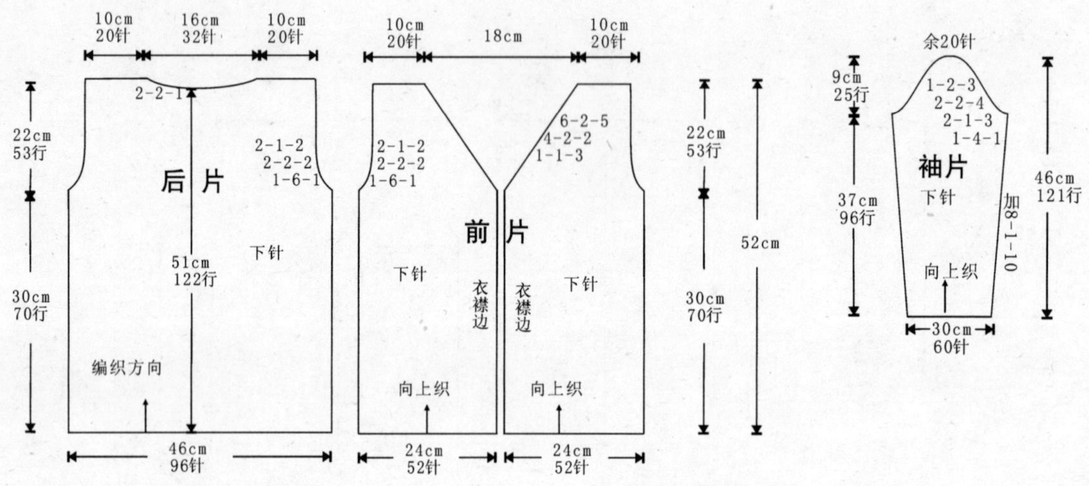

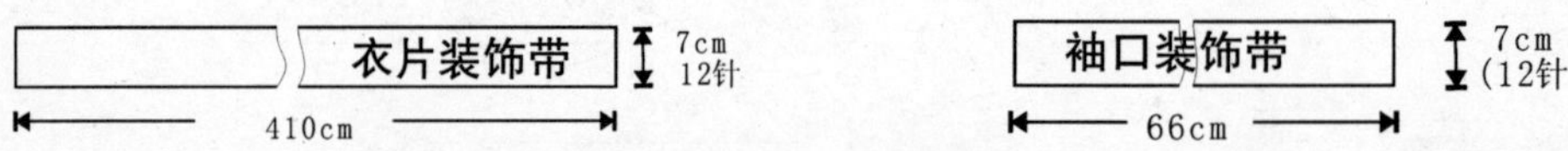

舒适开襟衫

【成品尺寸】衣长65cm　胸围96cm　袖长53cm

【工具】1.7mm棒针

【材料】棕色、白色、橙色纯羊毛线

【密度】10cm²：44针×47行

【制作过程】前片分左右两片，分别按图起针，织下针，并间色，衣摆圆角部分按图收针，至织完成。后片起针，织下针并间色，至织完成。衣袖按图织好，全部缝合。沿着后片下摆、前片门襟、后领窝挑针，织2层10cm单罗纹，形成花边，系上带子，完成。

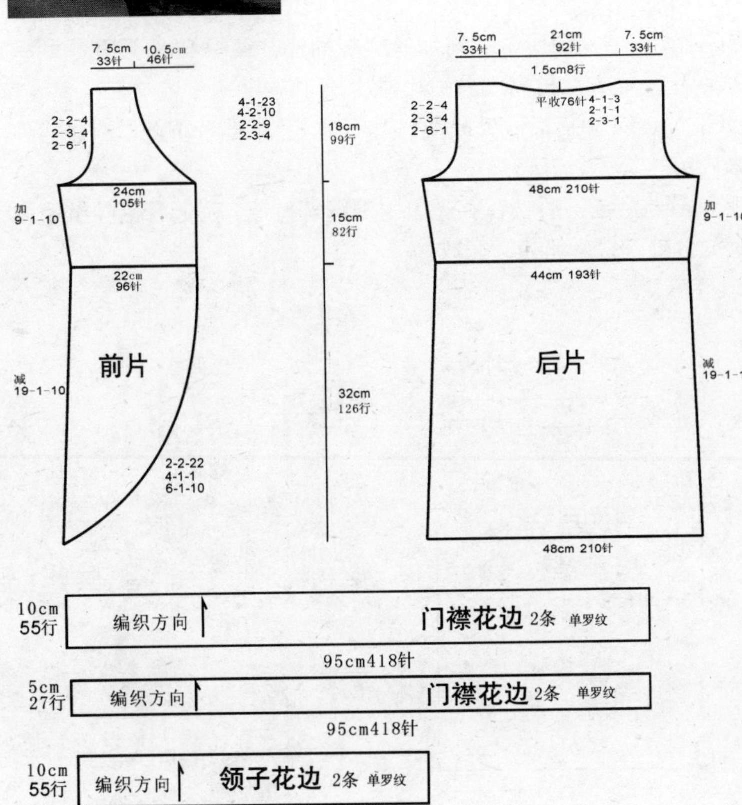

5cm 27行　编织方向　领子花边 2条 单罗纹

47cm258行

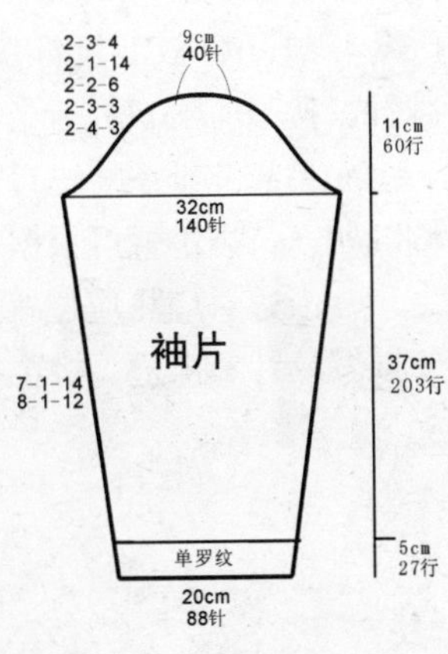

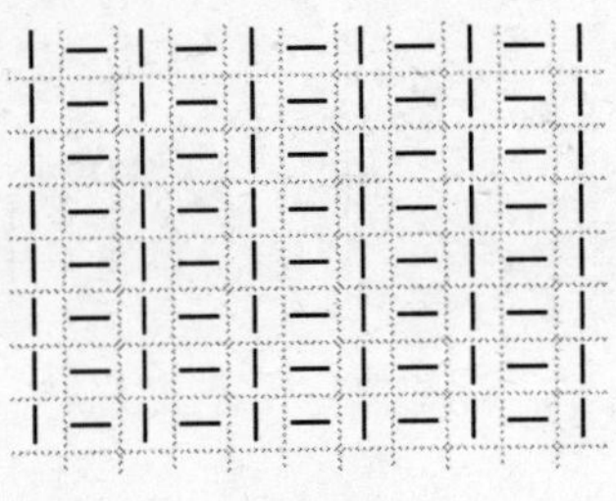

单罗纹

【成品尺寸】衣长58cm　胸围96cm　袖长54cm

【工具】7号棒针

【材料】棕色羊绒线820g

【密度】10cm²：21针×24行

【附件】拉链1条　大纽扣3枚　毛领1条

【制作过程】1. 单股线编织。

2. 起100针编织下边双罗纹针，编织16行后开始全下针编织后片，共编织到35cm时开始袖窿减针，按结构图减完针后，不加减针编织到56cm时，减出后领窝，两肩部各余10cm。

3. 起52针完成双罗纹针后编织前片下针，编织到35cm时进行袖窿减针，共编织到52cm时进行前衣领减针，按结构图减完针后收针断线。用同样方法完成另一侧前片，减针方向相反。

4. 起60针双罗纹针从袖口编织下针，按结构图所示均匀加针编织袖片，编织45cm后开始袖山减针，按图所示减针后余20针，断线。用同样方法再完成另一片袖片。

5. 另起针编织装饰口袋，起20针下针，织30行后收针断线，共织2片，贴前片下侧沿口袋边外侧缝实，口袋位置可根据个人喜好来确定。

6. 沿边对应相应位置缝实。将毛领沿领窝缝实后，在衣襟边内侧缝实拉链，另起针沿拉链边挑织双罗纹针衣襟边，挑至毛领与领窝缝合处。钉好纽扣，完成。

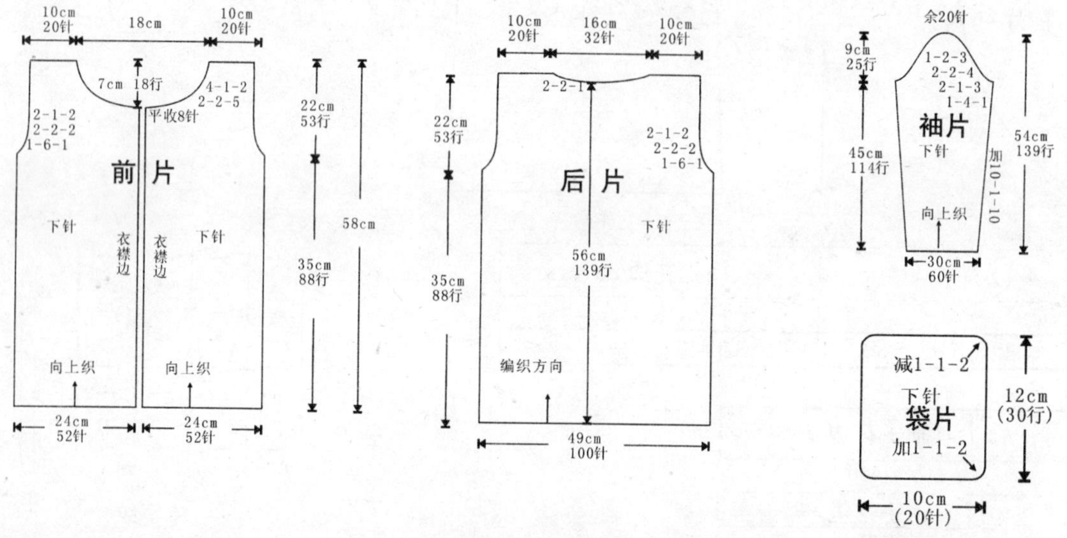

【成品尺寸】衣长57cm　胸围96cm　袖长54cm

【工具】7号棒针

【材料】褐色羊毛线820g

【密度】10cm²：21针×25行

【附件】拉链1条　大纽扣3枚　装饰毛领

【制作过程】1. 单股线编织。

2. 起100针编织下边双罗纹针，编织16行后开始全下针编织后片，共编织到35cm时开始袖窿减针，按结构图减完针后，不加减针编织到56cm时，减出后领窝，两肩部各余10cm。

3. 起52针完成双罗纹针后编织前片下针，编织到35cm时进行袖窿减针，共编织到52cm时进行前衣领减针，按结构图减完针后收针断线。用同样方法完成另一侧前片，减针方向相反。

4. 起60针编织双倍长度的双罗纹针，从袖口编织下针，按结构图所示均匀加针编织袖片，编织45cm后开始袖山减针，按图所示减针后余20针，断线，将袖口双罗纹针边对折沿侧缝缝合。用同样方法再完成另一片袖片。

5. 沿边对应相应位置缝实。将毛领沿领窝缝实后，在衣襟边内侧缝实拉链。另起针沿拉链边挑织双罗纹针衣襟边，挑至毛领与领窝缝合处。钉好纽扣，完成。

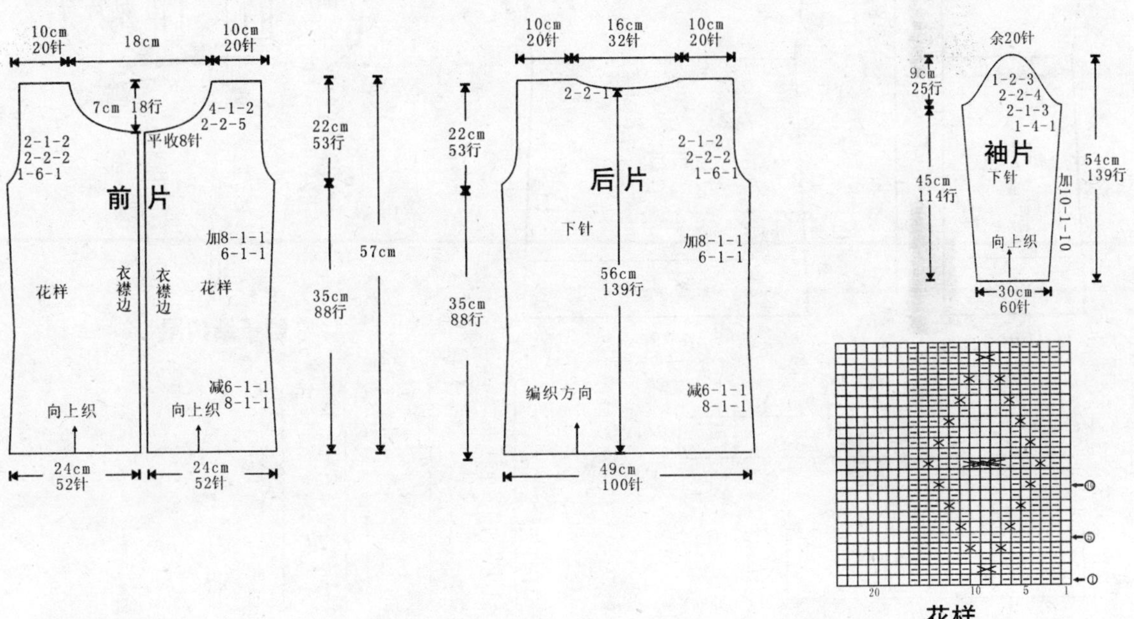

百变开襟装

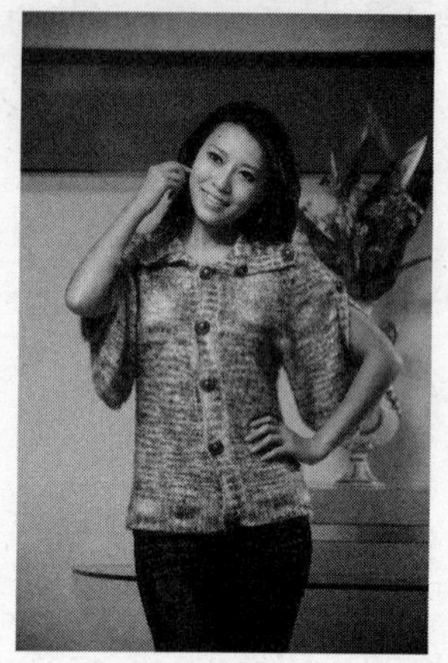

【成品尺寸】衣长65cm　胸围96cm　袖长35cm

【工具】1.7mm棒针

【材料】灰色纯羊毛线

【密度】10cm²：44针×55行

【附件】纽扣12枚

【制作过程】前片分左右两片，分别按图起针，织双罗纹10cm后，改织下针至织完成。后片按图起针，织10cm双罗纹后，改织下针，至织完成。袖窿和领窝按图加减针。衣袖每一袖分两片，按图起针，织下针至织完成。袖边另织双罗纹，全部缝合。衣领挑针，织15cm双罗纹，形成翻领。门襟为长矩形另织，与前片缝合，缝上纽扣，完成。

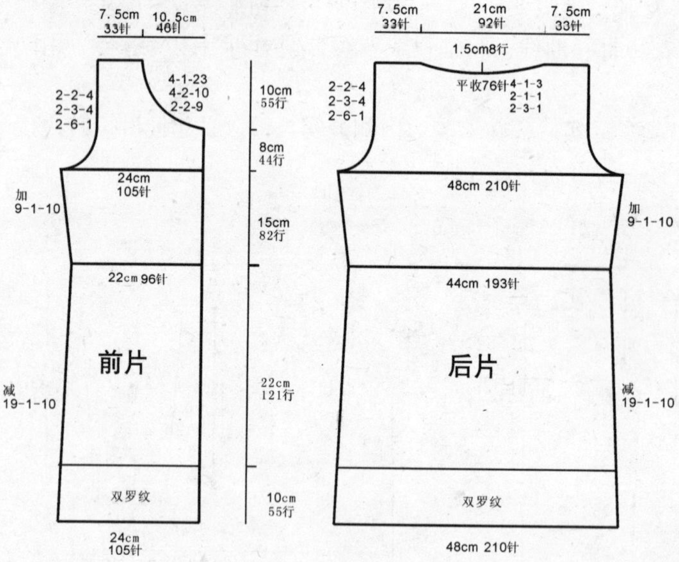

7.5cm 33针
10.5cm 46针
2-2-4
2-3-4
2-6-1
4-1-23
4-2-10
2-2-9
10cm 55行
8cm 44行
24cm 105针
加 9-1-10
15cm 82行
22cm 96针
前片
减 19-1-10
22cm 121行
双罗纹
10cm 55行
24cm 105针
7.5cm 33针
21cm 92针
7.5cm 33针
1.5cm8行
平收76针
4-1-3
2-1-1
2-3-1
2-2-4
2-3-4
2-6-1
48cm 210针
加 9-1-10
44cm 193针
后片
减 19-1-10
双罗纹
48cm 210针

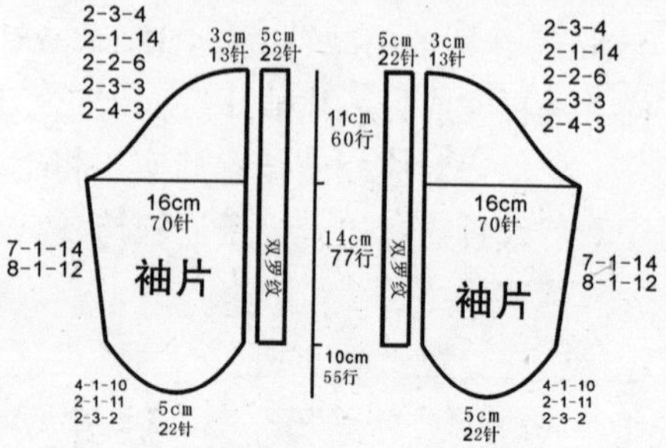

2-3-4
2-1-14
2-2-6
2-3-3
2-4-3
3cm 13针
5cm 22针
11cm 60行
16cm 70针
7-1-14
8-1-12
袖片
双罗纹
14cm 77行
10cm 55行
4-1-10
2-1-11
2-3-2
5cm 22针
5cm 22针
3cm 13针
2-3-4
2-1-14
2-2-6
2-3-3
2-4-3
16cm 70针
双罗纹
袖片
7-1-14
8-1-12
4-1-10
2-1-11
2-3-2
5cm 22针

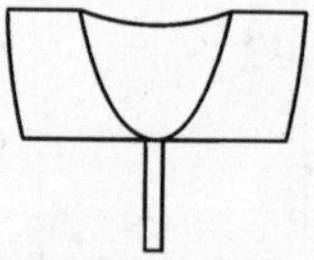

领子结构图

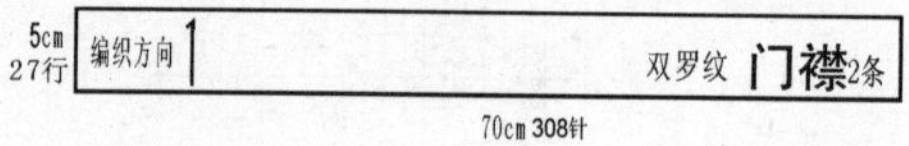

5cm 27行
编织方向
双罗纹
门襟2条
70cm 308针

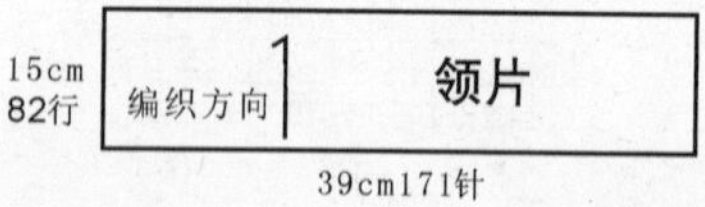

15cm 82行
编织方向
领片
39cm171针

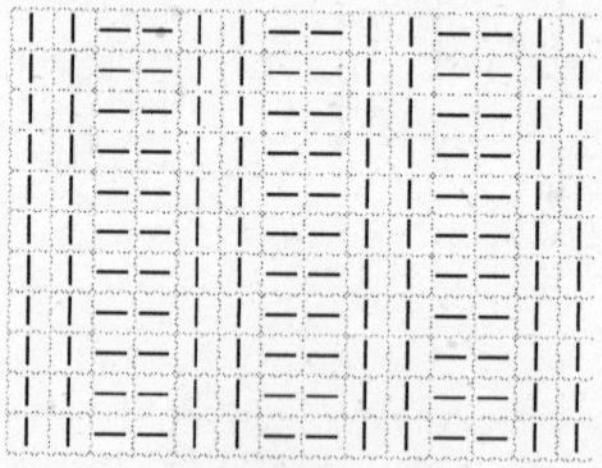

双罗纹

【成品尺寸】衣长54cm　胸围96cm　连肩袖长63cm

【工具】9号棒针

【材料】花色马海毛线720g

【密度】10cm²：20针×27行

【附件】纽扣5枚

【制作过程】1. 单股线编织。

2. 起96针下边双罗纹针后编织后片下针，织至32cm时开始袖窿减针，按结构图减针到肩部，余28针。

3. 用同样方法编织前片，身长共编织到48cm时进行前衣领减针，按结构图两侧减完针后收针断线。

4. 起65针编织双罗纹针，从袖口开始编织袖片，按结构图所示均匀加针，编织41cm后开始袖山减针，按图所示减针后余19针，断线。用同样方法再完成另一片袖片。

5. 将前后片及袖片对应位置缝合。另起198针编织双罗纹针领片，按图示完成加减针。沿前片下边中心绕领窝缝实，钉好装饰纽扣。

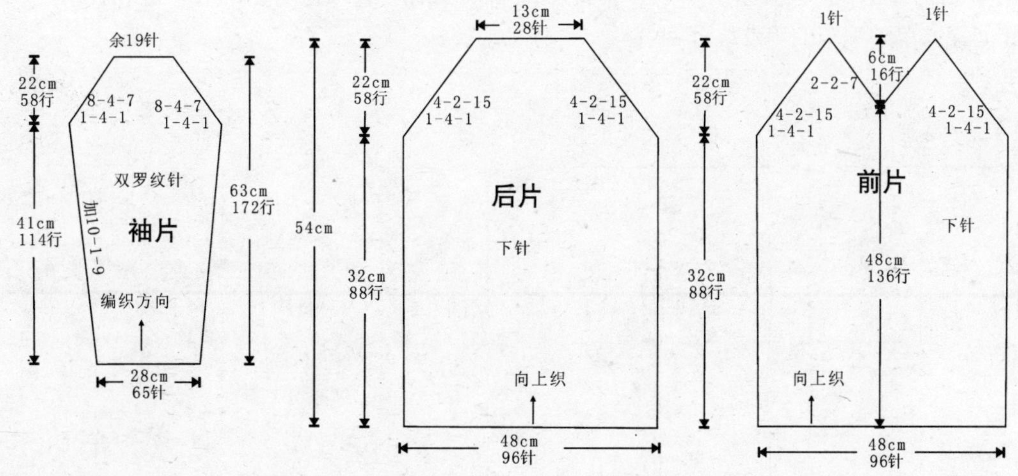

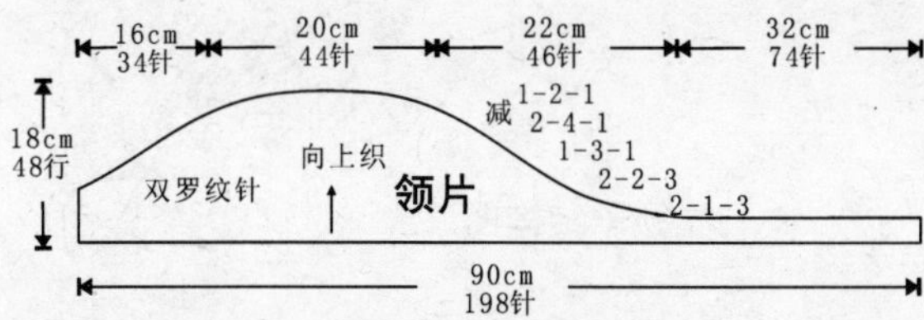

【成品尺寸】衣长75cm　胸围96cm　袖长55cm

【工具】7号棒针　5号钩针

【材料】灰色交织毛线880g

【密度】10cm²：21针×25行

【附件】纽扣3枚

【制作过程】1. 单股线编织。

2. 起104针双罗纹针边后编织后片下针，两侧加减针收腰后编织到53cm时开始袖窿减针，按结构图减完针后，不加减针编织到肩部，共织到74cm时减出后领窝，两肩部各余12cm。

3. 双罗纹针后编织52针下针前片，减针收腰，编织到35cm时进行袖窿减针，织到63cm时进行前领窝减针，按结构图减完针后收针断线。用同样方法完成另一侧前片，减针方向相反。

4. 从袖口起56针编织袖片下针，按结构图所示均匀加针，编织45cm后开始袖山减针，按图所示减针后余16针，断线。用同样方法再完成另一片袖片。

5. 沿边对应相应位置缝实。另起针挑织双罗纹针领边，前领挑止于一个单元花的位置，将单独钩编的单元花每3个拼接一组后与领片钩合。挑织双罗纹针衣襟边后钩织装饰边，完成后钉好纽扣，腰间穿入单独编织的单罗纹针腰带。

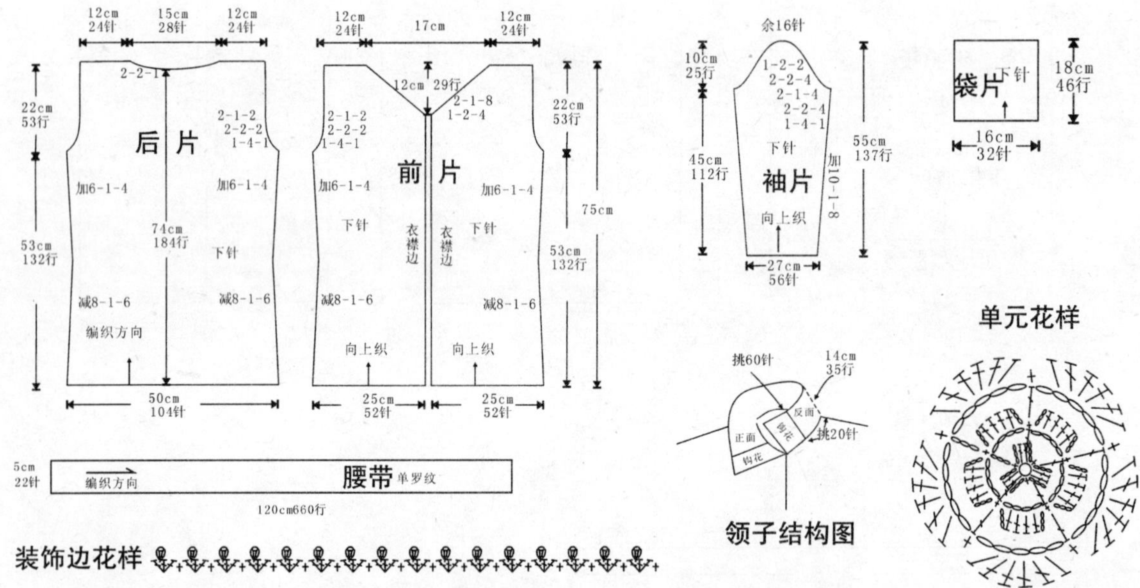

高雅短袖衫

【成品尺寸】衣长85cm　胸围96cm　袖长11cm

【工具】1.7mm棒针　小号钩针1支

【材料】浅杏色、咖啡色纯羊毛线

【密度】10cm²：44针×53行

【附件】纽扣5枚

【制作过程】前片分左右两片，分别按图起针，织双罗纹10cm后，改织下针，至织完成。后片和衣袖按图织好，全部缝合。门襟另织并间色，与前片缝合。用缝衣针缝上纽扣和衣袋，完成。

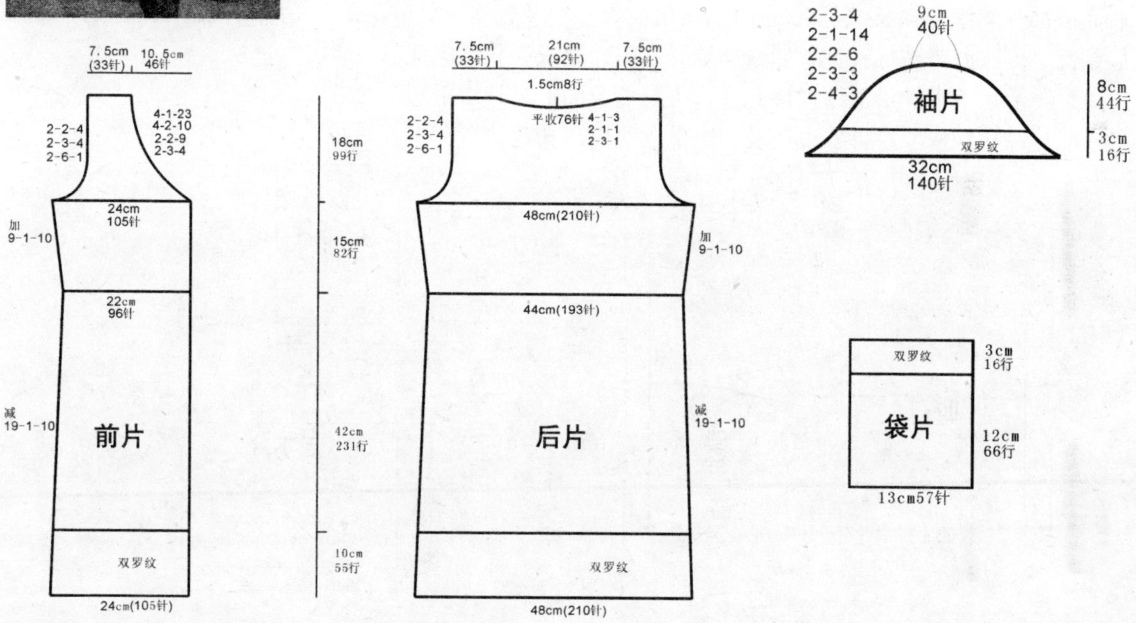

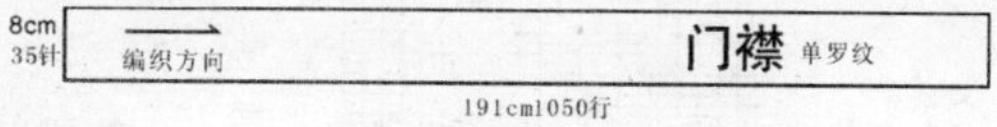

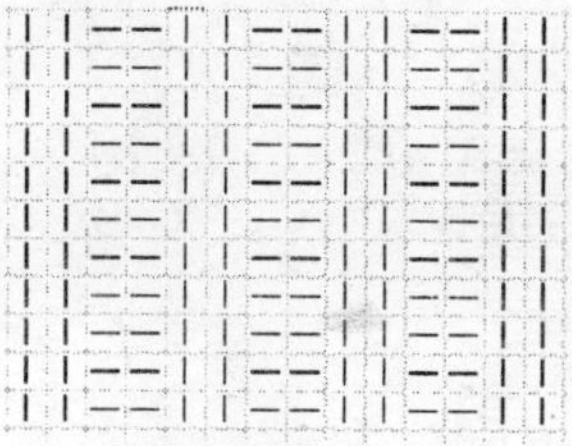

双罗纹

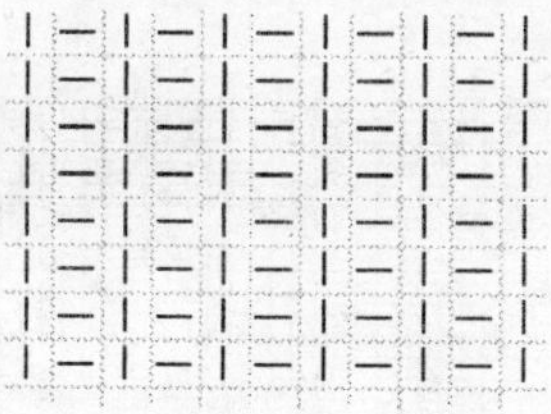

单罗纹

【成品尺寸】衣长62cm 胸围96cm 袖长14cm

【工具】7号棒针

【材料】驼色毛线940g

【密度】10cm²：21针×25行

【附件】纽扣3枚

【制作过程】1. 单股线编织。

2. 起100针双罗纹针边后编织后下身片花样A，不加减针共织40cm，织一片。

3. 起58针双罗纹针边后编织前下身片花样A，不加减针共编织40cm，织二片。

4. 起72针从袖口开始编织花样B，两侧按图示加针编织，共加34行后完成袖片编织。袖长织至50cm时，减出前衣襟边及领窝，共减92针，后片不加减针编织18cm作后领窝，再按原来减加针针数如数加减另一侧，完成后收针断线。

5. 将前后下身片沿侧缝对接缝合，再与缝合的上身片沿下边对接缝合。

6. 连续挑织双罗纹针衣襟边及领边，一侧留出扣眼位置，缝好纽扣。

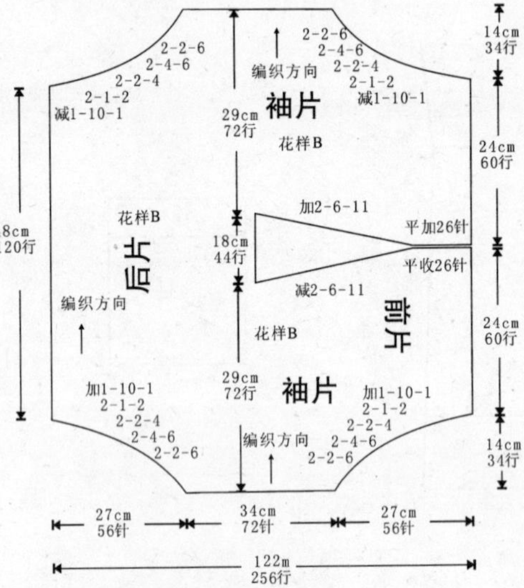

2-2-6
2-4-6
2-2-4
2-1-2
减1-10-1
编织方向
袖片
29cm
72行
花样B
14cm
34行
24cm
60行
48cm
120行
花样B
后片
加2-6-11
平加26针
18cm
44行
平收26针
减2-6-11
编织方向
前片
花样B
24cm
60行
29cm
72行
袖片
加1-10-1
2-1-2
2-2-4
2-4-6
2-2-6
编织方向
14cm
34行
27cm
56针
34cm
72针
27cm
56针
122m
256行

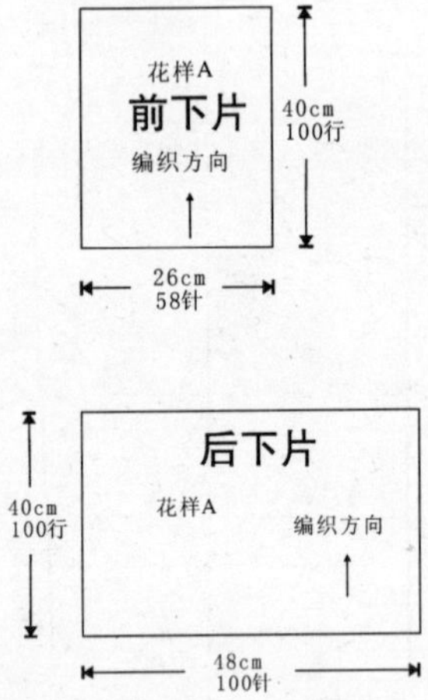

花样A
前下片
编织方向
40cm
100行
26cm
58针

后下片
40cm
100行
花样A
编织方向
48cm
100针

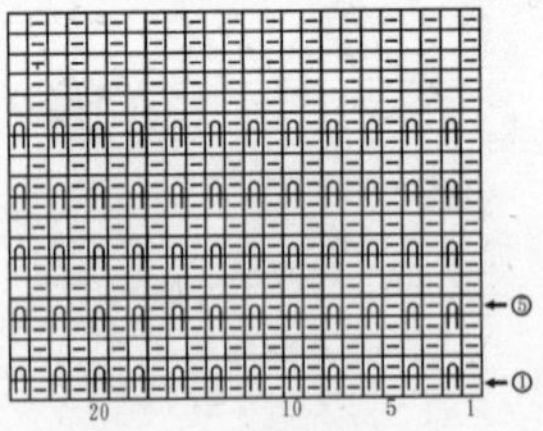

花样A

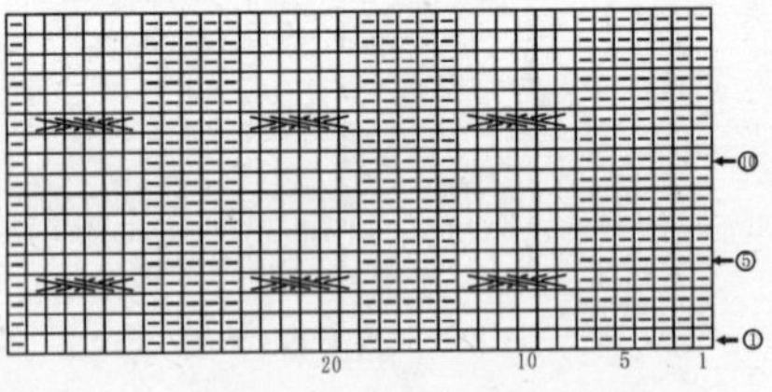

花样B

【成品尺寸】衣长76cm　胸围96cm　袖长25cm

【工具】9号棒针

【材料】白色丝光毛线700g

【密度】10cm²：25针×32行

【附件】纽扣4枚　拉链1条

【制作过程】1. 单股线编织。

2. 起120针编织后片下针，共编织到34cm时开始袖窿减针，按结构图减完针后，不加减针编织到肩部，两肩部各余9cm。

3. 起60针编织前片下针，袖窿减针后身长织到48cm时，进行前领窝减针，按图示减针后肩部余9cm。用同样方法完成另一侧前片，减针方向相反。

4. 起85针从袖口编织下针袖片，不加减针编织15cm后开始袖山减针，按图所示减针后余19针，断线。用同样方法再完成另一片袖片。

5. 起150针编织后下片花样，不加减针织20cm，另起75针编织20cm花样前下片，共织两片。

6. 起32针编织口袋片下针，不加减针织12cm，织两片，贴前片沿袋片内侧缝实，同时缝好装饰带。

7. 沿对应位置将各片缝合，将下片拿活褶后与上身片缝合，挑织双罗纹针领边，缝好拉链，钉好纽扣。

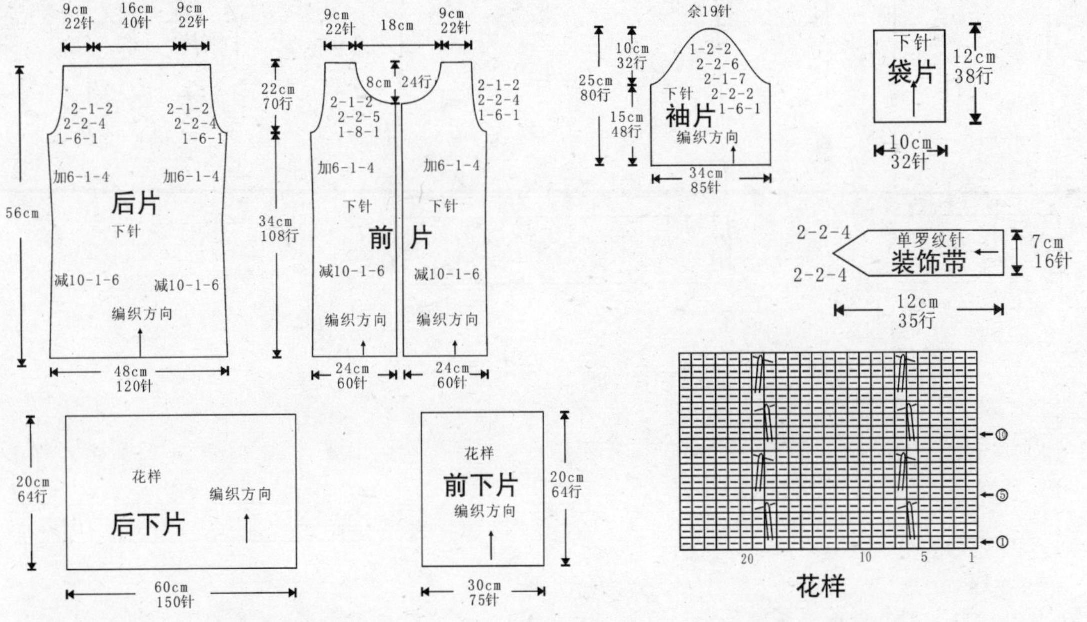

时尚无袖毛衣

【成品尺寸】衣长65cm　胸围96cm

【工具】1.7mm棒针

【材料】棕色纯羊毛线

【密度】10cm²：44针×55行

【附件】纽扣5枚

【制作过程】前片分左右两片，分别按图起针，织花样并开衣袋至织完成，后片起针，织花样至织完成。下摆另织，与前后片缝合，衣袖挑针，织5cm双罗纹。门襟为长矩形另织，与前片缝合。帽子另织好，与领圈缝合，缝上纽扣，完成。

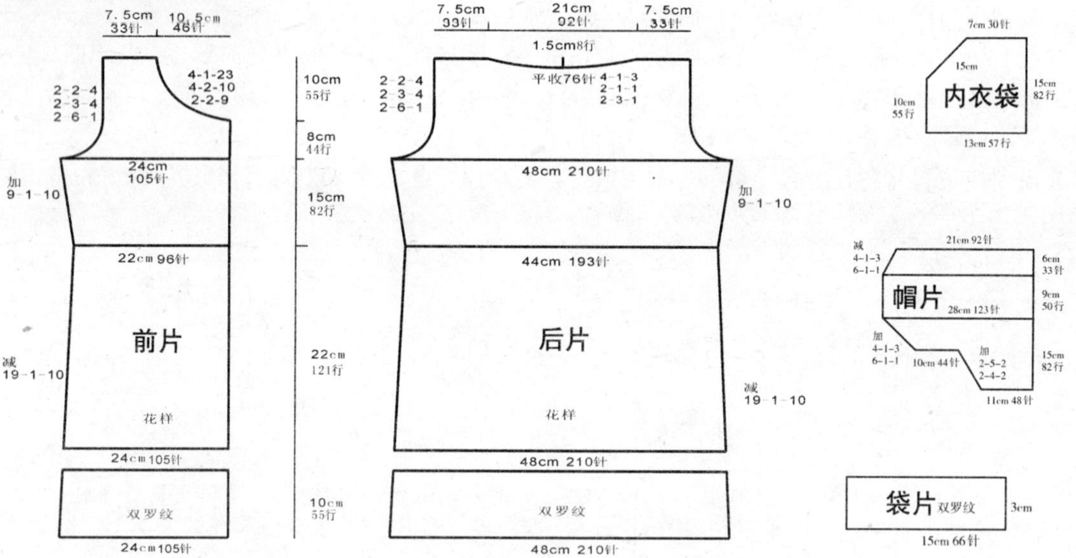

前片：7.5cm 33针　10.5cm 46针　2-2-4　2-3-4　2-6-1　4-1-23　4-2-10　2-2-9　24cm 105针　加 9-1-10　22cm 96针　减 19-1-10　花样　24cm 105针　双罗纹　24cm 105针

10cm 55行　8cm 44行　15cm 82行　22cm 121行　10cm 55行

后片：7.5cm 33针　21cm 92针　7.5cm 33针　1.5cm 8行　平收76针　4-1-3　2-1-1　2-3-1　2-2-4　2-3-4　2-6-1　48cm 210针　加 9-1-10　44cm 193针　减 19-1-10　花样　48cm 210针　双罗纹　48cm 210针

内衣袋：7cm 30针　15cm　15cm 82行　10cm 55行　13cm 57行

帽片：减 4-1-3　6-1-1　21cm 92针　6cm 33针　9cm 50行　28cm 123针　加 4-1-3　6-1-1　10cm 44针　加 2-5-2　2-4-2　15cm 82行　11cm 48针

袋片　双罗纹　3cm　15cm 66针

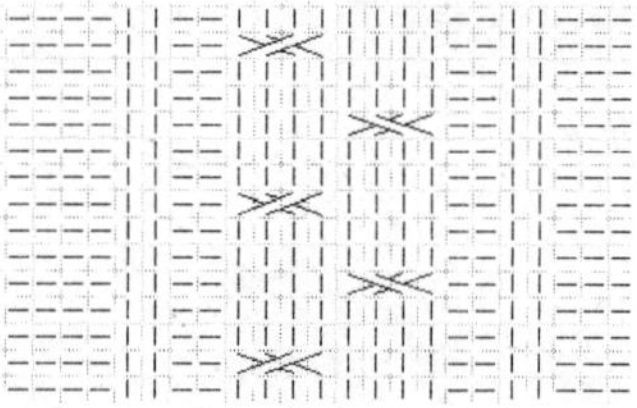

5cm 22针　编织方向　双罗纹　门襟 2条　75cm 412行

花样

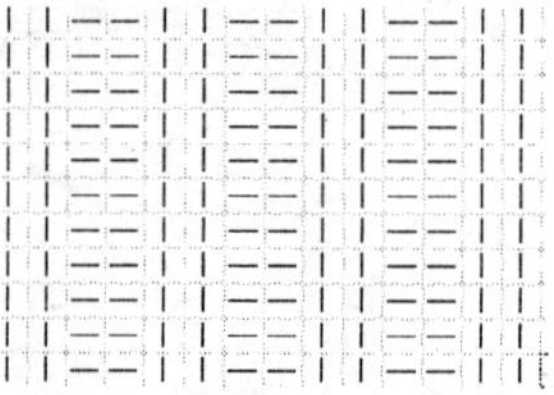

双罗纹

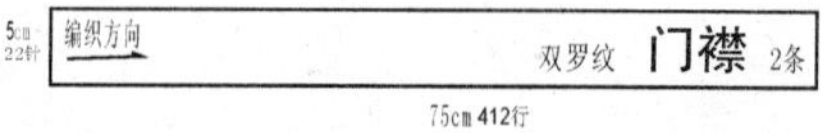

【成品尺寸】衣长57cm　胸围92cm

【工具】7号棒针

【材料】黑色毛线180g

【密度】10cm²：21针×25行

【附件】皮草2片　拉链1条

【制作过程】1. 单股线编织。

2. 起94针编织双罗纹针下边，编织16行后开始全下针编织后片，共编织到35cm时开始袖窿减针，按结构图减完针后不加减针编织到56cm时减出后领窝，两肩部各余8cm。

3. 起12针编织麻花装饰带，共编织4条，其中16cm两条，36cm两条。

4. 沿边将后片与皮草前片缝合，将单独编织的麻花装饰带斜缝在皮草前片，沿衣襟边内侧缝实拉链。

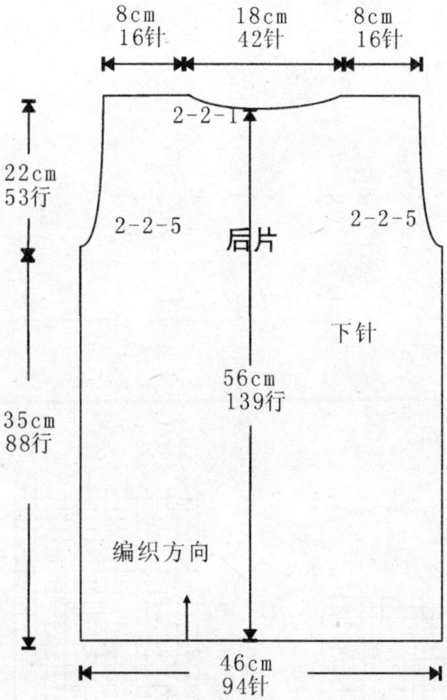

8cm 16针　18cm 42针　8cm 16针

2-2-1

22cm 53行

2-2-5　2-2-5

后片

下针

56cm 139行

35cm 88行

编织方向

46cm 94针

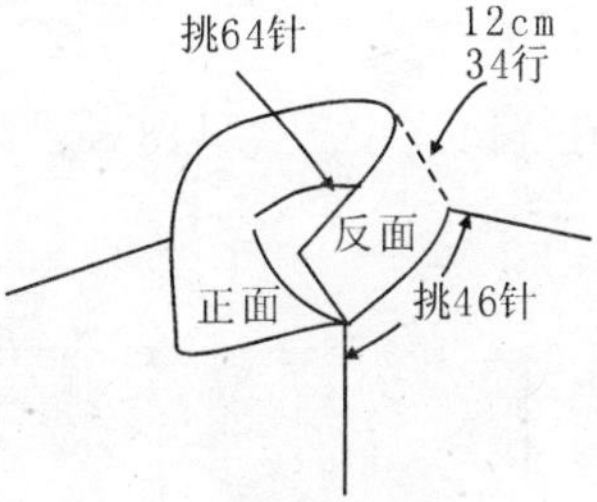

挑64针　12cm 34行

反面

正面　挑46针

领子结构图

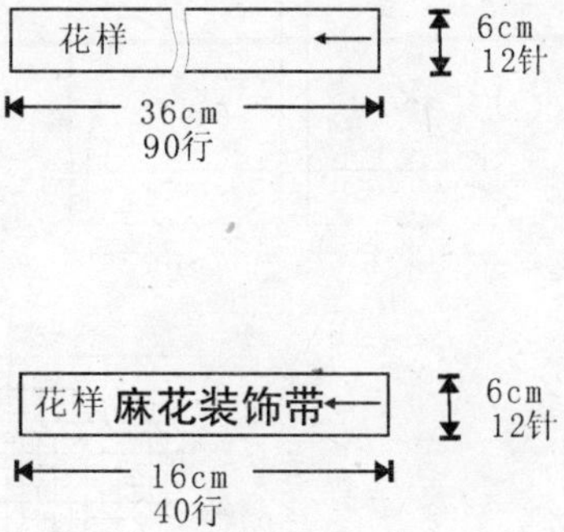

花样　6cm 12针

36cm 90行

花样 麻花装饰带　6cm 12针

16cm 40行

⑩ ⑤ ①

10 5 1

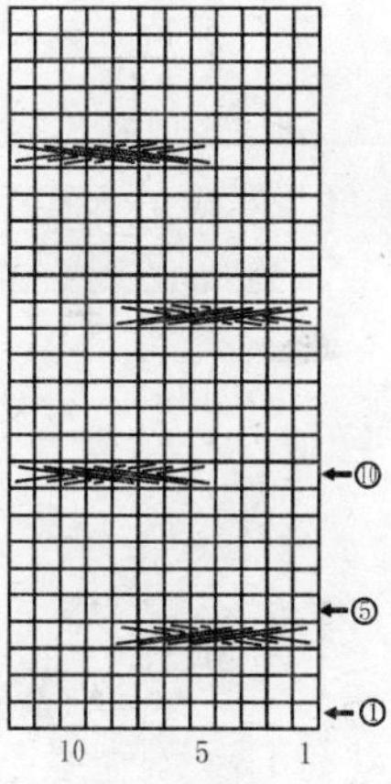

花样

活力蝙蝠衫

【成品尺寸】衣长48cm　胸围96cm　袖长38cm

【工具】7号棒针

【材料】褐色绒毛线420g

【密度】10cm²：21针×25行

【附件】纽扣5枚

【制作过程】1. 单股线编织。

2. 起96针双罗纹针后编织后片下针，编织4行后两侧开始按图示减针，最后余52针，收针断线。

3. 用同样方法起48针编织前片，编织4行后一侧不加减针，一侧按图示减针，共织32cm后在没减针的一侧减出前领窝，最后余14针，收针断线。用同样方法完成另一片前片，减针方向相反。

4. 起84针从袖口编织袖片下针，按图示减针后，共织38cm，最后余20针，断线。用同样方法再完成另一片袖片。

5. 沿边对应相应位置缝实。沿领窝挑织双罗纹针领片，留好扣眼位置，沿衣襟边缝合，钉好纽扣。

6. 起34针编织花样口袋片，共织18cm，共织两片，贴前片衣襟边从内侧缝实。

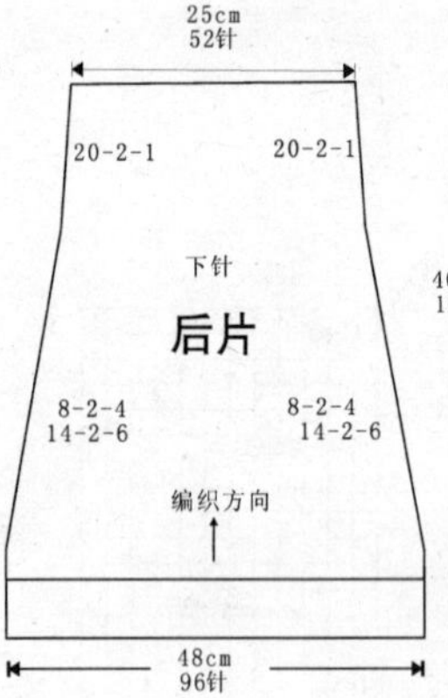

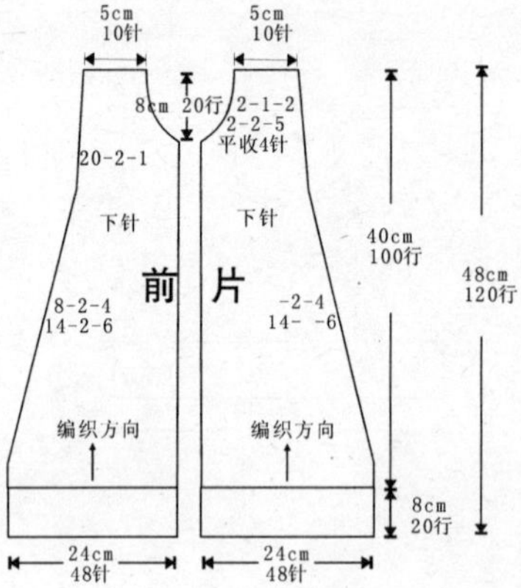

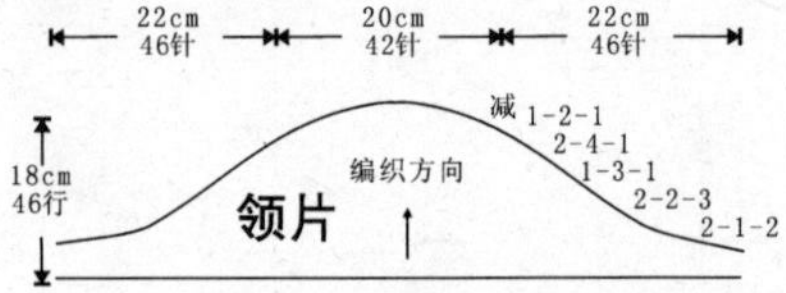

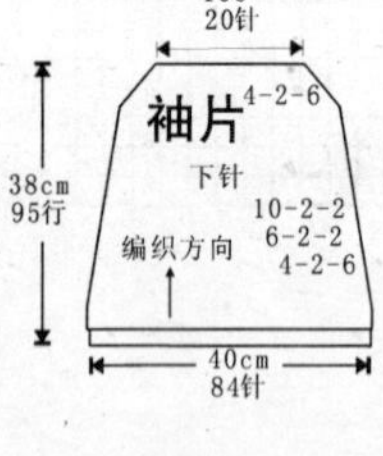

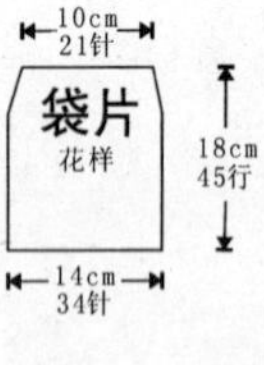

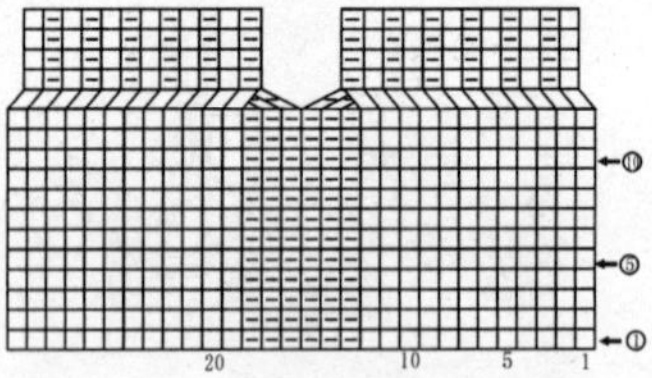

后片

前片

领片

袖片

袋片

袋片花样

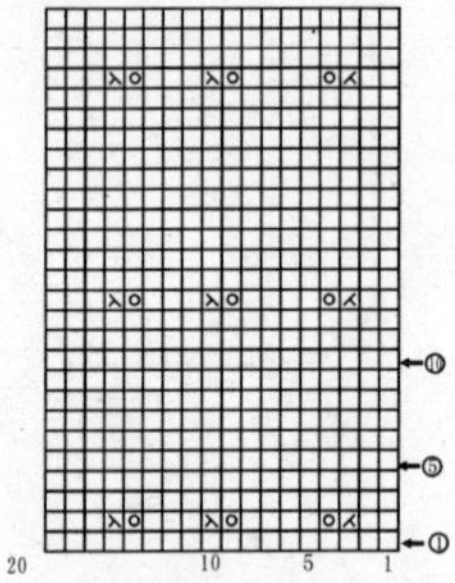

袖中心针

【成品尺寸】衣长48cm　胸围96cm　袖长38cm

【工具】7号棒针

【材料】褐色花绒线420g

【密度】10cm²：13针×25行

【附件】纽扣5枚

【制作过程】1. 单股线编织。

2. 起64针双罗纹针后编织后片上针，编织上针4行后两侧开始按图示减针，最后余28针，收针断线。

3. 起32针双罗纹针后编织一侧前片上针，编织上针4行后一侧不加减针，一侧按图示减针，共织48cm后余14针，收针断线。用同样方法完成另一侧前片，减针方向相反，一侧衣襟边留出扣眼位置。

4. 起84针双罗纹针从袖口编织袖片上针，按图示减针后，共织38cm，最后余44针，断线。用同样方法再完成另一片袖片。

5. 沿边对应相应位置缝实。沿领窝挑织双罗纹针帽片，共织32cm后，沿帽顶缝合，钉好纽扣。

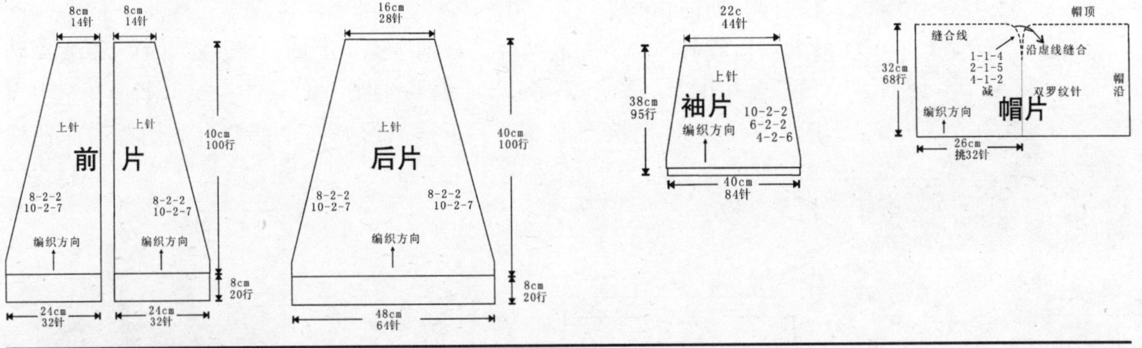

镂空短袖衫

【成品尺寸】衣长68cm　胸围96cm

【工具】1.7mm棒针

【材料】浅藕色纯羊毛线

【密度】10cm²：44针×55行

【附件】装饰扣1枚

【制作过程】前片分左右两片，分别按图起针，织全下针，两边和领子织5针单罗纹的边，至织完成。后片按图起针，织全下针，两边织5针单罗纹的边，至织完成。衣片和领圈按图加减针，全部缝合。侧缝按彩图缝20cm即可，装上装饰扣，完成。

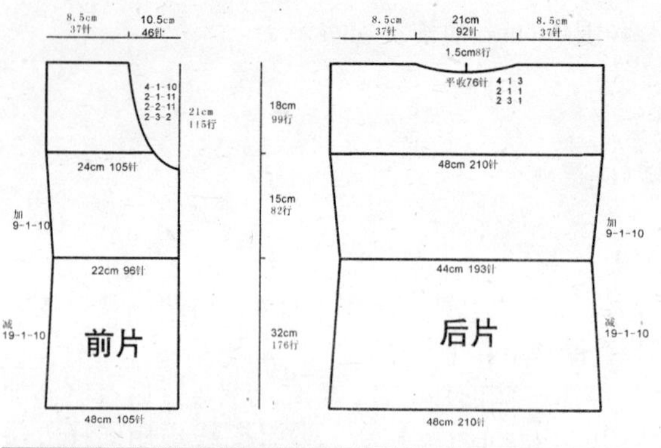

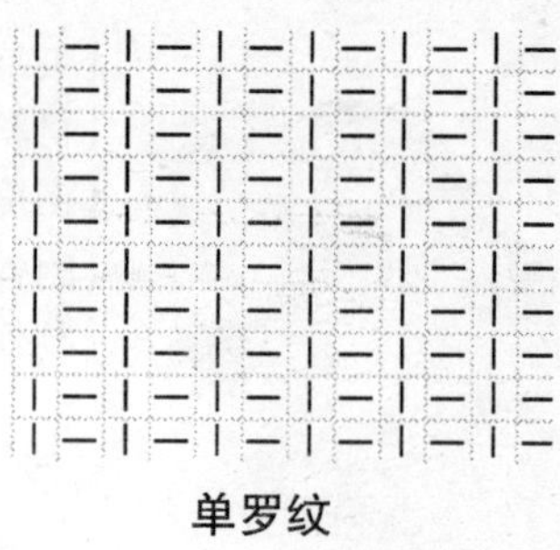

【成品尺寸】衣长65cm　胸围96cm　连肩袖长25cm

【工具】1.7mm棒针

【材料】紫色纯羊毛线

【密度】10cm²：44针×55行

【附件】装饰扣1枚

【制作过程】前片分左右两片，分别按编织方向起针，织花样A，衣摆圆角部分按图收针，至织完成。后片按编织方向起针，织全下针，至织完成，腋下和领窝按图加减针。下摆另织好，全部缝合。门襟另织花样B，与前片缝合，领圈跳针，织5cm的双罗纹，形成圆领。装上装饰扣，完成。

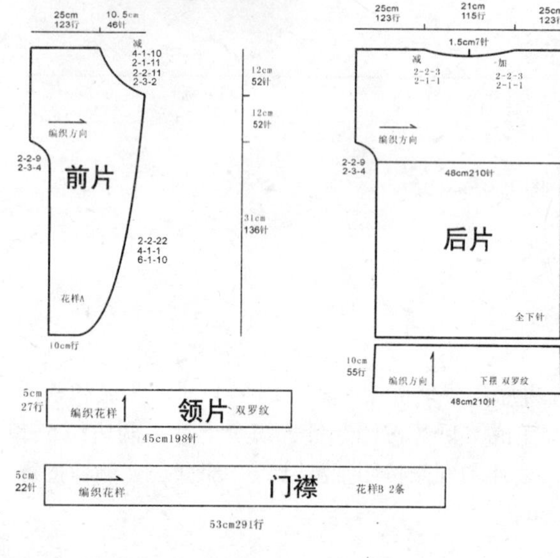

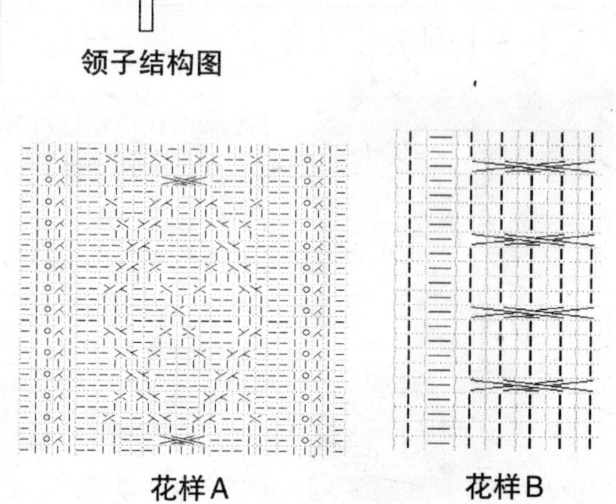

宽松开襟衫

【成品尺寸】衣长73cm　胸围96cm　袖长23cm

【工具】7号棒针　环形针

【材料】灰色毛线520g

【密度】10cm²：21针×25行

【附件】纽扣8枚

【制作过程】1. 单股线编织。

2. 起64针从袖口开始编织下针，两侧按图示加针编织，共加28行即完成袖片，从73cm处减出前领窝，然后平收出前衣襟边，共减154针，然后不加减针编织30cm作后领窝，再按原来减针针数如数加针另一侧，完成编织后收针断线。

3. 起36针编织双罗纹针口袋片，按图减针后共织50行，共织两片，分别贴前片下边沿袋片内侧缝实。

4. 将前后片沿侧缝对接缝合。沿边挑织双罗纹针衣襟边，一侧留出扣眼位置，共织15cm，钉好纽扣。

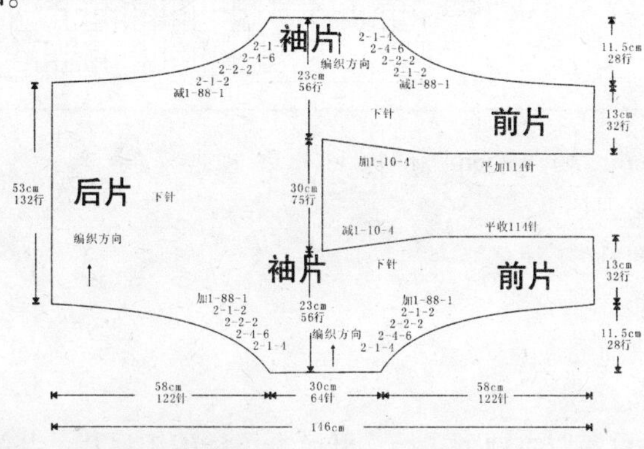

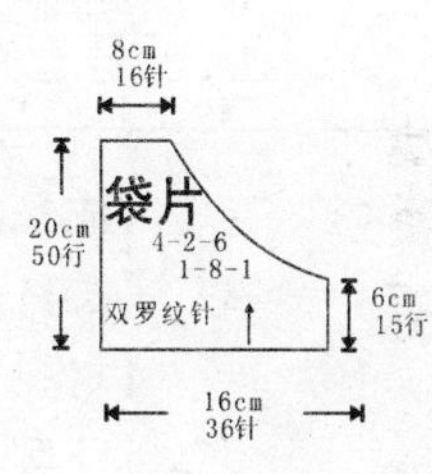

【成品尺寸】衣长62cm　胸围104cm　袖长29cm

【工具】7号棒针　环形针

【材料】灰色毛线440g

【密度】10cm²：21针×25行

【制作过程】1. 单股线编织。

2. 起108针双罗纹针后编织后片下针，编织11cm时两侧加出袖窿针，不加减针织21cm，身长共织62cm。

3. 用同样方法起54针编织一侧前片下针，身长织至54cm时开始前领窝减针，按结构图减完针后收针断线。用同样方法完成另一侧前片，减针方向相反。

4. 起22针编织袋片下针，不加减针编织14cm，共完成两片，贴前片下边处沿内侧缝实。

5. 将前后片对接缝合。挑织花样衣襟边和袖口花样边，一侧留出扣眼位置。沿领窝挑织花样领片，挑止于衣襟边，完成后另起针挑织领边花样加以装饰，宽度同衣襟边宽度，钉好纽扣。

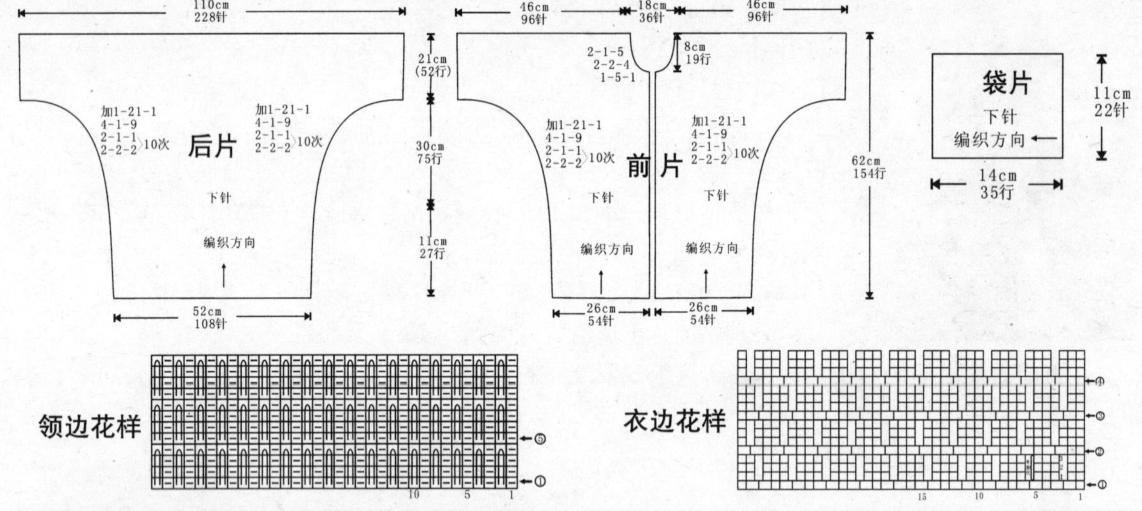

修身毛领衫

【成品尺寸】衣长57cm　胸围96cm　袖长54cm

【工具】7号棒针

【材料】黑色羊绒线800g

【密度】10cm²：22针×25行

【附件】拉链1条　装饰毛领

【制作过程】1. 单股线编织。

2. 起100针编织单双罗纹针下边后，开始全下针编织后片，共编织到35cm时开始袖窿减针，按结构图减完针后，不加减针编织到56cm时，减出后领窝，两肩部各余10cm。

3. 起52针完成单罗纹针后先编织前片下针，编织17cm后变换花样针编织，共编织到35cm时进行袖窿减针，编织到52cm时进行前衣领减针，按结构图减完针后收针断线。用同样方法完成另一侧前片，减针方向相反。

4. 起66针单罗纹针从袖口编织下针，按结构图所示均匀加针编织袖片，编织45cm后开始袖山减针，按图所示减针后余22针，断线。用同样方法再完成另一片袖片。

5. 另起针编织装饰口袋，起20针下针，织30行后收针断线，共织两片，贴前片下侧变换花样处沿口袋边内侧缝实，口袋位置可根据个人喜好随意固定。

6. 沿边对应相应位置缝实。将毛领沿领窝缝实后，在衣襟边内侧缝实拉链。

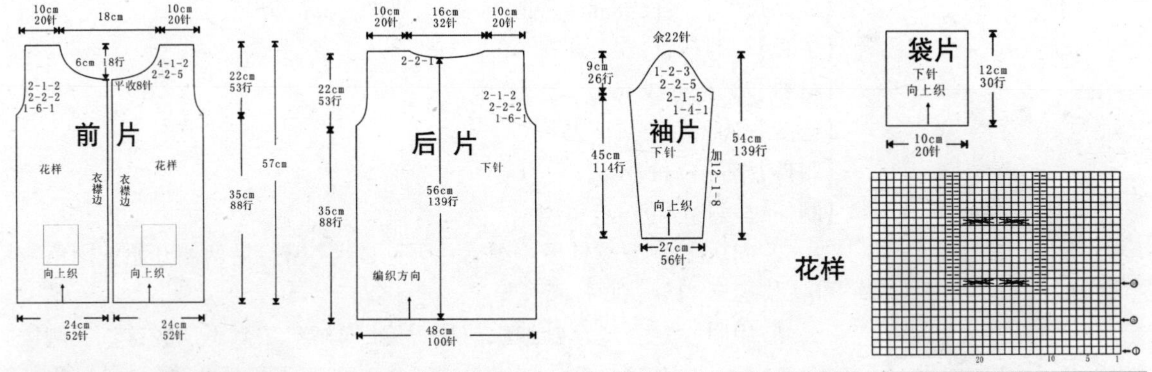

【成品尺寸】衣长54cm　胸围96cm　袖长54cm

【工具】7号棒针

【材料】黑色毛线700g

【密度】10cm^2：21针×24行

【附件】纽扣8枚　毛领1条

【制作过程】1. 二股线编织。

2. 起100针编织后片下针，先编织14行下针，第15行从起针处挑针并针编织成双层衣边，共编织到32cm时开始袖窿减针，按结构图减完针后，不加减针编织到52cm时，减出后领窝，两肩部各余10cm。

3. 起52针编织双层衣边后编织前片下针，编织到32cm时进行袖窿减针，共编织到38cm时进行前衣领减针，按结构图减完针后收针断线。用同样方法完成另一侧前片，减针方向相反。

4. 起60针下针形成双层衣边后，从袖口编织下针袖片，按结构图所示均匀加针编织袖片，编织45cm后开始袖山减针，按图所示减针后余20针，断线。用同样方法再完成另一片袖片。

5. 起针单独编织口袋片、装饰带片，沿边对应相应位置缝实，钉好纽扣，缝实毛领。

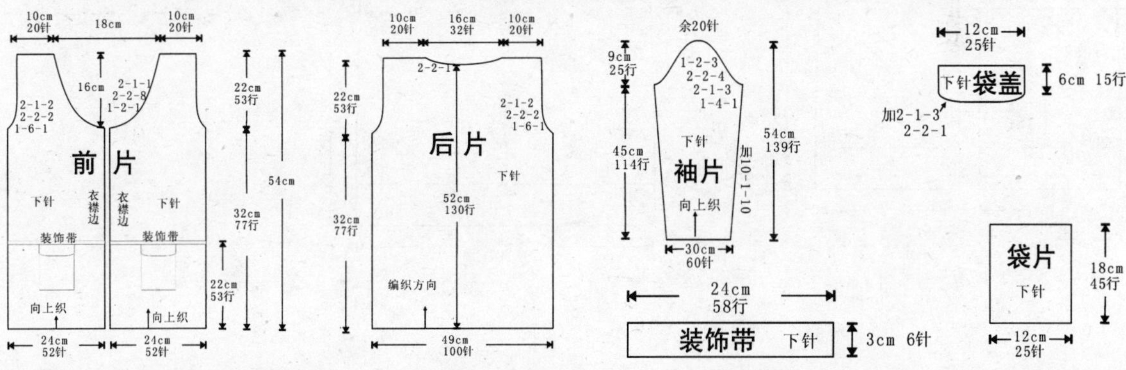

神秘黑色衫

【成品尺寸】衣长58cm　胸围96cm　袖长50cm

【工具】7号棒针

【材料】黑色毛线460g

【密度】10cm²：20针×25行

【附件】纽扣7枚

【制作过程】1. 单股线编织。

2. 起96针双罗纹针后编织后片下针，编织4行后两侧开始按图示减针，最后余44针，收针断线。

3. 用同样方法起44针编织前片，编织4行后一侧不加减针，一侧按图示减针，共织33cm后在没减针的一侧减出前领窝，最后余1针，收针断线，下针编织6cm时分开编织减出口袋口，共织25行后再合并连续编织。用同样方法完成另一片前片，减针方向相反。

4. 起96针从袖口编织袖片下针，按图示减针后，共织50cm，最后余14针，断线。用同样方法再完成另一片袖片。

5. 沿边对应相应位置缝实。沿领窝挑织双罗纹针领片后再挑织衣襟边，留好扣眼位置，钉好纽扣，从袋口位置挑织双罗纹针袋边。

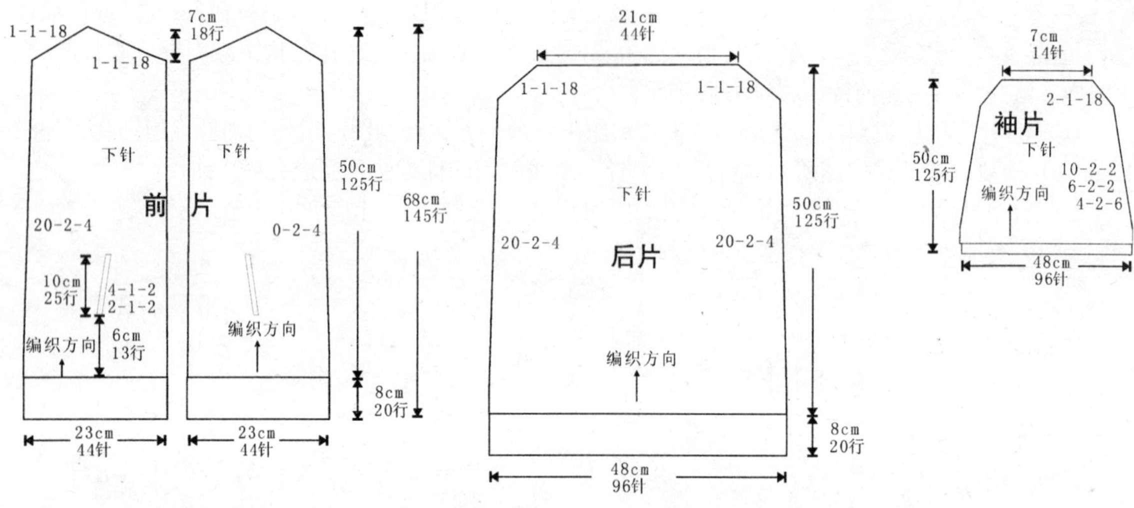

【成品尺寸】衣长55cm　胸围92cm　袖长54cm

【工具】7号棒针

【材料】黑色毛线620g

【密度】10cm²：21针×25行

【制作过程】1. 单股线编织。

2. 起52针编织育克片花样A，不加减针共织110cm，收针断线。

3. 起75针单罗纹针，编织后下片花样B，不加减针编织至19cm时两侧各平收4针，后下片共织20cm。

4. 用同样方法起42针编织前下片及袖片花样B，前下片衣襟边方向不减针。

5. 将育克片与下片对接缝合，依次缝合左前下片、袖片、后片、袖片、右前下片及侧缝。

6. 沿领窝、衣襟边分别挑织双单纹针边，共织5cm。

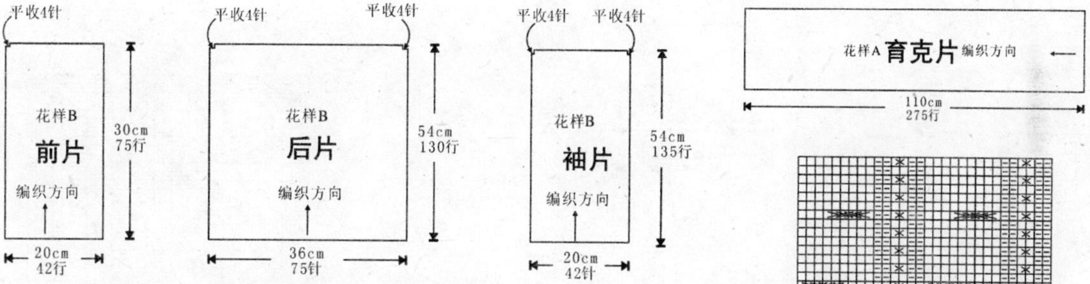

平收4针
花样B
前片
编织方向
30cm
75行
20cm
42行

平收4针　平收4针
花样B
后片
编织方向
54cm
130行
36cm
75针

平收4针　平收4针
花样B
袖片
编织方向
54cm
135行
20cm
42针

花样A 育克片 编织方向
25cm
52针
110cm
275行

花样A

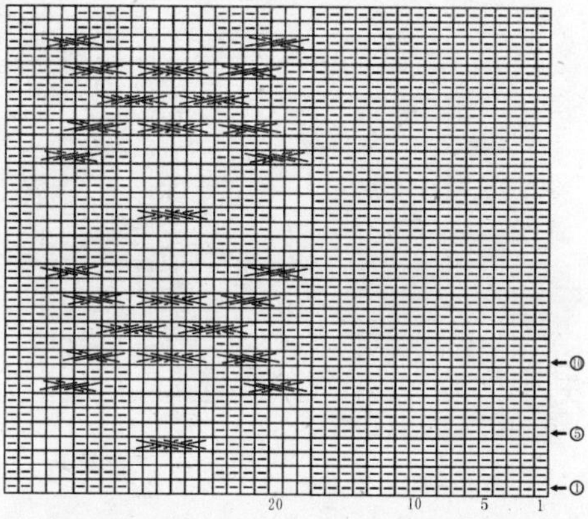

20　10　5　1

花样B

20　10　5　1

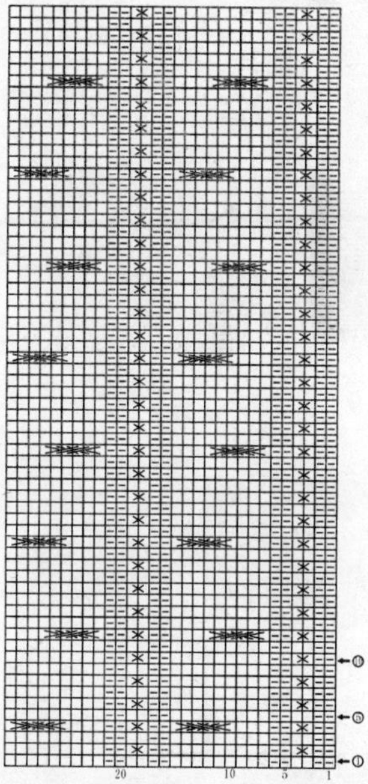

【成品尺寸】衣长36cm 胸围92cm 袖长54cm

【工具】7号棒针

【材料】黑色毛线320g

【密度】10cm²：21针×25行

【制作过程】1. 单股线编织。

2. 起94针编织后片上针，编织到15cm时开始袖窿减针，按结构图减完针后，不加减针编织到肩部，肩部各留出16针后进行领窝减针，完成后收针断线。

3. 起34针编织前片上针，在一侧加出圆摆，共需加14针，编织到10cm时开始前衣领减针，编织到15cm时开始袖窿减针，按结构图减完针后，不加减针编织到肩部，完成后收针断线。用同样方法完成另一侧前片，两片方向相反。

4. 起56针编织袖片花样，两侧均匀加针编织到45cm后开始袖山减针，最后余下20针收针断线，再完成另一片袖片。

5. 单独起20针编织花样边，完成后反面沿衣边与衣片缝合。

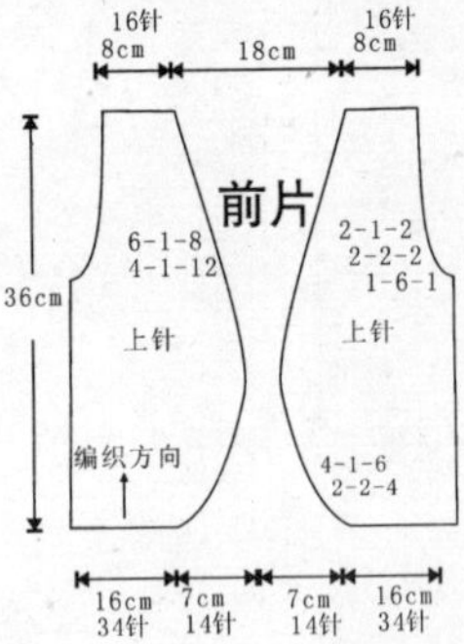

前片
16针 8cm 18cm 16针 8cm
36cm
6-1-8
4-1-12
2-1-2
2-2-2
1-6-1
上针
编织方向
4-1-6
2-2-4
16cm 34针 7cm 14针 7cm 14针 16cm 34针

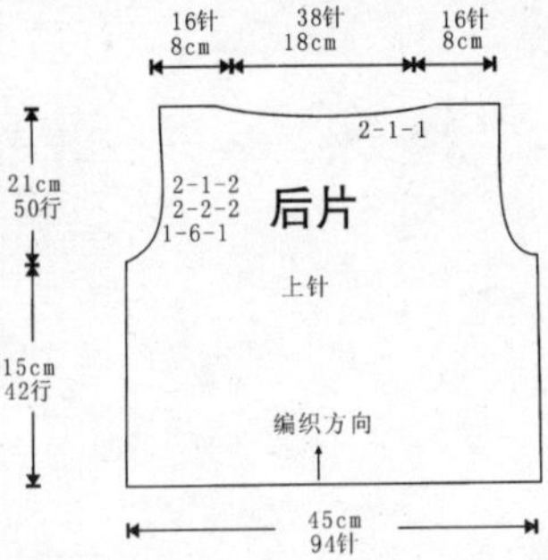

后片
16针 8cm 38针 18cm 16针 8cm
2-1-1
21cm 50行
2-1-2
2-2-2
1-6-1
上针
15cm 42行
编织方向
45cm 94针

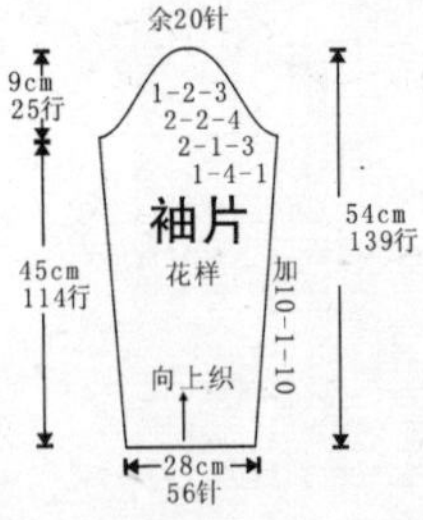

袖片
余20针
9cm 25行
1-2-3
2-2-4
2-1-3
1-4-1
花样
45cm 114行
54cm 139行
加10-1-10
向上织
28cm 56针

图示说明

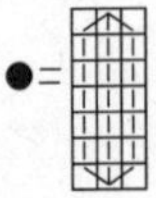

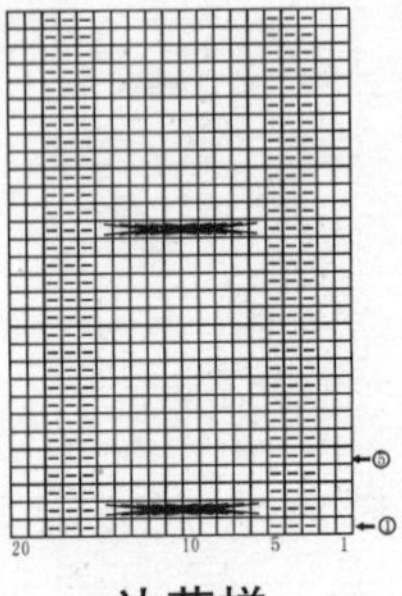

●=

边花样

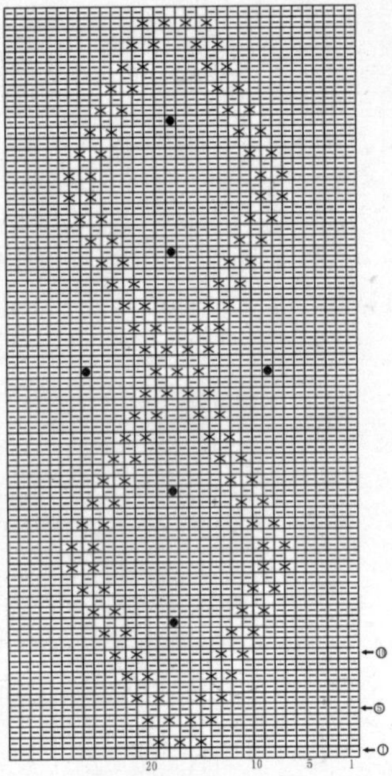

袖花样

百搭小套衫

【成品尺寸】衣长36cm 胸围86cm 袖长50cm

【工具】10号棒针 5号钩针

【材料】白色细毛线260g

【密度】10cm²：24针×31行

【制作过程】1. 单股线编织。

2. 起104针编织8行单罗纹针，第9行对折重叠形成双层边，按花样编织后片，编织到16cm时开始袖窿减针，按结构图减完针后，不加减针编织到肩部，两肩部各余24针后，进行领窝减针，完成后收针断线。

3. 起50针单罗纹针双层边后按花样编织一侧前片，平织6行后开始前衣领减针，编织到16cm时袖窿减针，按结构图减完针后，不加减针编织到肩部，完成后收针断线。用同样方法完成另一侧前片，方向相反。

4. 起48针双层边单罗纹针后均匀加针编织袖片花样，编织40cm后开始袖山减针，按图所示减针后余16针，断线。用同样方法再完成另一片袖片。

5. 沿边对应相应位置缝实。另起针编织门襟边装饰衣边，共编织175cm，在前片下边缝实装饰小花。

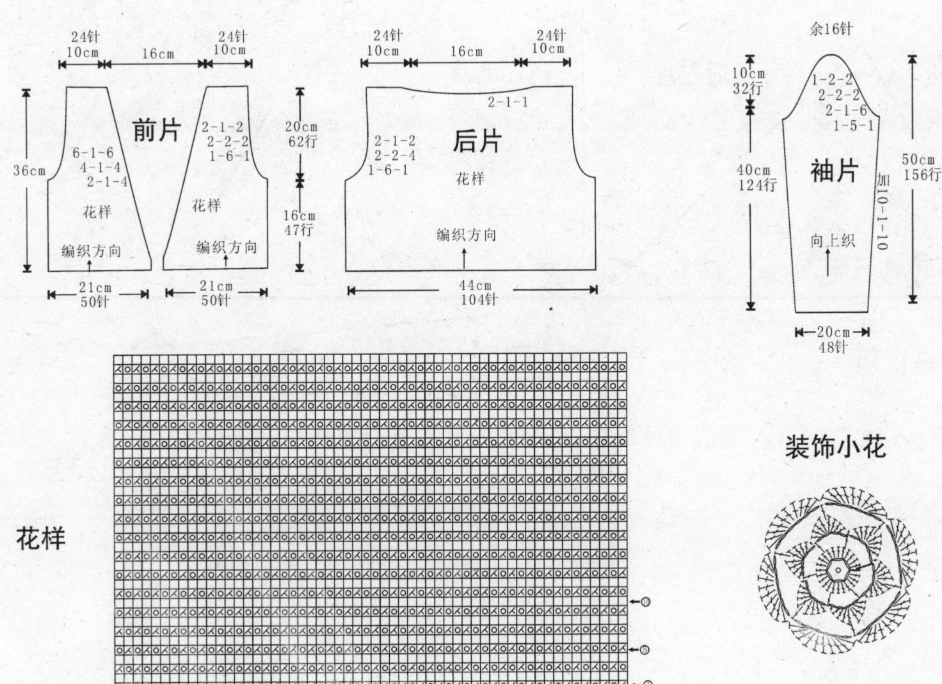

【成品尺寸】衣长80cm　胸围88cm

【工具】10号棒针

【材料】白色中粗毛线350g　灰色中粗毛线300g

【密度】10cm²：17.5针×30行

【附件】纽扣2枚

【制作过程】1. 由前片开始织起，起4针，外侧每10行加一针，门襟每2行加一针，门襟加至130行时停止加针，留前领。织到后片时，按图加5针，留后领，然后按图减针，织出对称两片，缝合。每10行换一次颜色，全部织下针。

2. 在缝好的衣片两侧各挑40针，织双罗纹的袖子，织10cm。领口挑86针织双罗纹，织10cm收针。

3. 按门襟加领口长度起针，织20行下针，将衣襟和领子侧边包边，钉上纽扣。

10-1-15减
5行平

23cm
40针

2-1-70减
2-1-3加
4-1-2加
1行平

后左片

织上针

后右片

织上针

10cm
30行

48cm
84针

52cm
155行

5行平
10-1-15加

前左片

织上针

前右片

织上针

8cm
25行

5cm
15针

起4针

起4针

25行平
2-1-65加

10cm 30行

挑86针，
织双罗纹

前片外侧加针

5行平
10-1-15加

前片内侧加针

25行平(前领口部分)
2-1-65加

后片外侧减针

10-1-15减
5行平

后片内侧减针

2-1-70减
2-1-3加
4-1-2加 (后领口部分)
1行平

舒适无袖衫

【成品尺寸】衣长85cm　胸围96cm

【工具】1.7mm棒针

【材料】米白色纯羊毛线

【密度】10cm²：49针×55行

【附件】纽扣3枚

【制作过程】前片分左右两片，分别按图起针，织双罗纹10cm后，改织花样A32cm，再织10cm双罗纹后，改织花样B，至织完成。后片起针，织双罗纹10cm后，改织花样C，至织完成，全部缝合。衣袖挑针，织5cm双罗纹的袖口，领圈挑针，织15cm双罗纹的矩形，形成翻领。门襟为长矩形另织，与前片缝合，缝上纽扣和衣袋，系上腰带，完成。

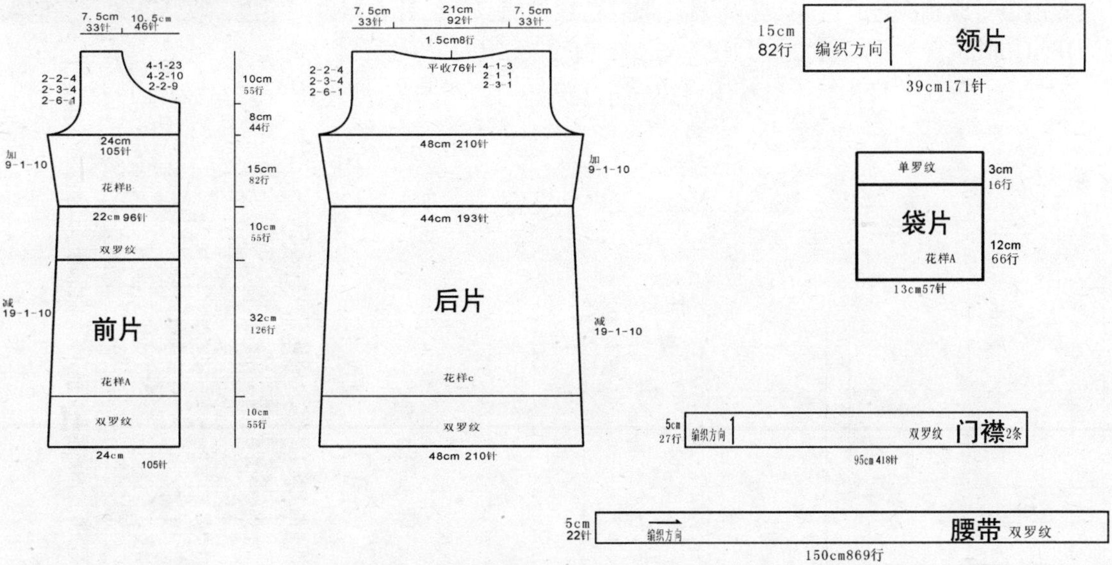

7.5cm 33针　10.5cm 46针
2-2-4
2-3-4
2-6-1
4-1-23
4-2-10
2-2-9
10cm 55行
8cm 44行
24cm 105针
加 9-1-10
花样B
15cm 82行
22cm 96针
双罗纹
10cm 55行
减 19-1-10
前片
花样A
32cm 126行
双罗纹
10cm 55行
24cm 105针

7.5cm 33针　21cm 92针　7.5cm 33针
1.5cm8行
2-2-4
2-3-4
2-6-1
平收76针 4-1-3 2-1-1 2-3-1
48cm 210针
加 9-1-10
44cm 193针
后片
减 19-1-10
花样c
双罗纹
48cm 210针

15cm 82行　编织方向　领片
39cm171针

单罗纹 3cm 16行
袋片
花样A 12cm 66行
13cm57针

5cm 27行　编织方向　双罗纹　门襟2条
95cm 418针

5cm 22针　编织方向　腰带 双罗纹
150cm869行

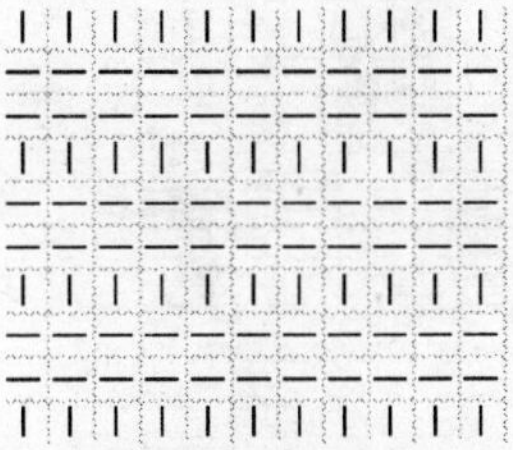

花样A

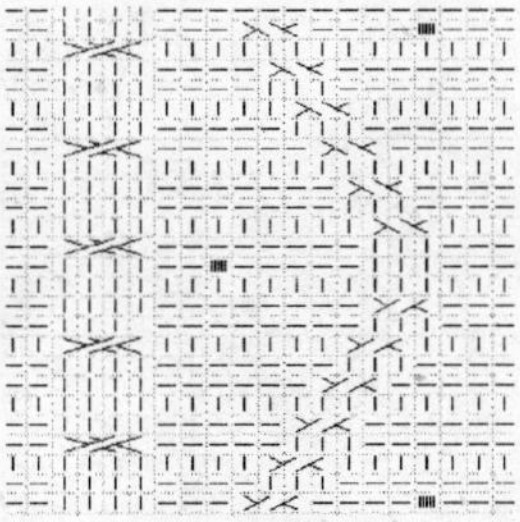

花样B

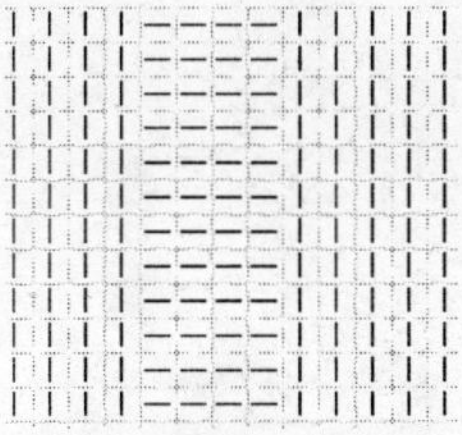

花样C

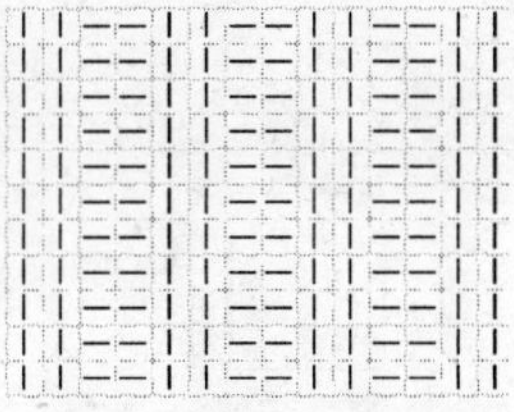

双罗纹

【成品尺寸】衣长83cm　胸围96cm

【工具】7号棒针

【材料】白色棉绒线680g　褐色毛绒线40g

【密度】10cm²：21针×25行

【附件】纽扣7枚

【制作过程】1. 二股线编织。

2. 二股二色线起100针双罗纹针边，然后二股一色线编织下针后片，编织到60cm后开始袖窿减针，按结构图减完针后，不加减针编织到82cm时，减出后领窝，两肩部各余9cm。

3. 用同样方法起52针编织前片花样，编织60cm后开始袖窿减针，身长共编织到75cm时，进行前衣领减针，按结构图减完针后收针断线。用同样方法完成另一侧前片，减针方向相反。

4. 沿边对应相应位置缝实。另起针二股二色线挑织双罗纹针衣襟边、领边，收针断线。一侧衣襟边留出扣眼位置，钉好纽扣。腰间穿入二股二色线编织的单罗纹针腰带。

5. 二股二色线另起30针上针编织口袋片，共织40行，织两片，贴前片下边沿袋片内侧缝实。

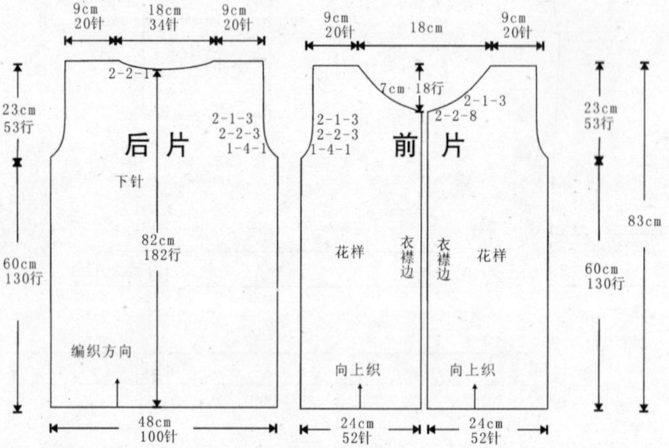

9cm 20针　18cm 34针　9cm 20针
2-2-1
23cm 53行
2-1-3
2-2-3
1-4-1
后片
下针
82cm 182行
60cm 130行
编织方向
48cm 100针

9cm 20针　18cm　9cm 20针
7cm 18行
2-1-3
2-2-8
2-1-3
2-2-3
1-4-1
前片
花样　衣襟边　衣襟边　花样
向上织　向上织
24cm 52针　24cm 52针
23cm 53行
83cm
60cm 130行

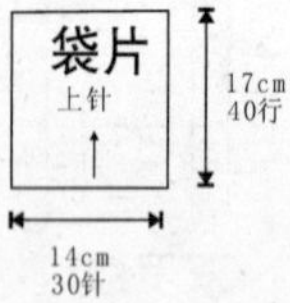

花样

图示说明

●=

20　10　5　1

袋片
上针
17cm 40行
14cm 30针

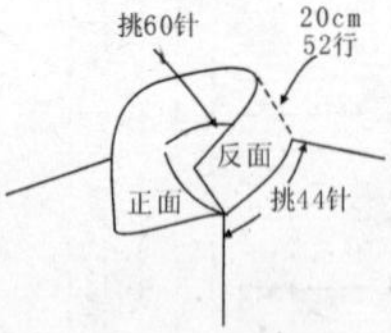

挑60针　20cm 52行
反面　正面　挑44针

领子结构图

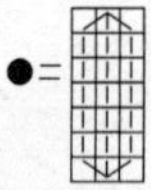

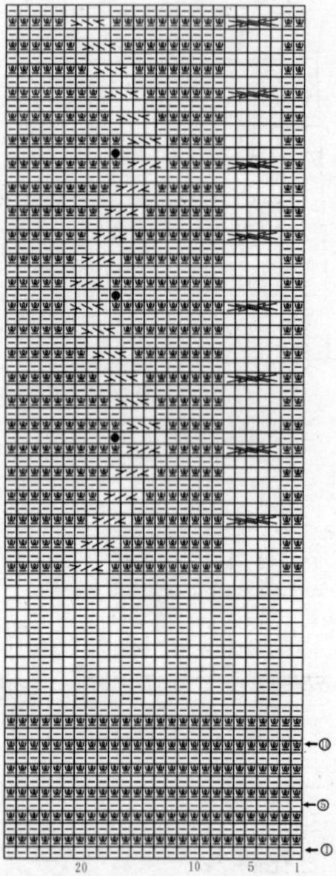

俏丽动人装

【成品尺寸】衣长85cm　胸围96cm　袖长35cm

【工具】1.7mm棒针

【材料】浅蓝色纯羊毛线

【密度】10cm²：44针×55行

【附件】拉链1条

【制作过程】前片分左右两片，分别按图起针，织双罗纹3cm后，改织花样至织完成。后片和衣袖按图织好，全部缝合。装上拉链，完成。

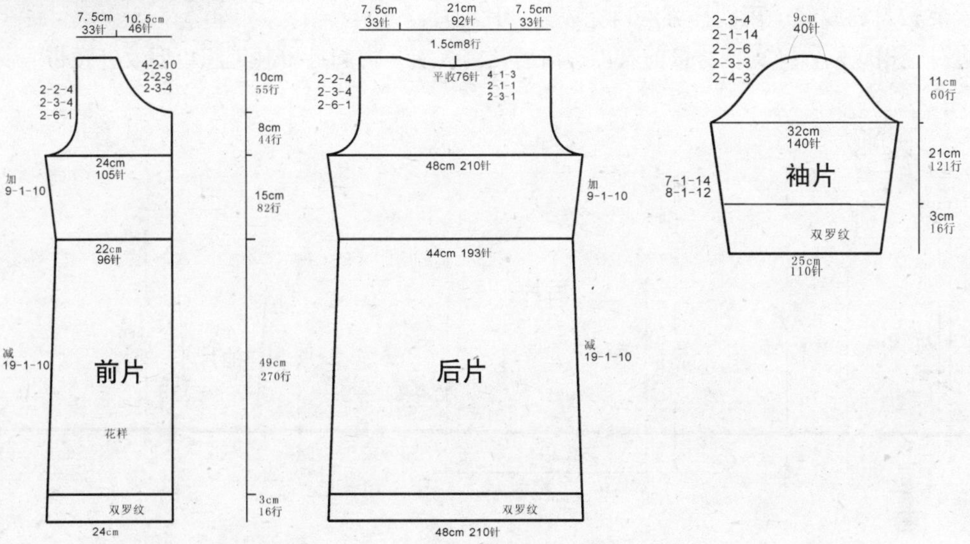

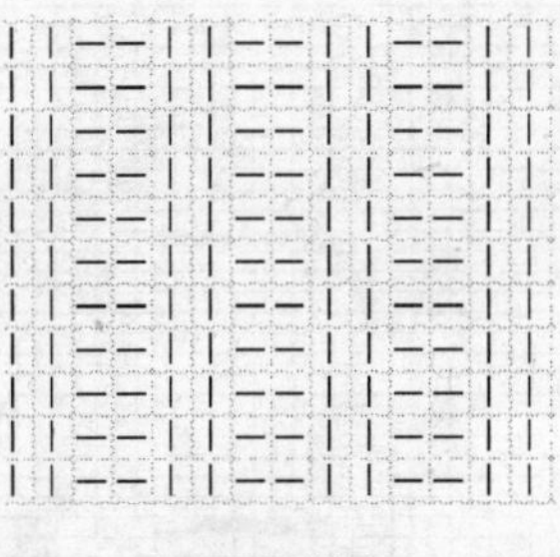

前片：7.5cm 33针，10.5cm 46针；4-2-10，2-2-9，2-3-4；2-2-4，2-3-4，2-6-1；10cm 55行；8cm 44行；24cm 105针；加 9-1-10；15cm 82行；22cm 96针；减 19-1-10；49cm 270行；花样；双罗纹；3cm 16行；24cm

后片：7.5cm 33针，21cm 92针，7.5cm 33针；1.5cm8行；平收76针；4-1-3，2-1-1，2-3-1；2-2-4，2-3-4，2-6-1；48cm 210针；加 9-1-10；44cm 193针；减 19-1-10；双罗纹；48cm 210针

袖片：9cm 40针；2-3-4，2-1-14，2-2-6，2-3-3，2-4-3；11cm 60行；32cm 140针；21cm 121行；7-1-14，8-1-12；3cm 16行；双罗纹；25cm 110针

双罗纹

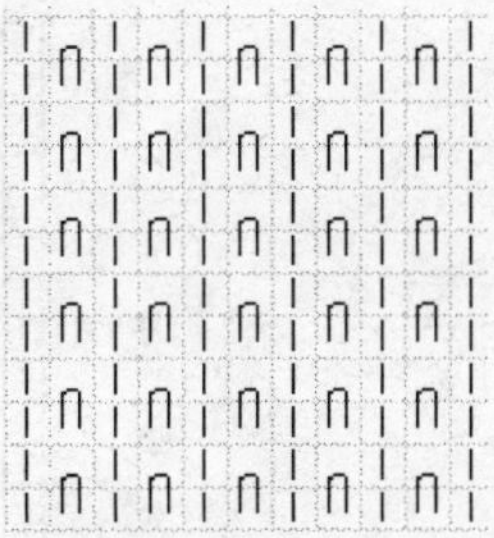

花样

【成品尺寸】衣长80cm　胸围96cm　袖长54cm

【工具】5号棒针

【材料】蓝色花马海毛线960g

【密度】10cm²：13针×21行

【制作过程】1. 单股线编织。

2. 起64针编织后片下针，编织到58cm开始袖窿减针，按结构图减完针后，不加减针编织到肩部。

3. 起80针编织前片花样，衣襟边随前片同织。编织到52cm时进行前衣领减针，共织到61cm时进行袖窿减针，按结构图减完针后继续编织衣襟边，编织至后片领中心处，收针断线。用同样方法完成另一侧前片，减针方向相反。

4. 起28针编织下针袖片，按结构图所示均匀加针编织袖片，编织45cm后开始袖山减针，按图所示减针后余12针，断线。用同样方法再完成另一片袖片。

5. 沿边对应相应位置缝实。对接前衣襟边沿后领窝缝实，另起针单独编织单罗纹针腰带。

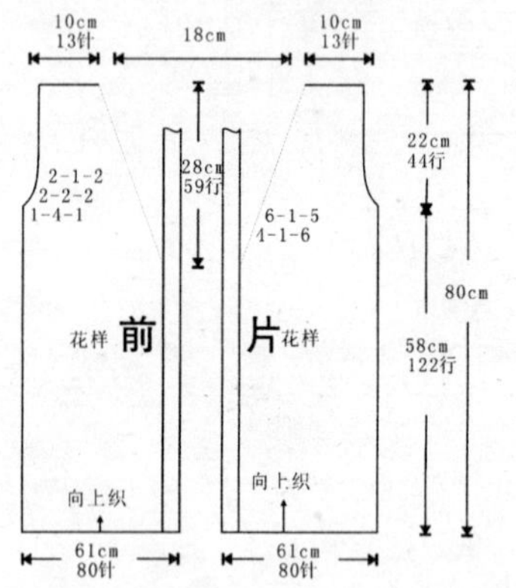

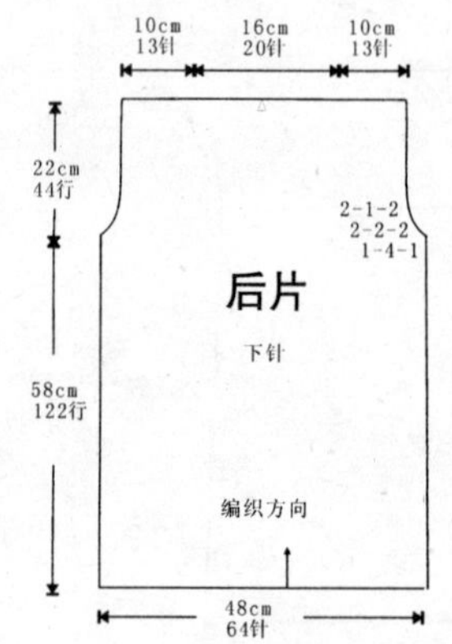

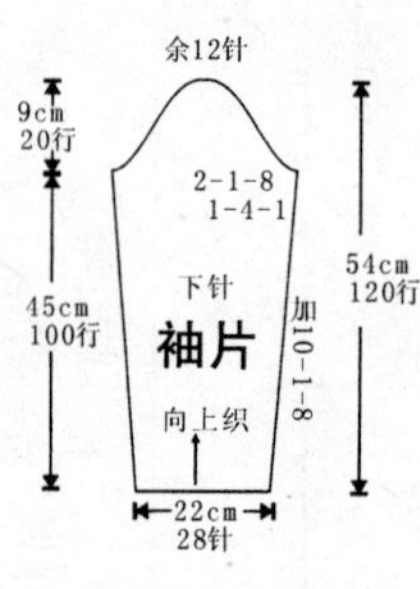

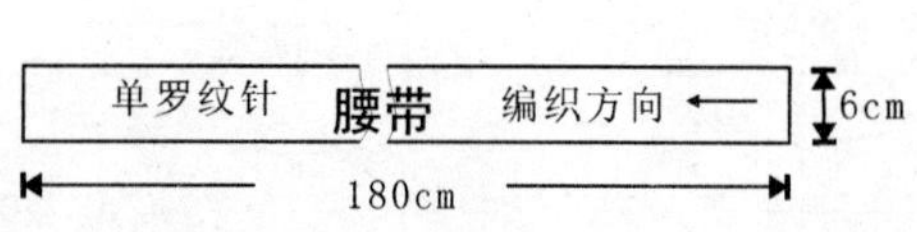

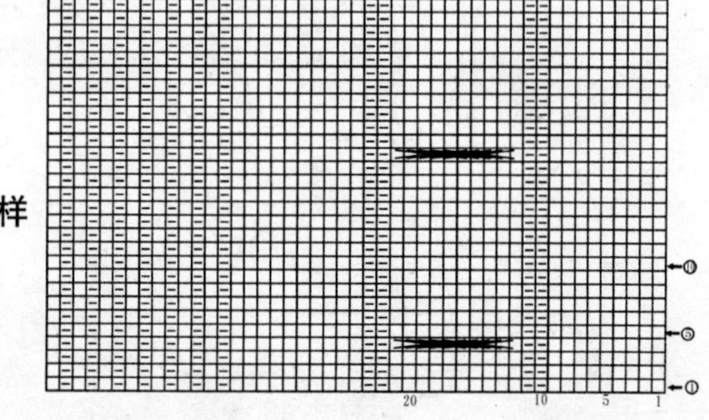

【成品尺寸】衣长50cm　胸围96cm　袖长50cm

【工具】7号棒针　环形针

【材料】灰色开司米线520g

【密度】10cm²：21针×25行

【附件】纽扣4枚　装饰皮革8块

【制作过程】1. 单股线编织。

2. 起50针双罗纹针从袖口开始编织下针，两侧按图示加针编织，共加106针即完成袖片。从袖长50cm处减出前领窝，然后平收出前衣襟边，共减73针，然后不加减针编织30cm作后领窝，再按原来减针针数如数加针另一侧，完成编织后收针断线。

3. 将前、后片沿侧缝对接缝合。沿衣边挑织双罗纹针下边，共织15cm，挑织双罗纹针衣襟边，一侧留出扣眼位置，共织6cm。起针单独编织花样领片，按图加减针完成后沿领窝缝合。钉好纽扣、装饰前片。

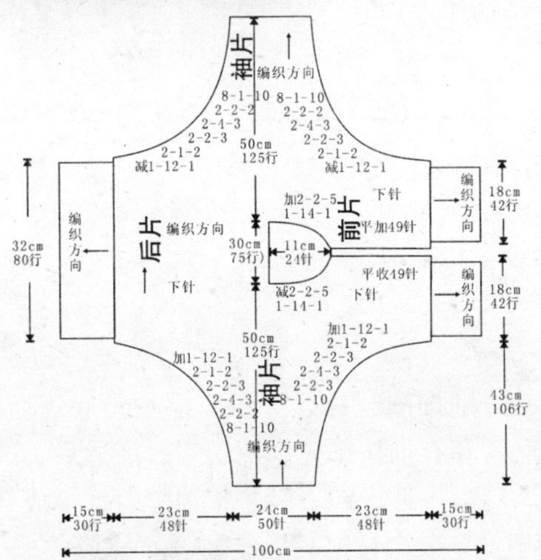

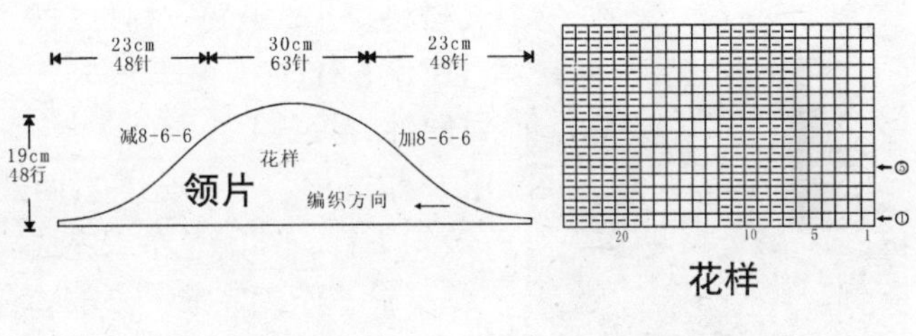

精致花纹衫

【成品尺寸】衣长85cm　胸围96cm　袖长53cm

【工具】1.7mm棒针

【材料】绿色、花色纯羊毛线

【密度】10cm²：44针×55行

【附件】拉链1条

【制作过程】前片分左右两片，分别按图起针，织双罗纹10cm后改织下针，并间色至织完成。后片和衣袖按图织好，全部缝合。并缝上袖子衬边，袋子另织缝到前片左右两边。门襟挑针，织下针，褶边缝合，形成双层门襟。领圈挑针，织15cm单罗纹的长方形，装上拉链，形成翻领，完成。

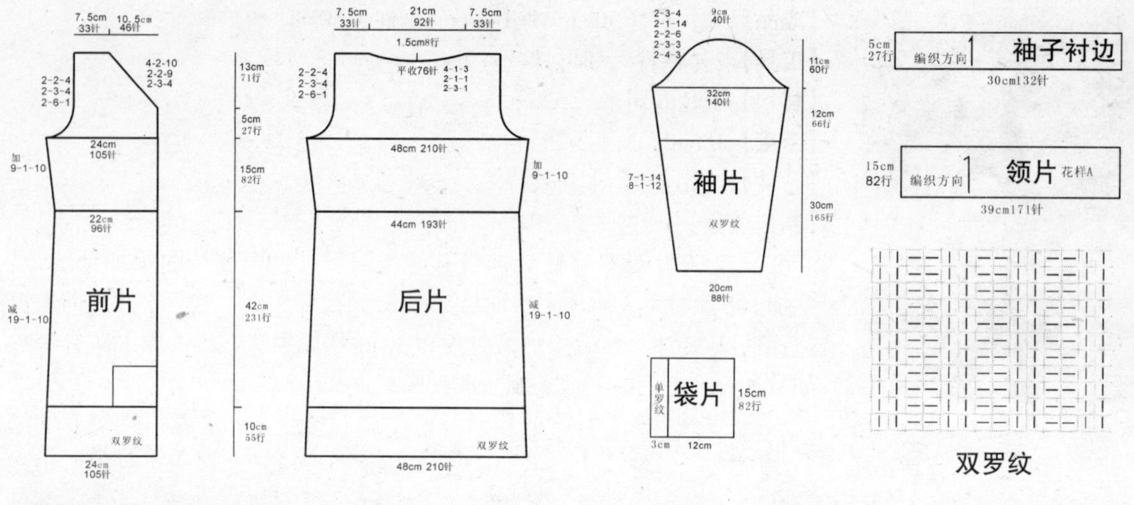

【成品尺寸】衣长65cm　胸围96cm　袖长53cm

【工具】1.7mm棒针

【材料】孔雀蓝色、白色、灰色、藕色纯羊毛线

【密度】$10cm^2$：44针×55行

【附件】拉链1条

【制作过程】前片分左右两片，分别按图起针，先织双层平针底边后，改织下针，并间色至织完成。后片和衣袖按图先织双层平针底边后，改织下针，至织完成，全部缝合。门襟挑针，织下针，褶边缝合，形成双层门襟。领圈挑针，织15cm双罗纹，装上拉链，形成翻领，完成。

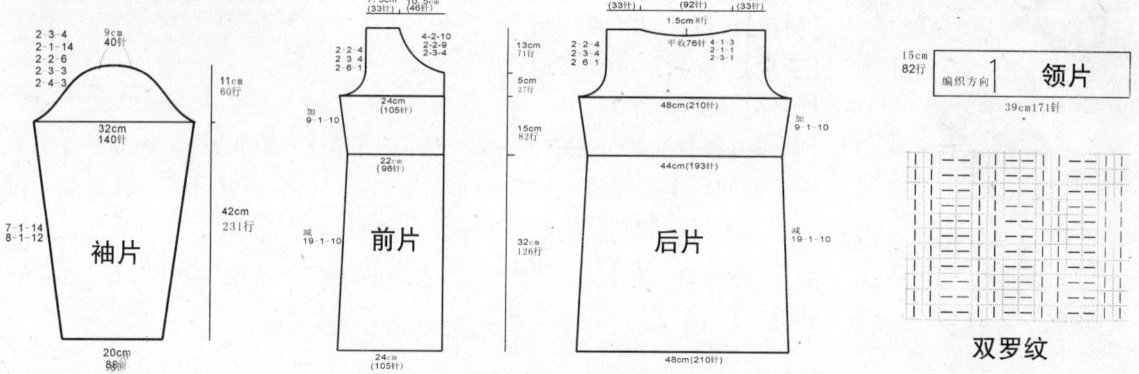

时尚短外套

【成品尺寸】衣长50cm　胸围96cm　袖长54cm

【工具】5号棒针

【材料】浅蓝色棉绒线580g

【密度】10cm²：13针×20行

【附件】拉链1条　子母扣6枚　装饰毛领

【制作过程】1. 六股线编织。

2. 起64针编织双罗纹针下边后，开始全下针编织后片，共编织到28cm时开始袖窿减针，按结构图减完针后不加减针编织到肩部。

3. 起32针完成双罗纹针后编织前片下针，编织到28cm时进行袖窿减针，共编织到44cm时进行前衣领减针，按结构图减完针后收针断线；另起18针编织下针口袋片，共织16行后平收14针，第二行时加14针，留口作为拉链口，完成后贴前片双罗纹针处沿外侧上针缝实。用同样方法完成另一侧前片，减针方向相反。

4. 起28针编织双罗纹针，从袖口编织袖片下针，按结构图所示均匀加针编织袖片，编织45cm后开始袖山减针，按图所示减针后余12针，断线。用同样方法再完成另一片袖片。

5. 沿边对应相应位置缝实。沿领窝挑织帽片下针，共织32cm后，沿帽顶缝合，将毛领沿帽沿缝实后，在衣襟边内侧缝实拉链。另起针沿拉链边挑织一侧衣襟边双罗纹针，挑至毛领与领窝缝合处，钉好子母扣。

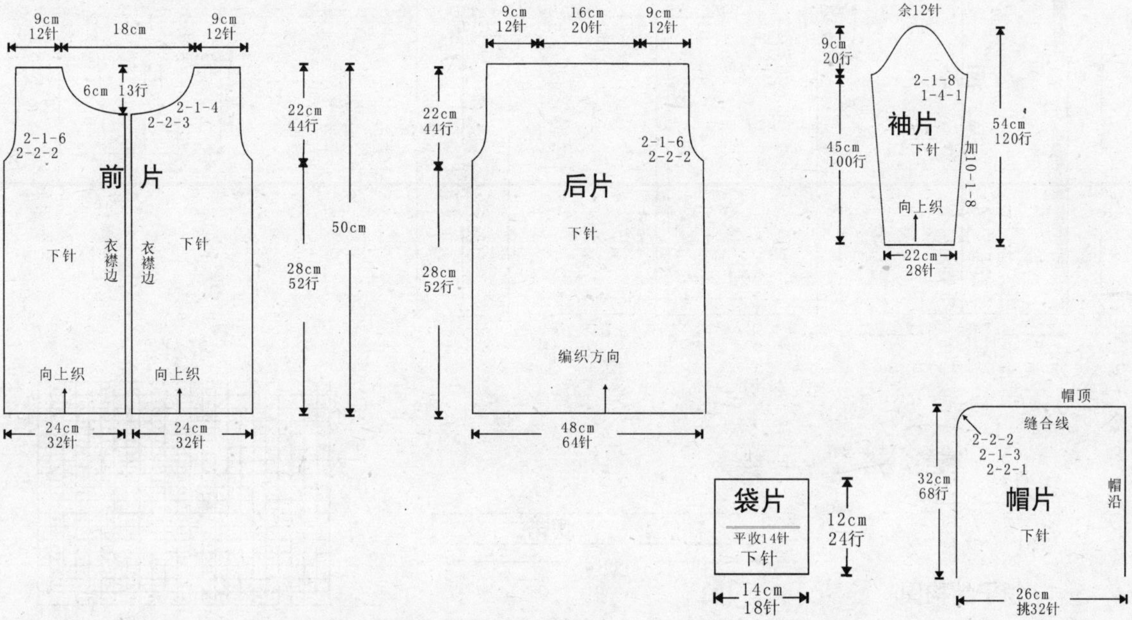

9cm 12针　18cm　9cm 12针
6cm 13行
2-1-4
2-2-3
2-1-6
2-2-2
前片
下针　衣襟边　衣襟边　下针
向上织　向上织
24cm 32针　24cm 32针
22cm 44行
28cm 52行
50cm

9cm 12针　16cm 20针　9cm 12针
22cm 44行
28cm 52行
2-1-6
2-2-2
后片
下针
编织方向
48cm 64针

余12针
9cm 20行
2-1-8
1-4-1
袖片
下针
加10-1-8
45cm 100行
54cm 120行
向上织
22cm 28针

帽顶
缝合线
2-2-2
2-1-3
2-2-1
32cm 68行
帽片
帽沿
下针
26cm 挑32针

袋片
平收14针
下针
12cm 24行
14cm 18针

【成品尺寸】衣长58cm　胸围98cm　袖长54cm

【工具】7号棒针

【材料】浅灰色棉绒线830g

【密度】10cm²：24针×25行

【附件】纽扣8枚

【制作过程】1. 二股线编织。

2. 起100针单罗纹针下边，编织18行后编织后片下针，共编织到35cm时开始袖窿减针，按结构图减完针后，不加减针编织到56cm时，减出后领窝，两肩部各余10cm。

3. 起92针完成单罗纹针后按花样编织前片，编织到35cm时进行袖窿减针，共编织到52cm时进行前衣领减针，按结构图减完针后收针断线。用同样方法完成另一侧前片，减针方向相反。

4. 起60针单罗纹针编织后，编织下针袖片，按结构图所示均匀加针编织，编织45cm后开始袖山减针，按图所示减针后余20针，断线。用同样方法再完成另一片袖片。

5. 沿边对应相应位置缝实。另起针挑织单罗纹针领边。沿衣襟边内侧缝实拉链。

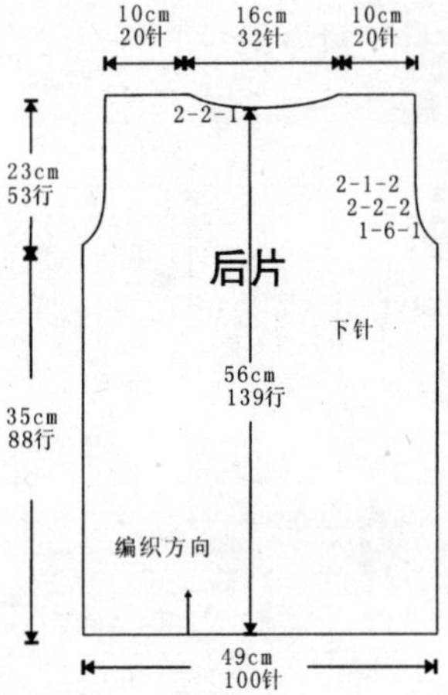

后片
10cm 20针
16cm 32针
10cm 20针
2-2-1
23cm 53行
2-1-2
2-2-2
1-6-1
下针
56cm 139行
35cm 88行
编织方向
49cm 100针

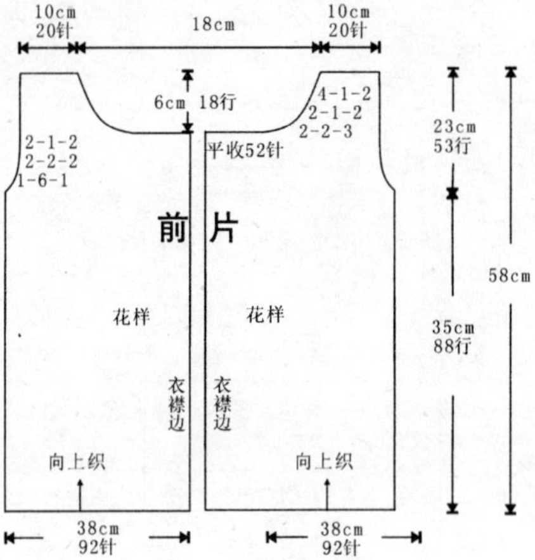

前片
10cm 20针
18cm
10cm 20针
6cm 18行
4-1-2
2-1-2
2-2-3
平收52针
2-1-2
2-2-2
1-6-1
花样
花样
衣襟边
衣襟边
向上织
向上织
23cm 53行
35cm 88行
58cm
38cm 92针
38cm 92针

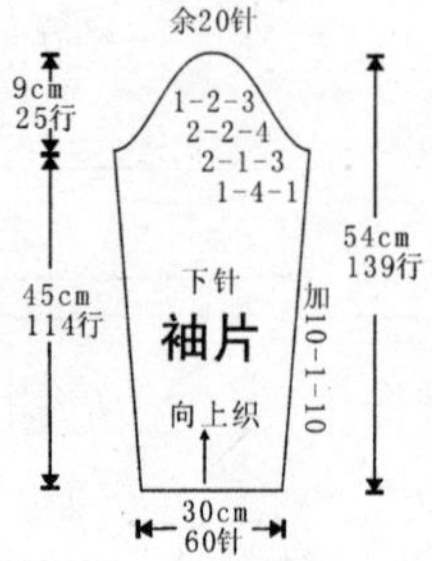

袖片
余20针
9cm 25行
1-2-3
2-2-4
2-1-3
1-4-1
下针
45cm 114行
加10-1-10
54cm 139行
向上织
30cm 60针

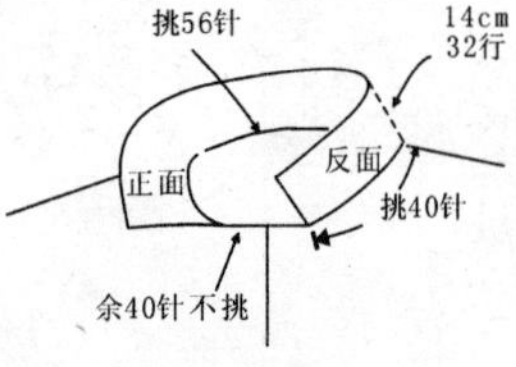

花样
←⑩
←⑤
←①
20
10
5
1

挑56针
14cm 32行
正面
反面
挑40针
余40针不挑

领子结构图

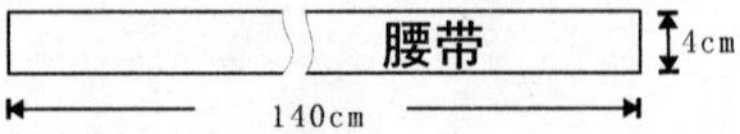

腰带
4cm
140cm

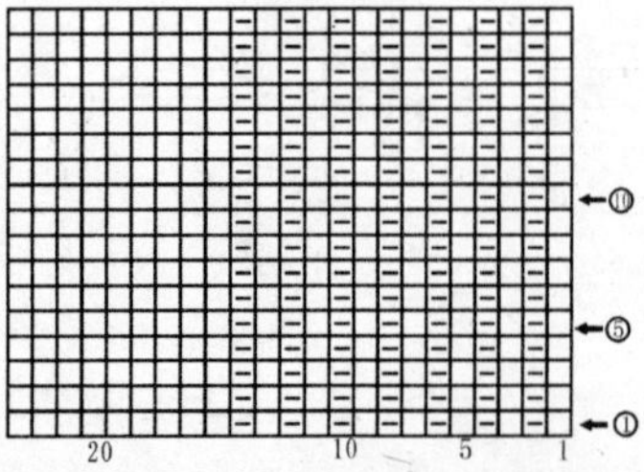

淑女开襟衫

【成品尺寸】衣长50cm　胸围92cm　袖长54cm

【工具】7号棒针

【材料】灰色毛线880g

【密度】$10cm^2$：21针×25行

【制作过程】1. 单股线编织。

2. 起96针编织后片上针，不加减针织27cm后开始袖窿减针，按结构图减针再加针后编织至肩部，两肩部各余15cm。

3. 起28针编织前片上针，织27cm时开始袖窿减针，按结构图减针再加针后收针断线。用同样方法完成另一片前片，减针方向相反。

4. 起48针双罗纹针从袖口编织袖片上针，按结构图所示加针编织，编织35cm后开始袖山减针，按图所示减针后余16针，断线。用同样方法再完成另一片袖片。

5. 起37针编织下摆片花样A，不加减针共织108cm。

6. 起26针编织领边花样B，不加减针共织155cm。

7. 沿相应位置对应缝合上身片，沿袖窿挑织双罗纹针装饰边。先将下摆片宽度与领边长度缝合，然后分别与上衣片缝合。

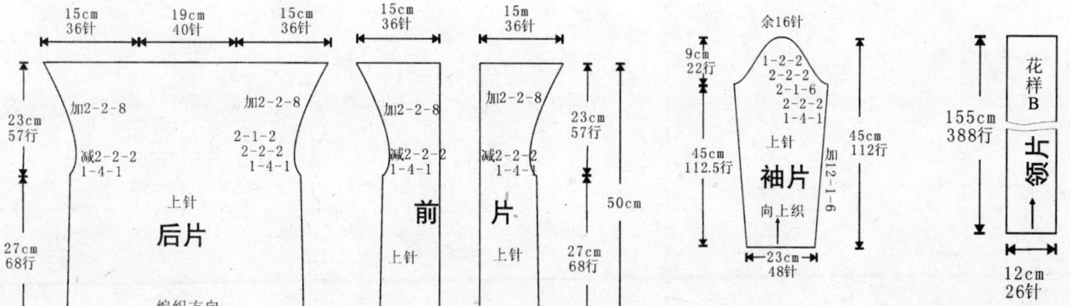

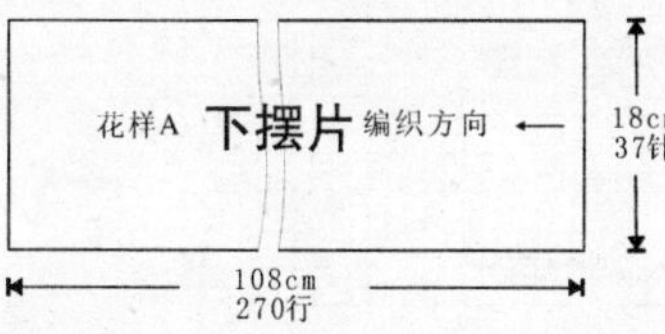

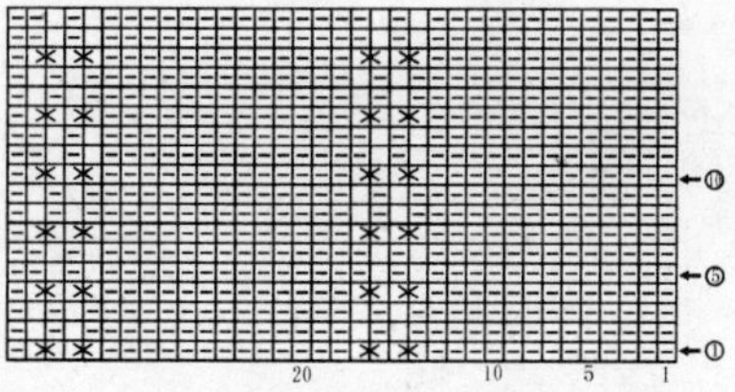

花样A

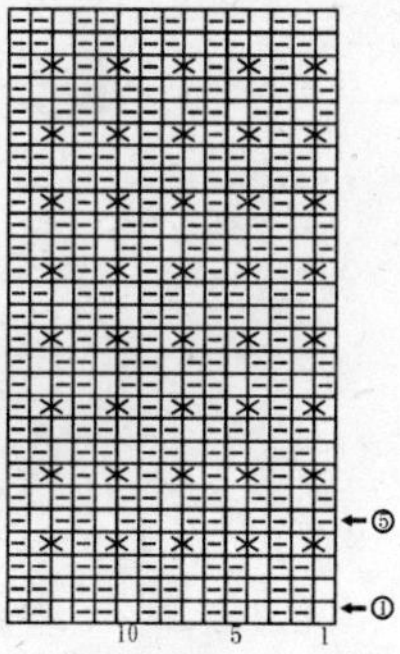

花样B

【成品尺寸】衣长54cm　胸围96cm　连肩袖长63cm

【工具】9号棒针

【材料】灰色棉绒线670g

【密度】10cm²：22针×28行

【附件】纽扣3枚

【制作过程】1. 二股线编织。

2. 起96针下针编织后片，两侧加减针收腰后，共织32cm开始袖窿减针，按结构图减针到肩部，余24针。

3. 起62针编织前片下针，衣襟边随前片同织，侧缝加减针收腰，衣襟边不加减针，共编织32cm后开始袖窿减针，身长共编织到52cm时进行前衣领减针，按结构图减完针后收针断线。用同样方法编织另一片前片，减针方向相反，一侧留出扣眼位置。

4. 起65针花样A从袖口开始编织袖片，按结构图所示均匀加针，编织41cm后开始袖山减针，按图所示减针后余19针，断线。用同样方法再完成另一片袖片。

5. 起30针编织花样B领片，不加减针共织70cm，一侧留出扣眼位置。

6. 将前、后片及袖片沿对应位置缝合。从一侧衣襟边方向沿领窝缝合领片。贴两前片下方分别缝实单独编织的花样A口袋片，缝好纽扣。

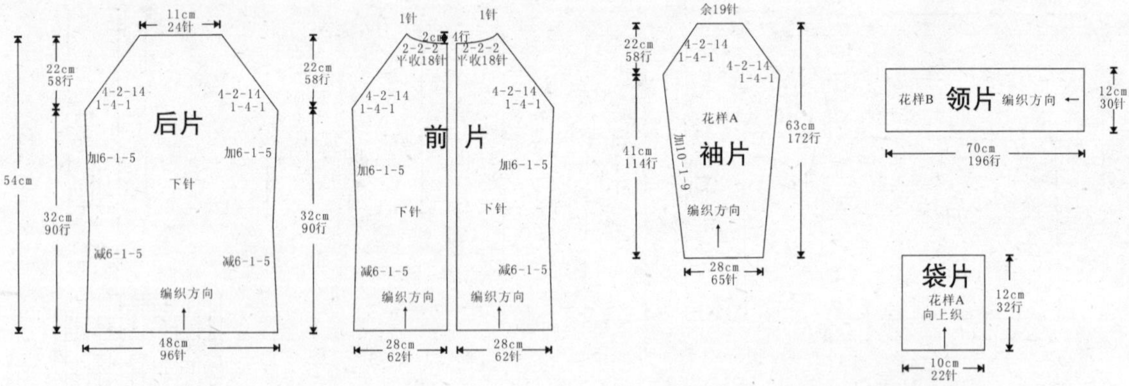

后片
11cm 24针
22cm 58行
4-2-14
1-4-1
54cm
加6-1-5
下针
32cm 90行
减6-1-5
编织方向
48cm 96针

前片
1针
2cm 4行
2-2-2
平收18针
22cm 58行
4-2-14
1-4-1
加6-1-5
下针
32cm 90行
减6-1-5
编织方向
28cm 62针

袖片
余19针
22cm 58行
4-2-14
1-4-1
花样A
41cm 114行
加10-1-6
63cm 172行
编织方向
28cm 65针

花样B 领片 编织方向
12cm 30针
70cm 196行

袋片
花样A
向上织
12cm 32行
10cm 22针

花样A

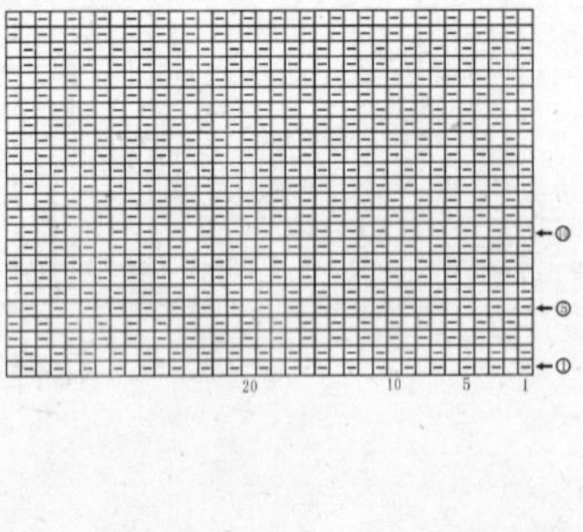

花样B

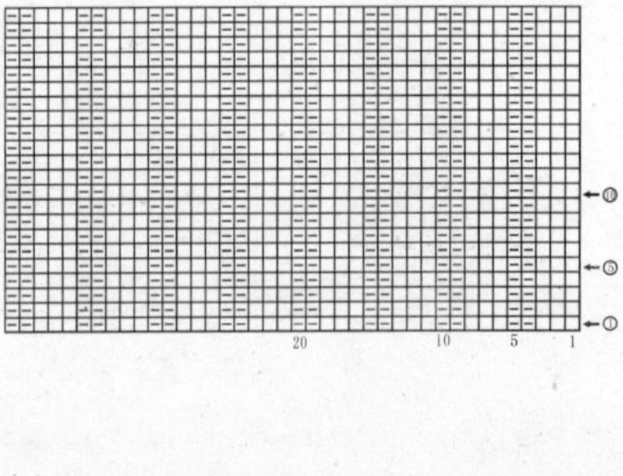

【成品尺寸】衣长57cm　胸围96cm　袖长27cm

【工具】7号棒针

【材料】灰色交织毛线360g

【密度】10cm²：21针×25行

【附件】纽扣4枚

【制作过程】1. 单股线编织。

2. 起102针双罗纹针边编织后片下针，不加减针织30cm后加出袖窿，共织12cm，然后减出肩部，按图示完成加减针后收针断线，身长共织57cm。

3. 起52针双罗纹针边编织一侧前片下针，加减针方法同后片，编织至32cm时进行前衣领减针。用同样方法完成另一侧前片，减针方向相反。

4. 起22针编织下针袋片，不加减针编织14cm，共完成两片，贴前片下边处沿内侧缝实。

5. 将前后片对接缝合。沿领窝挑织双罗纹针领边，共织14cm。单独编织单罗纹针衣襟边，沿前片缝合。

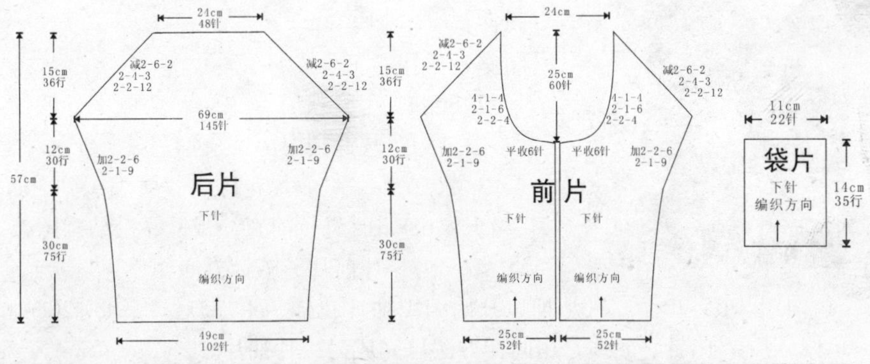

显瘦黑色衫

【成品尺寸】衣长52cm　胸围96cm　袖长52cm

【工具】7号棒针　环形针

【材料】黑色羊毛线320g

【密度】10cm²：21针×25行

【附件】别针扣4枚

【制作过程】1. 单股线编织。

2. 起492针环形针单片编织下针，每64针分为1组，共5组，从第4行开始减针，前片在单侧门襟边和一侧组边处减针，后片在组边要同时减针，最后减至领窝，收针断线。另起针挑织16cm单罗纹针领边，下摆处穿入流苏，流苏密度可根据自己喜欢调节。（流苏制作方法：取毛线数条对折，从衣片由正面穿向反面，将毛线从孔中钩出、收紧，梳理整齐。）别好别针扣，完成。

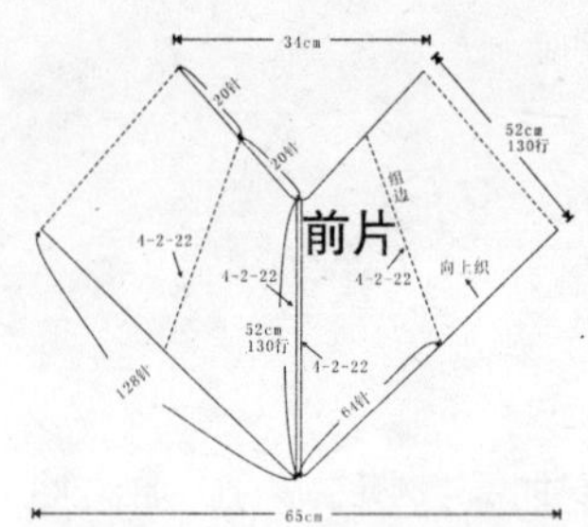

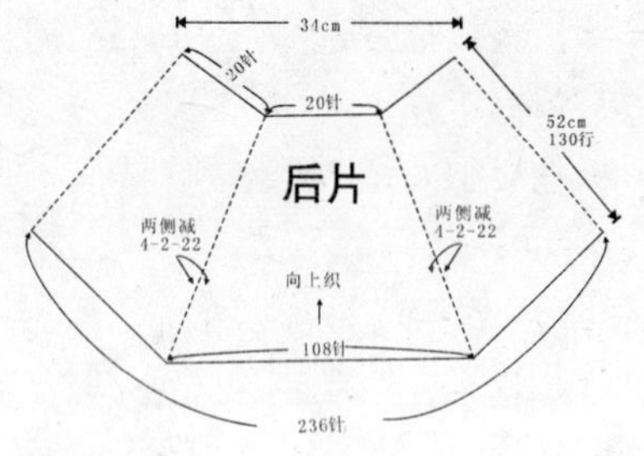

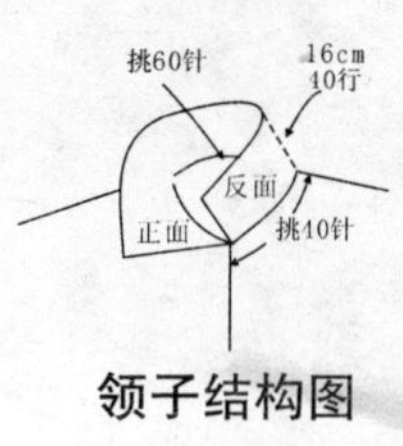

领子结构图

【成品尺寸】衣长72cm　胸围96cm　袖长42cm

【工具】9号棒针

【材料】黑色开司米线810g

【密度】10cm²：22针×28行

【附件】纽扣1枚

【制作过程】1. 三股线编织。

2. 起112针编织后片花样，两侧减针收腰，织50cm时开始袖窿减针，按结构图减针到肩部，余24针。

3. 起56针编织前片花样，收腰编织到50cm时开始袖窿减针，身长共编织到68cm时进行前衣领减针，按结构图减完针后收针断线。用同样方法编织另一片前片，减针方向相反。

4. 起70针单罗纹针从袖口开始编织袖片花样，不加减针编织到20cm时开始袖山减针，按图所示减针后余16针，断线。用同样方法再完成另一片袖片。

5. 将前、后片及袖片沿对应位置缝合，沿领窝挑织领片，共织12cm，然后挑织单罗纹针衣襟边。缝好纽扣。

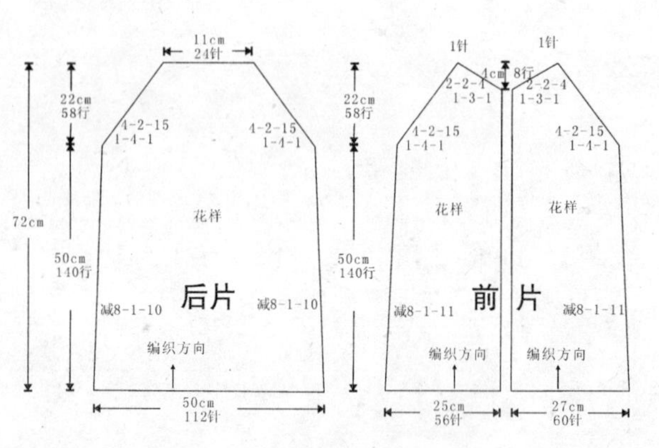

花样

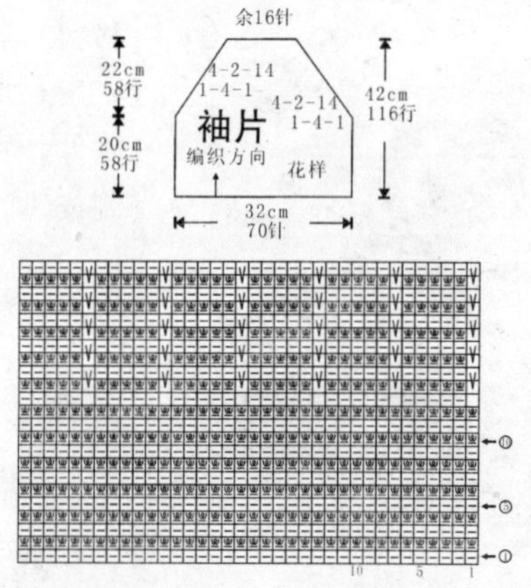

活力小外套

【成品尺寸】衣长68cm　胸围94cm　连肩袖长30cm

【工具】1.7mm棒针

【材料】灰色纯羊毛线

【密度】10cm²：44针×55行

【附件】纽扣3枚

【制作过程】前片分左右两片，按编织方向起针，织5cm双罗纹后，改织下针，至织完成。后片按编织方向起针，织5cm双罗纹后，改织下针，至织完成，全部缝合。织175cm双罗纹的长矩形，沿着后片、下摆、门襟、衣领，按彩图缝合，缝上纽扣，完成。

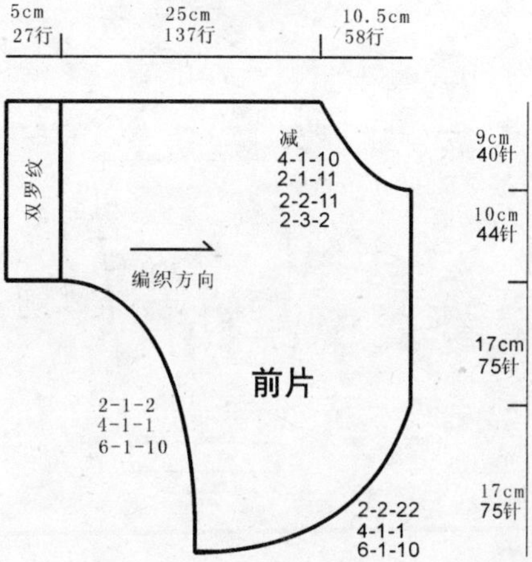

5cm 27行
25cm 137行
10.5cm 58行
双罗纹
减
4-1-10
2-1-11
2-2-11
2-3-2
编织方向
前片
2-1-2
4-1-1
6-1-10
2-2-22
4-1-1
6-1-10
9cm 40针
10cm 44针
17cm 75针
17cm 75针

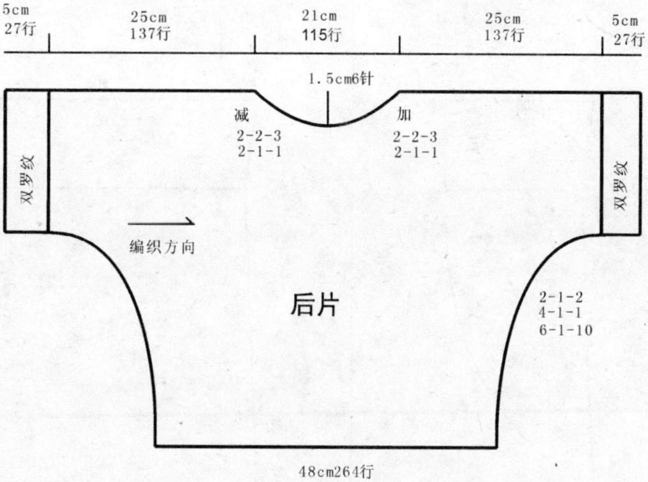

5cm 27行
25cm 137行
21cm 115行
25cm 137行
5cm 27行
1.5cm6针
减
2-2-3
2-1-1
加
2-2-3
2-1-1
双罗纹
双罗纹
编织方向
后片
2-1-2
4-1-1
6-1-10
48cm264行

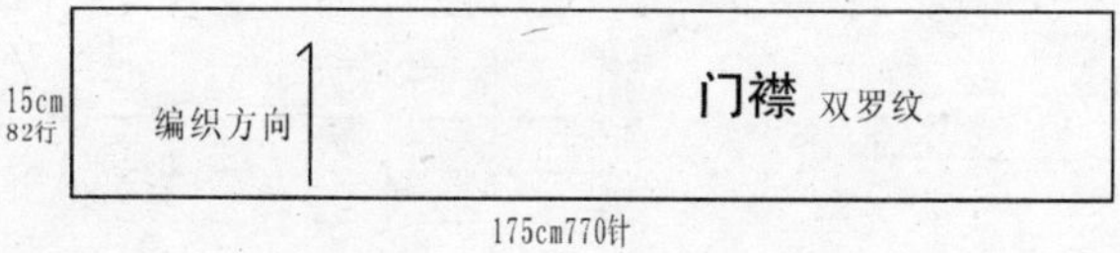

15cm 82行
编织方向
门襟 双罗纹
175cm770针

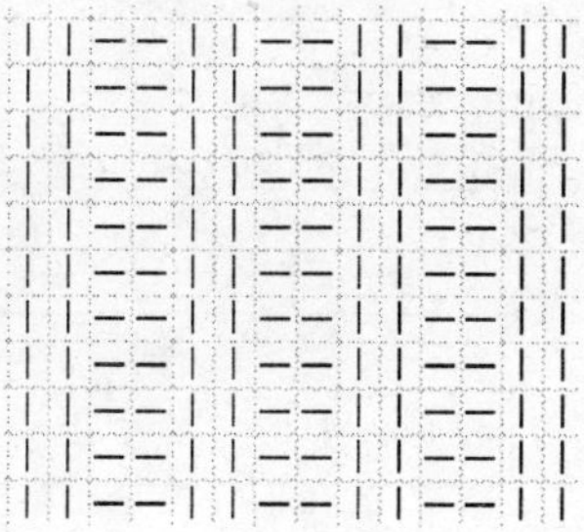

双罗纹

【成品尺寸】衣长65cm　胸围96cm　袖长53cm

【工具】1.7mm棒针

【材料】灰色、黑色纯羊毛线

【密度】10cm²：44针×55行

【附件】带子1条

【制作过程】前片分左右两片，分别按图起针，织下针，并间色，衣摆圆角部分按图收针，至织完成。后片起针，织下针并间色，至织完成。衣袖按图织好，全部缝合。沿着后片、下摆、前片、门襟、后领窝处挑针，织两层10cm单罗纹，形成花边。系上带子，完成。

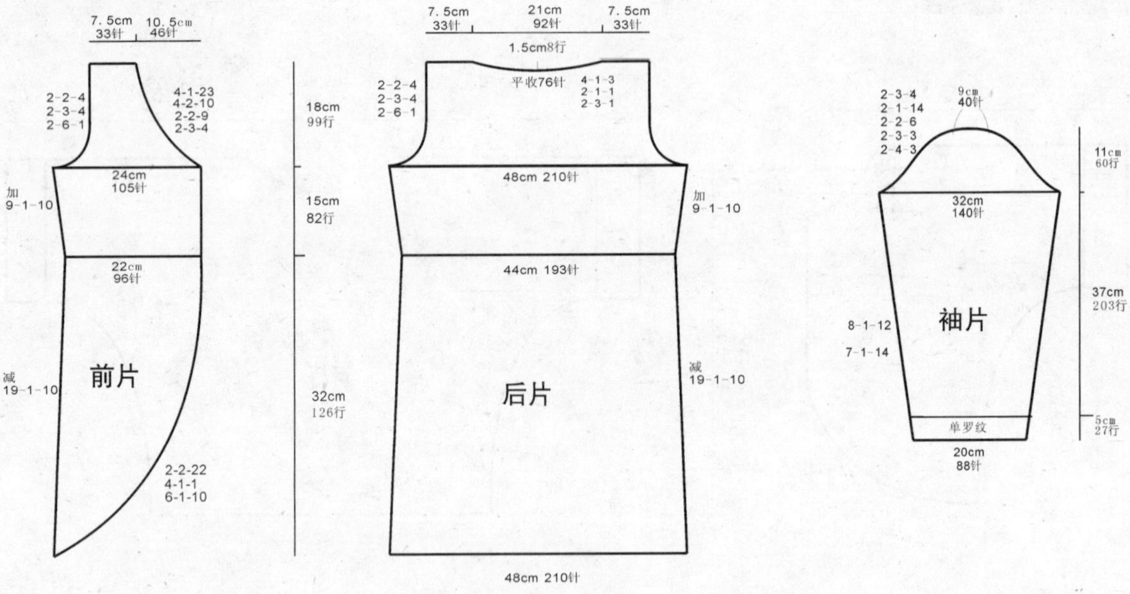

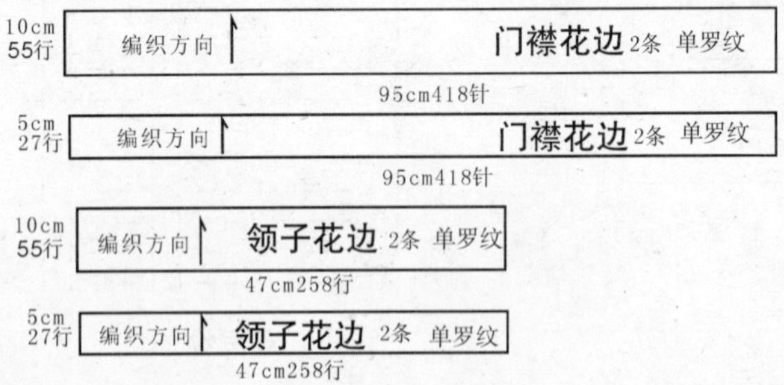

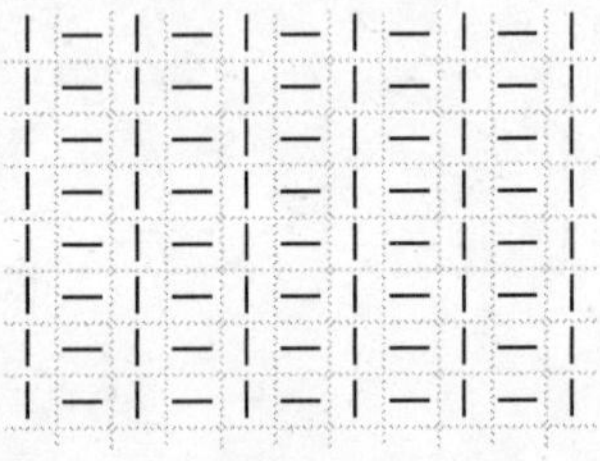

【成品尺寸】衣长47cm　胸围96cm　袖长35cm

【工具】7号棒针

【材料】咖啡色开司米线400g

【密度】10cm²：21针×25行

【附件】大纽扣2枚

【制作过程】1. 二股线编织。

2. 起100针双罗纹针边后编织后片下针，编织到25cm时开始袖窿减针，按结构图减完针后不加减针编织到肩部，两肩部各余11cm。

3. 起50针编织前片花样，编织到53cm时进行袖窿、前领窝减针，按结构图减完针后收针断线。用同样方法完成另一侧前片，减针方向相反。

4. 起76针双罗纹针从袖口编织袖片下针，按结构图所示均匀加针，编织24cm后开始袖山减针，按图所示减针后余18针，断线。同样方法再完成另一片袖片。

5. 沿边对应相应位置缝实。另起针分别沿前片挑织双罗纹针衣襟边，完成后再沿领窝挑织双罗纹针领片，将领片与衣襟边缝合1/2。整体完成后钉好纽扣。

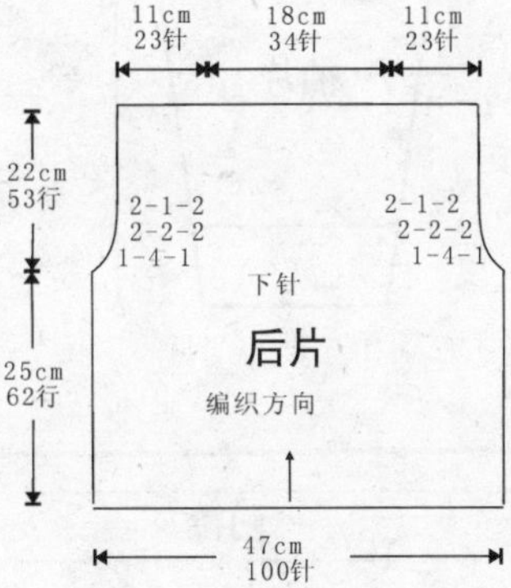

11cm 23针　18cm 34针　11cm 23针
22cm 53行
25cm 62行
2-1-2
2-2-2
1-4-1
下针
后片
编织方向
47cm 100针

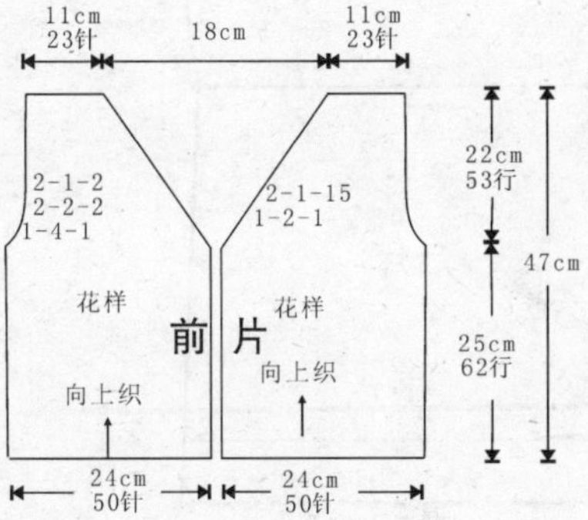

11cm 23针　18cm　11cm 23针
2-1-2
2-2-2
1-4-1
2-1-15
1-2-1
花样
前片
向上织
22cm 53行
47cm
25cm 62行
24cm 50针　24cm 50针

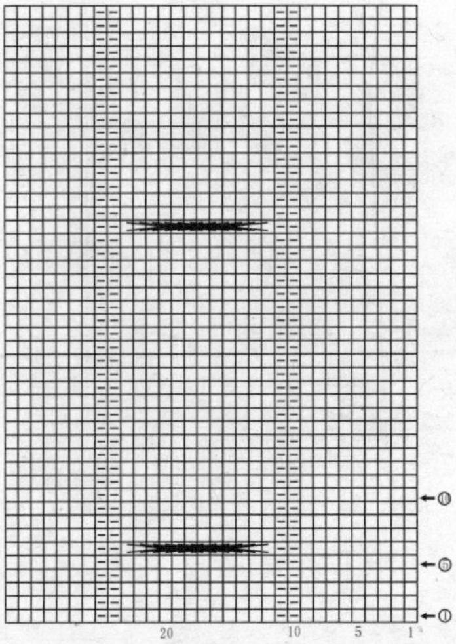

余18针
11cm 27行
1-2-2
2-2-4
2-1-3
2-2-5
1-4-1
24cm 58行
35cm 85行
袖片
下针
向上织
36cm 76针

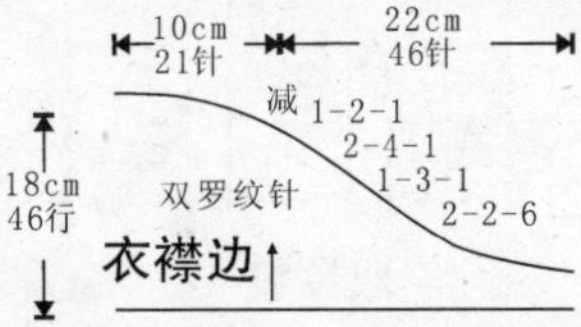

10cm 21针　22cm 46针
减 1-2-1
2-4-1
1-3-1
2-2-6
18cm 46行
双罗纹针
衣襟边

20　10　5　1
⑪
⑤
①

花样

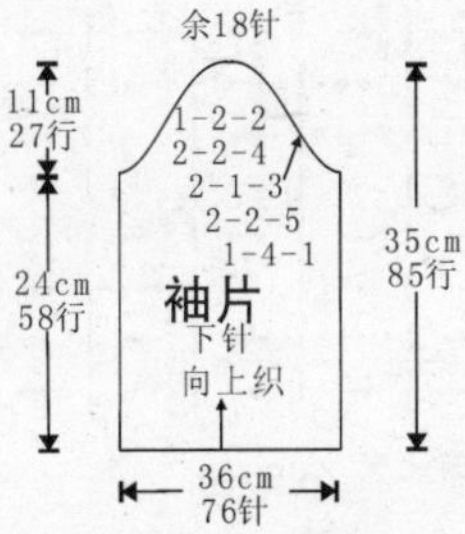

雅致开襟衫

【成品尺寸】衣长65cm　胸围96cm　袖长53cm

【工具】1.7mm棒针　小号钩针

【材料】棕色、花色纯羊毛线

【密度】10cm²：44针×55行

【附件】纽扣3枚

【制作过程】前片分左右两片，分别按图起针，织5cm双罗纹后，改织下针，至织完成。后片和衣袖按图织好，全部缝合，门襟另织，与前片缝合，领圈挑针，织单罗纹15cm，前领用钩针钩边，形成大翻领，缝上纽扣和衣袋，完成。

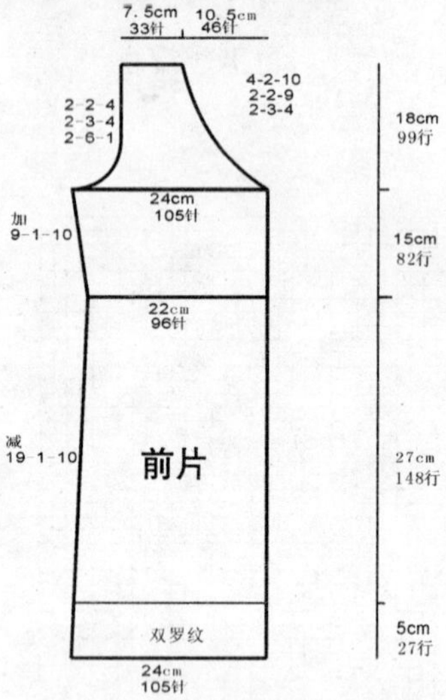

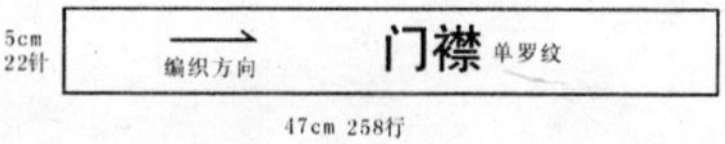

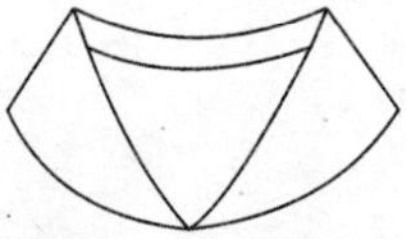

前片
7.5cm 33针　10.5cm 46针
2-2-4
2-3-4
2-6-1
4-2-10
2-2-9
2-3-4
18cm 99行
24cm 105针
加 9-1-10
15cm 82行
22cm 96针
减 19-1-10
27cm 148行
双罗纹
5cm 27行
24cm 105针

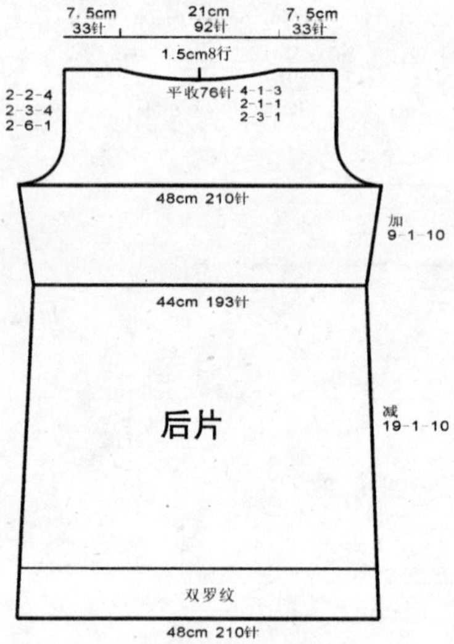

后片
7.5cm 33针　21cm 92针　7.5cm 33针
1.5cm8行
平收76针 4-1-3
2-1-1
2-3-1
2-2-4
2-3-4
2-6-1
48cm 210针
加 9-1-10
44cm 193针
减 19-1-10
双罗纹
48cm 210针

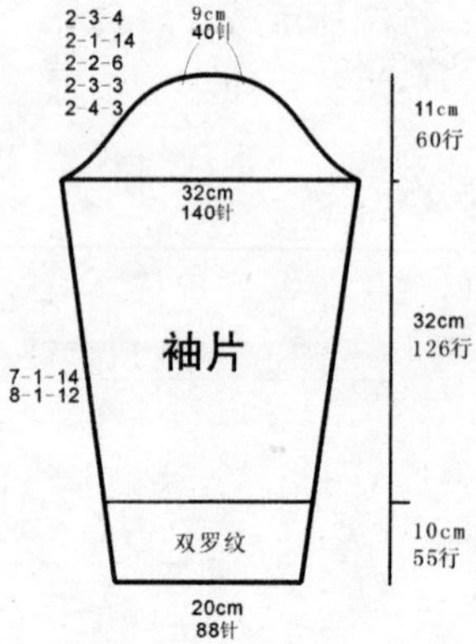

袖片
2-3-4
2-1-14
2-2-6
2-3-3
2-4-3
9cm 40针
11cm 60行
32cm 140针
32cm 126行
7-1-14
8-1-12
双罗纹
10cm 55行
20cm 88针

门襟 单罗纹
5cm 22针
编织方向
47cm 258行

领子结构图

袋片
单罗纹
15cm 82行
13cm57针

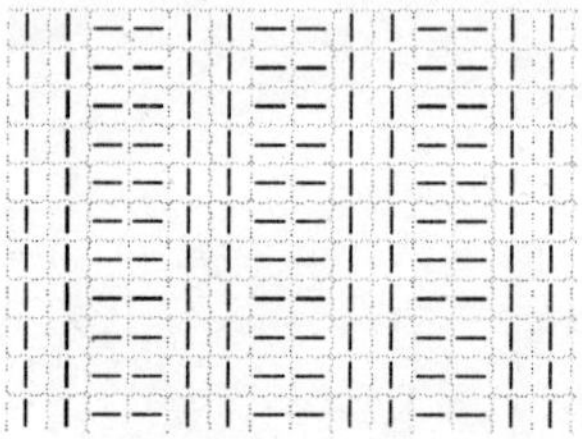

双罗纹

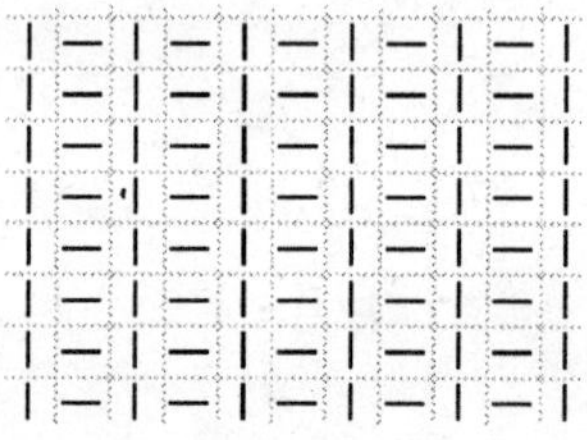

单罗纹

【成品尺寸】衣长73cm　胸围96cm　袖长54cm

【工具】7号棒针

【材料】褐色马海毛线960g

【密度】10cm²：21针×25行

【制作过程】1. 单股线编织。

2. 起100针双罗纹针边，然后编织下针后片，两侧减针收腰，身长共织52cm后开始袖窿减针，按结构图减完针后，不加减针编织到72cm时，减出后领窝，两肩部各余9cm。

3. 起50针双罗纹针边后编织前片花样，侧缝均匀减针，共编织52cm时同时进行袖窿、前领窝减针，按结构图减完针后收针断线。从花样加针处穿出"V"装饰。用同样方法完成另一侧前片，减针方向相反。

4. 起56针双罗纹针从袖口编织袖片下针，按结构图所示均匀加针编织袖片，编织45cm后开始袖山减针，按图所示减针后余24针，断线。用同样方法再完成另一片袖片。

5. 沿边对应相应位置缝实。另起针沿衣襟边、领边挑织绵羊针领边，长度可根据个人喜好确定。

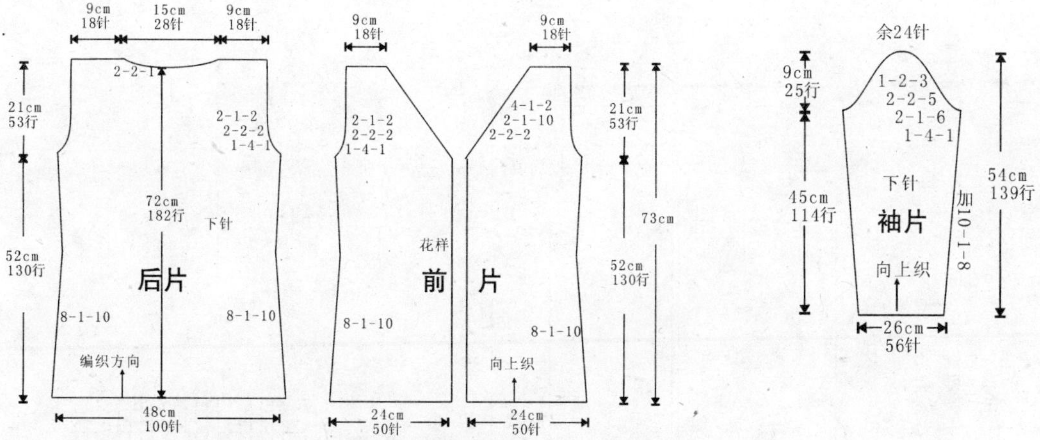

9cm 18针 | 15cm 28针 | 9cm 18针
2-2-1
21cm 53行
2-1-2
2-2-2
1-4-1
72cm 182行
下针
52cm 130行
后片
8-1-10
8-1-10
编织方向
48cm 100针

9cm 18针
2-1-2
2-2-2
1-4-1
花样
前　片
8-1-10
24cm 50针

9cm 18针
4-1-2
2-1-10
2-2-2
21cm 53行
73cm
52cm 130行
8-1-10
向上织
24cm 50针

余24针
9cm 25行
1-2-3
2-2-5
2-1-6
1-4-1
下针
袖片
加10-1-8
45cm 114行
54cm 139行
向上织
26cm 56针

花样

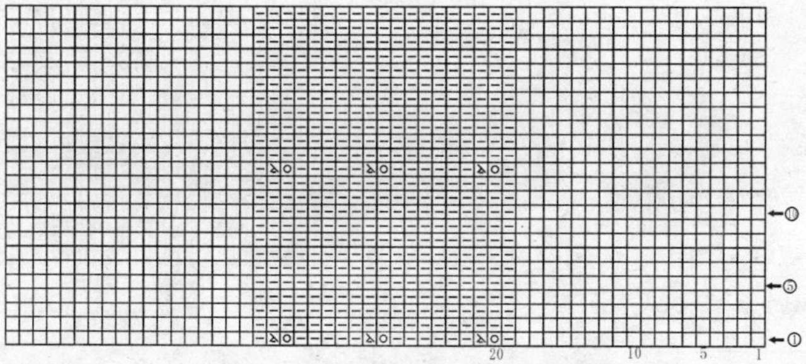

20　10　5　1

⑪　⑤　①

【成品尺寸】衣长56cm　胸围96cm　袖长53cm

【工具】7号棒针

【材料】咖啡色交织马海毛680g

【密度】10cm²：21针×25行

【附件】纽扣5枚　装饰檀香珠14颗

【制作过程】1. 单股线编织。

2. 起100针花样边，在花样中心最后一行加入装饰檀香珠，然后编织后片下针，编织到35cm时开始袖窿减针，按结构图减完针后，不加减针编织到55cm时，减出后领窝，两肩部各余11cm。

3. 起52针按后片方法编织前片，编织到35cm时同时进行袖窿、前领窝减针，按结构图减完针后收针断线。用同样方法完成另一侧前片，减针方向相反。

4. 从袖口起60针绵羊针后编织袖片下针，按结构图所示均匀加针，编织42cm后开始袖山减针，按图所示减针后余18针，断线。用同样方法再完成另一片袖片。

5. 沿边对应相应位置缝实。另起针挑织双罗纹衣襟边，外侧用绵羊针装饰，完成后缝好纽扣。

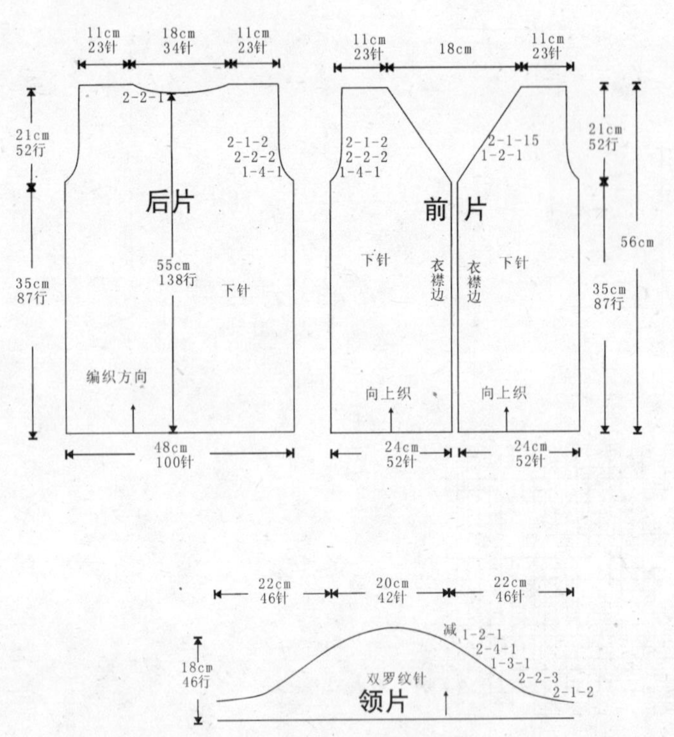

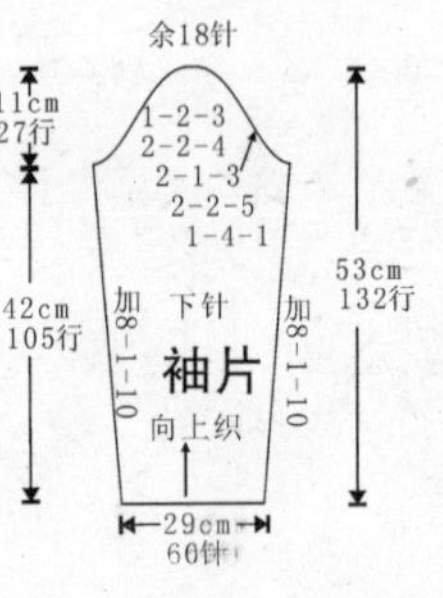

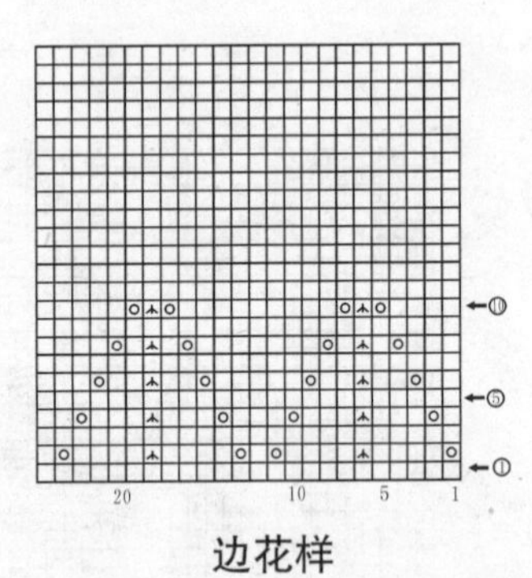

边花样

百媚长款毛衫

【成品尺寸】衣长70cm　胸围88cm　连肩袖长60cm

【工具】9号棒针　5号钩针

【材料】黑色马海毛线840g

【密度】10cm²：25针×32行

【附件】纽扣5枚　装饰腰带1条

【制作过程】1. 二股线编织。

2. 起110针双罗纹针后编织后片上针，共编织到48cm时开始袖窿减针，按结构图减完针后，不加减针编织到肩部。

3. 起60针双罗纹针编织前片花样，织48cm后同时进行袖窿、前领减针，按图示减针后两肩各余10cm。用同样方法编织另一侧前片，减针方向相反.

4. 起62针双罗纹针从袖口编织袖片花样，按结构图所示均匀加针编织，编织47cm后开始袖山减针，按图所示减针后余12针，断线。用同样方法再完成另一片袖片。

5. 沿对应位置将各片缝合，起针沿衣襟边挑织双罗纹针边。沿两侧衣襟挑织处再起针挑织上针装饰边，沿领窝挑织双层上针装饰领片。将装饰边锁边固定。装饰腰间穿入装饰腰带。

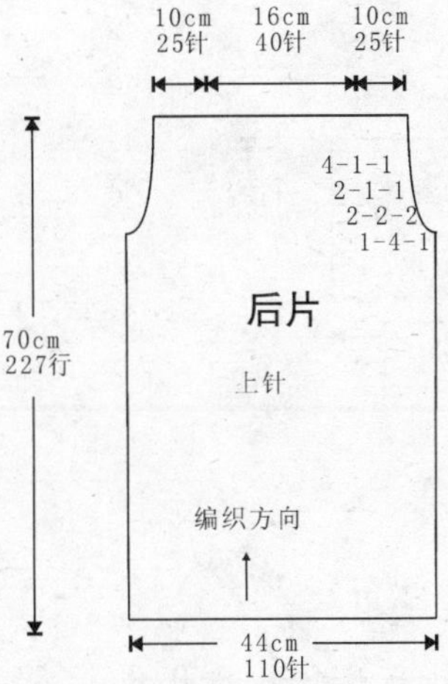

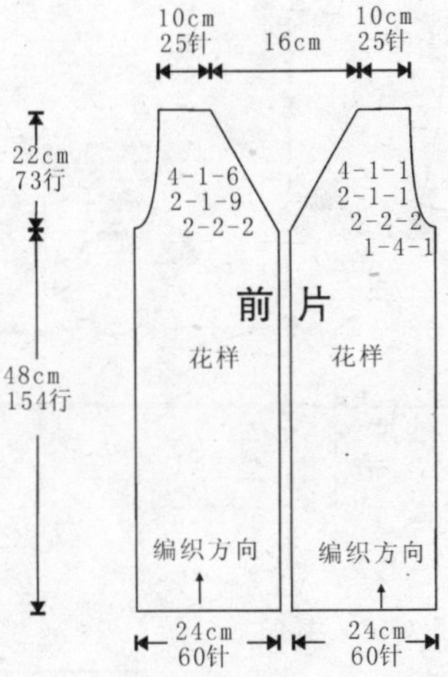

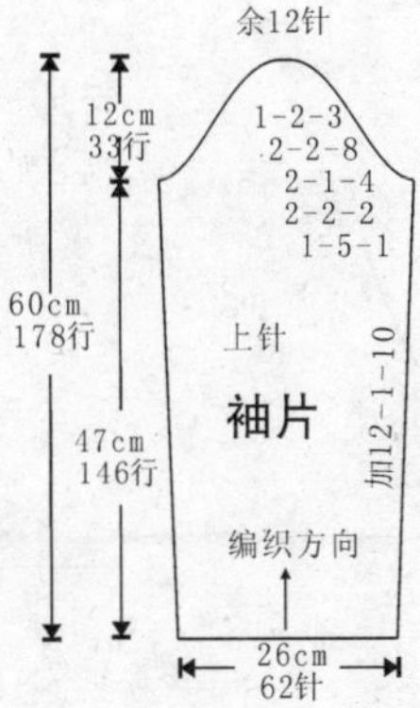

花样

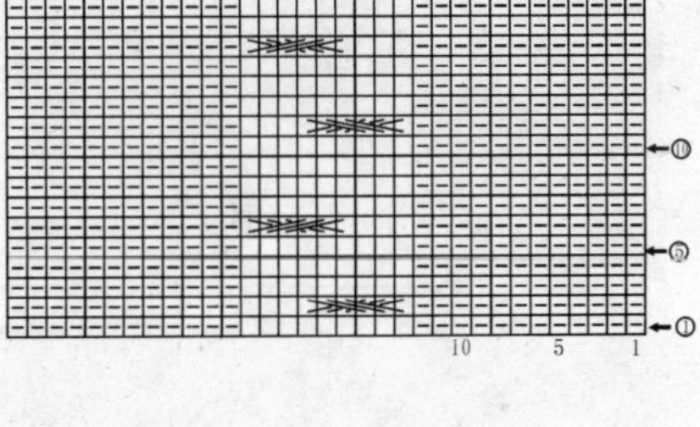

【成品尺寸】衣长75cm　胸围90cm　袖长36cm
【工具】7号棒针　环形针
【材料】灰色花马海毛线420g
【密度】10cm²：21针×25行
【附件】纽扣8枚
【制作过程】1. 单股线编织。

2. 起54针编织一侧前片花样，编织30cm后加出袖窿，共织54cm减出前领窝，收针，用同样方法完成另一侧，减针方向相反。然后将两前片加针连接领窝后编织后片花样，按图示完成加减针后收针断线。

3. 起22针编织袋片花样，不加减针编织14cm，共完成两片，贴前片下边处沿内侧缝实。

4. 将前、后片对接缝合。单独编织下边上针和衣领边下针，分别沿衣边、衣襟边缝实，钉好纽扣。

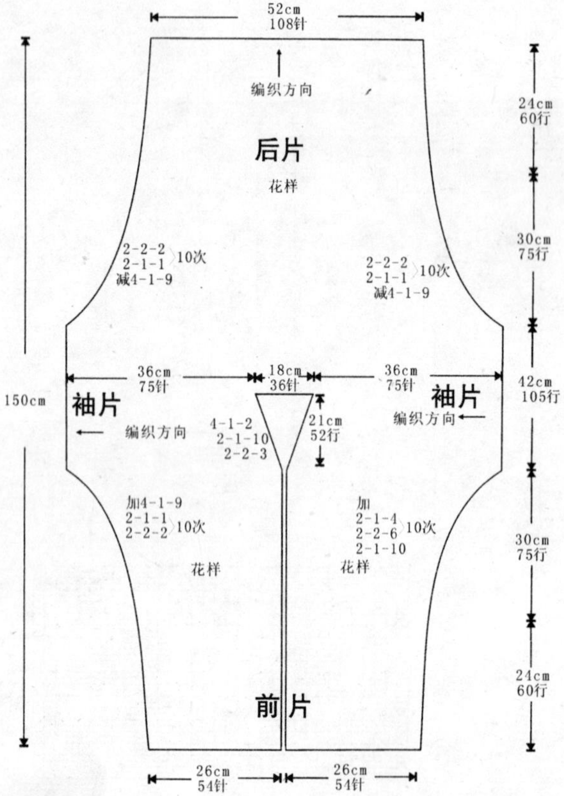

52cm 108针
编织方向
后片
花样
24cm 60行
30cm 75行
2-2-2
2-1-1 10次
减4-1-9
2-2-2
2-1-1 10次
减4-1-9
150cm
36cm 75针
18cm 36针
36cm 75针
42cm 105行
袖片
编织方向
4-1-2
2-1-10
2-2-3
21cm 52行
袖片
编织方向
加4-1-9
2-1-1
2-2-2 10次
加
2-1-4
2-2-6 10次
2-1-10
花样
花样
30cm 75行
24cm 60行
前片
26cm 54针
26cm 54针

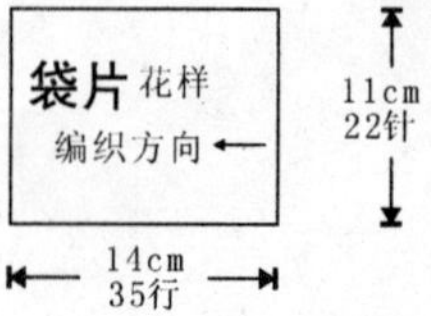

袋片 花样
编织方向
11cm 22针
14cm 35行

花样
⑪
⑤
①
20　10　5　1

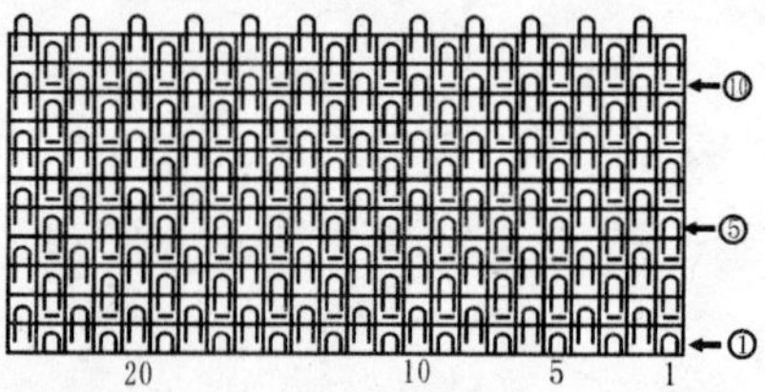

气质蝙蝠衫

【成品尺寸】衣长65cm　胸围94cm　连肩袖长60cm

【工具】1.7mm棒针

【材料】浅蓝色纯羊毛线

【密度】10cm^2：44针×55行

【附件】装饰纽扣3枚　装饰带1条

【制作过程】前后片都是相同的，分上下部分，上部分分别从衣袖织起，按编织方向起针，织单罗纹10cm后，改织下针，并织图案，至织完成，图案可自由设计。腋下和领窝按图加减针，下部分按图起针，织双罗纹25cm，全部缝合。门襟另织，与前、后片缝合，前片缝上纽扣，后片系上装饰带，完成。

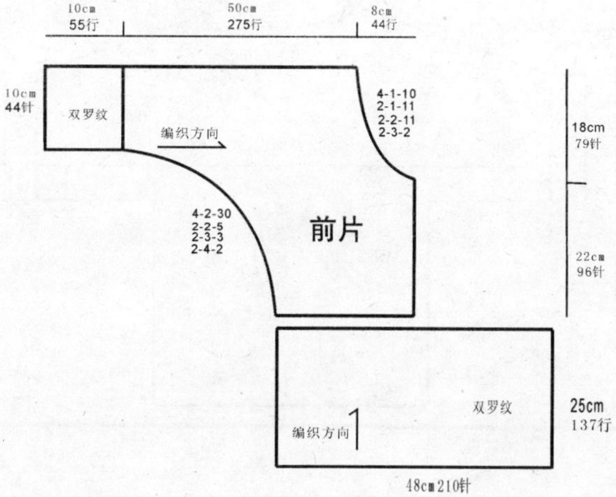

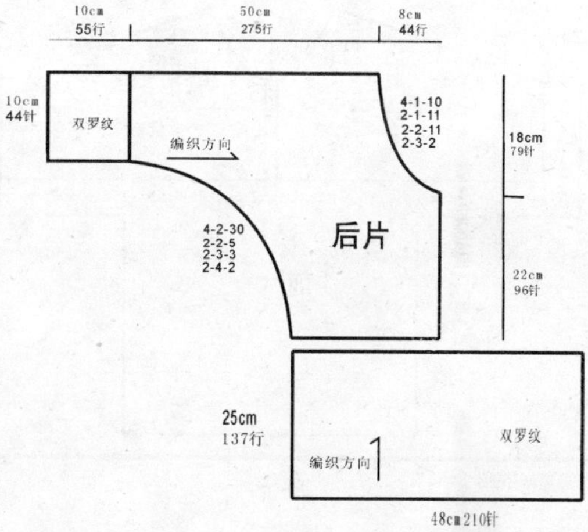

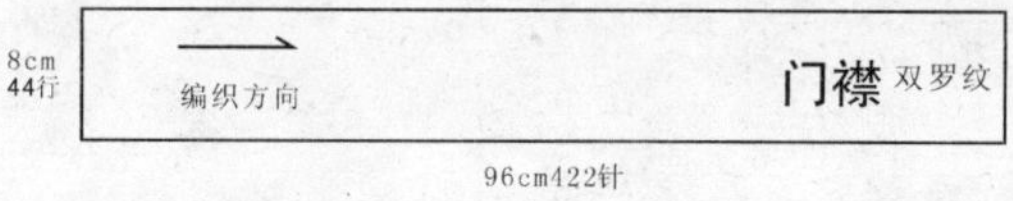

10cm 55行　50cm 275行　8cm 44行
10cm 44针　双罗纹　编织方向
4-1-10 2-1-11 2-2-11 2-3-2
18cm 79针
4-2-30 2-2-5 2-3-3 2-4-2
前片
22cm 96针
双罗纹　编织方向　25cm 137行
48cm 210针

10cm 55行　50cm 275行　8cm 44行
10cm 44针　双罗纹　编织方向
4-1-10 2-1-11 2-2-11 2-3-2
18cm 79针
4-2-30 2-2-5 2-3-3 2-4-2
后片
22cm 96针
25cm 137行　编织方向　双罗纹
48cm 210针

8cm 44行　编织方向　门襟　双罗纹
96cm 422针

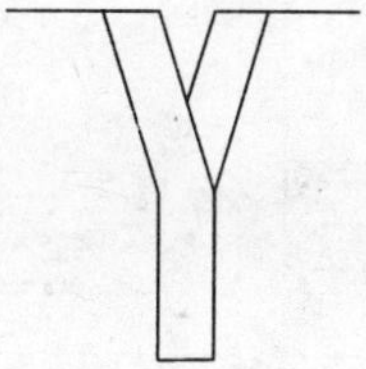

领子结构图

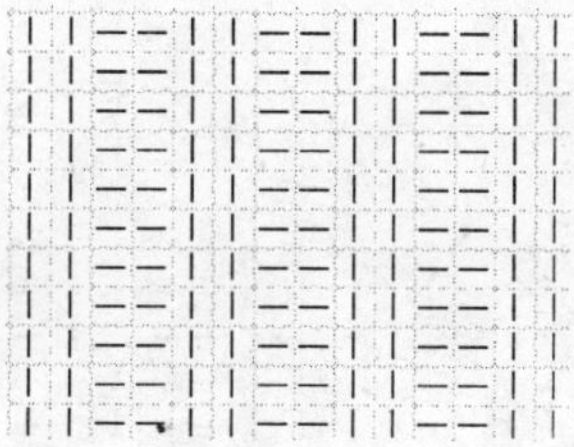

双罗纹

【成品尺寸】衣长68cm　胸围94cm　连肩袖长40cm

【工具】1.7mm棒针　小号钩针

【材料】浅藕色纯羊毛线

【密度】10cm²：44针×55行

【附件】纽扣3枚

【制作过程】前片是横织，分左右两片，分别从袖口织起，按编织方向起针，织5cm双罗纹后，即编入花样，织至门襟。后片从袖口按图起针，织双罗纹5cm，即编入花样，织至另一袖。衣片和领窝按图加减针。全部缝合，领子用钩针钩狗牙边，缝上纽扣，完成。

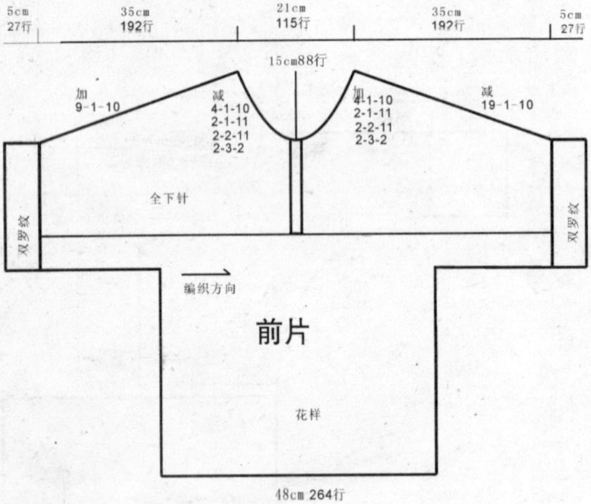

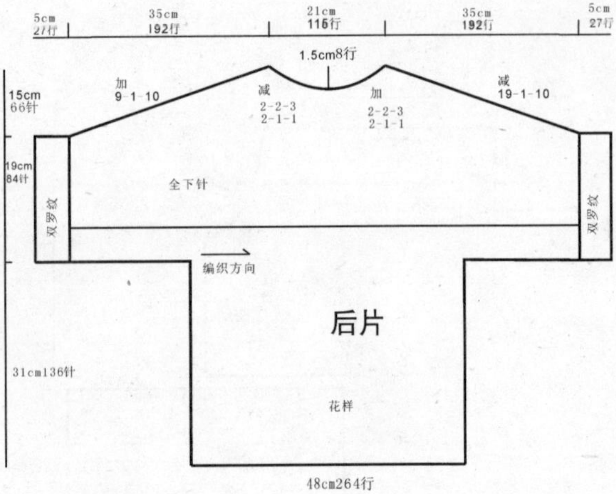

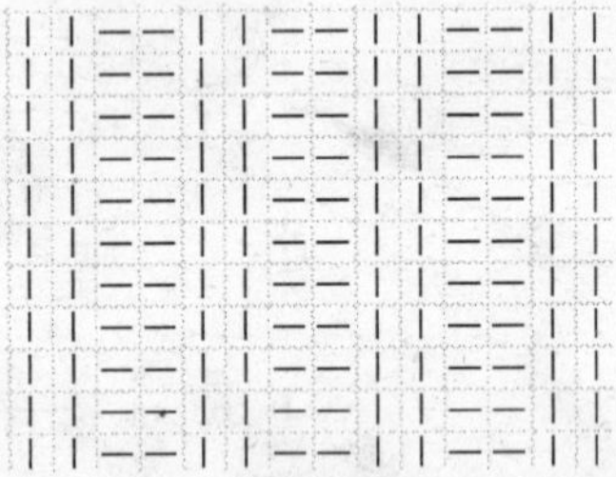

双罗纹

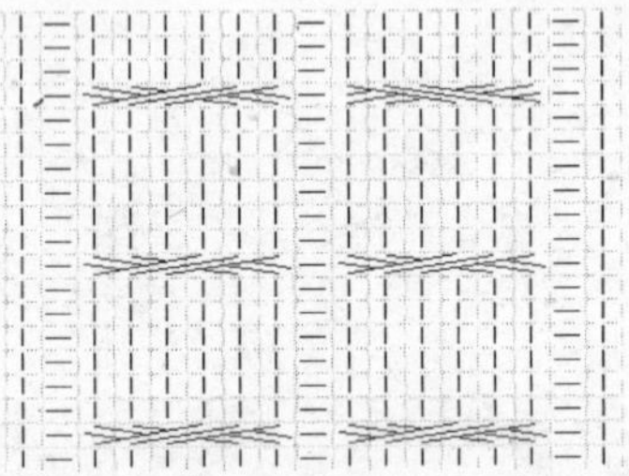

花样

靓丽甜美衫

【成品尺寸】衣长80cm　胸围96cm　袖长53cm

【工具】1.7mm棒针

【材料】灰色纯羊毛线

【密度】10cm²：44针×55行

【附件】纽扣3枚

【制作过程】前后片按图起针，织双罗纹5cm后，改织花样A，再织10cm单罗纹，又改织下针，并按图分左右两边，至织完成。衣袖按图织完成，全部缝合。领子另织，按结构图缝合，缝上纽扣，完成。

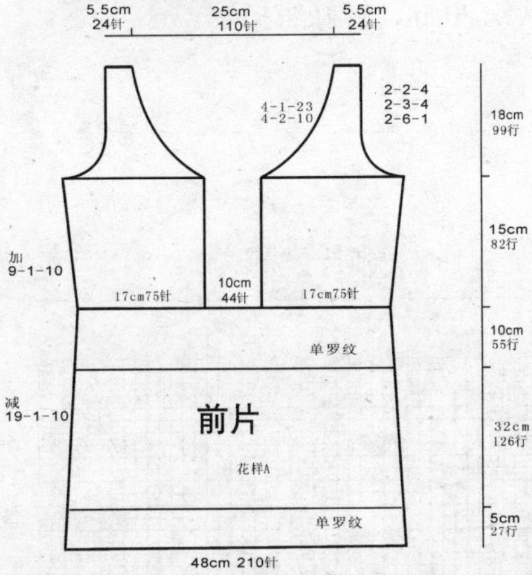

前片：5.5cm 24针　25cm 110针　5.5cm 24针；4-1-23　4-2-10；2-2-4　2-3-4　2-6-1；18cm 99行；15cm 82行；加 9-1-10；17cm75针　10cm 44针　17cm75针；10cm 55行；单罗纹；减 19-1-10；前片；32cm 126行；花样A；单罗纹；5cm 27行；48cm 210针

后片：5.5cm 24针　25cm 110针　5.5cm 24针；1.5cm8行；平收76针　4-1-3　2-1-1　2-3-1；2-2-4　2-3-4　2-6-1；48cm 210针；加 9-1-10；44cm 193针；单罗纹；减 19-1-10；后片；花样A；单罗纹；48cm 210针

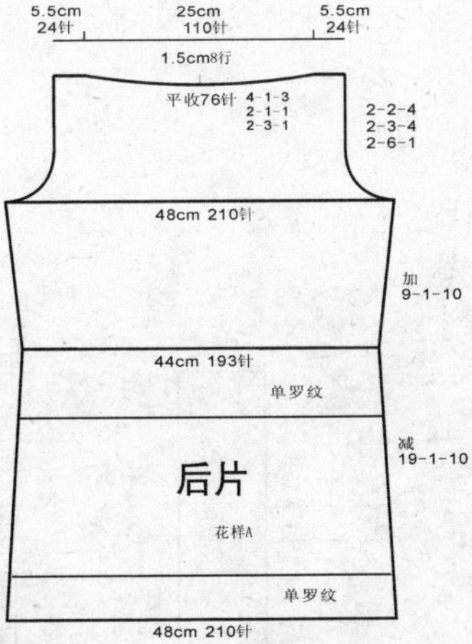

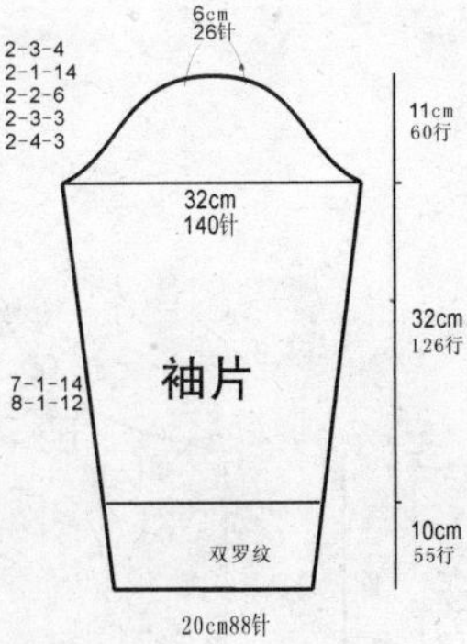

袖片：6cm 26针；2-3-4　2-1-14　2-2-6　2-3-3　2-4-3；11cm 60行；32cm 140针；32cm 126行；7-1-14　8-1-12；袖片；10cm 55行；双罗纹；20cm88针

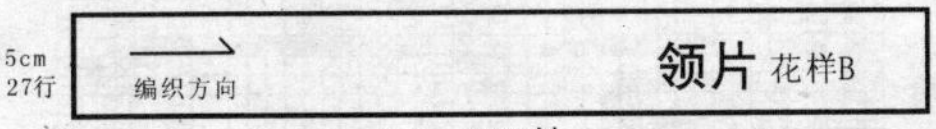

领片：5cm 27行；编织方向；领片 花样B；91cm400针

前领结构图

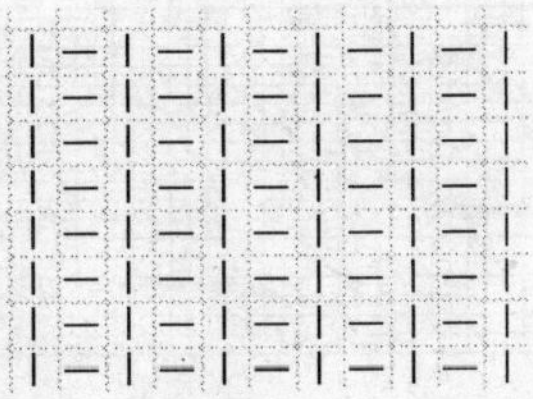

单罗纹

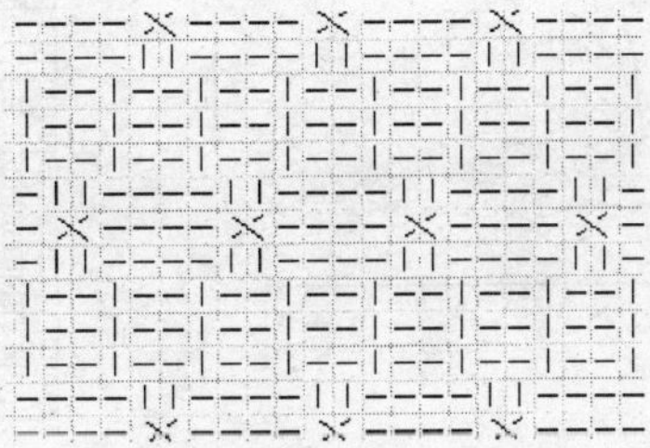

花样A

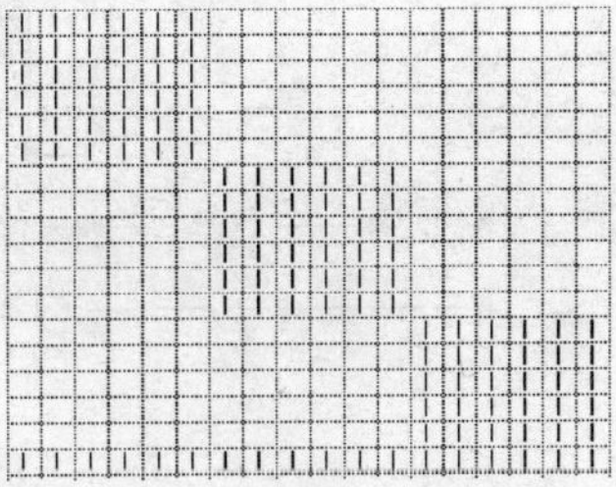

花样B

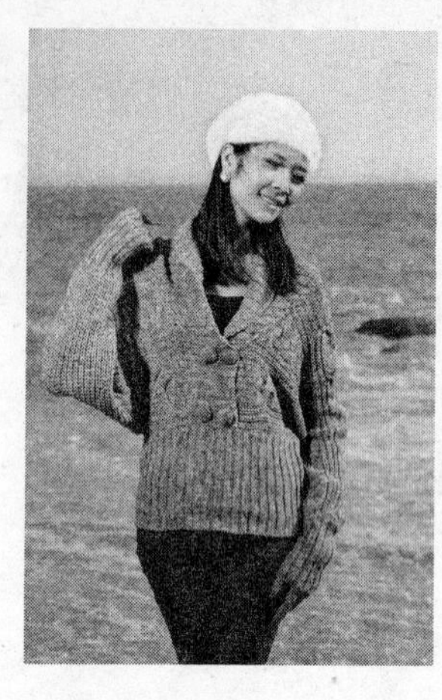

【成品尺寸】衣长60cm　胸围96cm　袖长50cm

【工具】7号棒针　环形针

【材料】灰色开司米线520g

【密度】10cm²：21针×25行

【附件】纽扣4枚

【制作过程】1. 单股线编织。

2. 起50针从袖口开始编织花样，两侧按图示加针编织，共加104行即完成袖片，从袖长50cm处减出前领窝，然后平收出前衣襟边，共减83针，然后不加减针编织30cm作后领窝，再按原来减针针数如数加针另一侧，完成编织后收针断线。

3. 将前、后片沿侧缝对接缝合。挑织双罗纹针衣襟边，一侧留出扣眼位置，共织10cm。挑织双罗纹针领片，按图加减针。将衣襟边重叠合并后，沿衣边挑织双罗纹针下边，共织20cm，钉好纽扣。

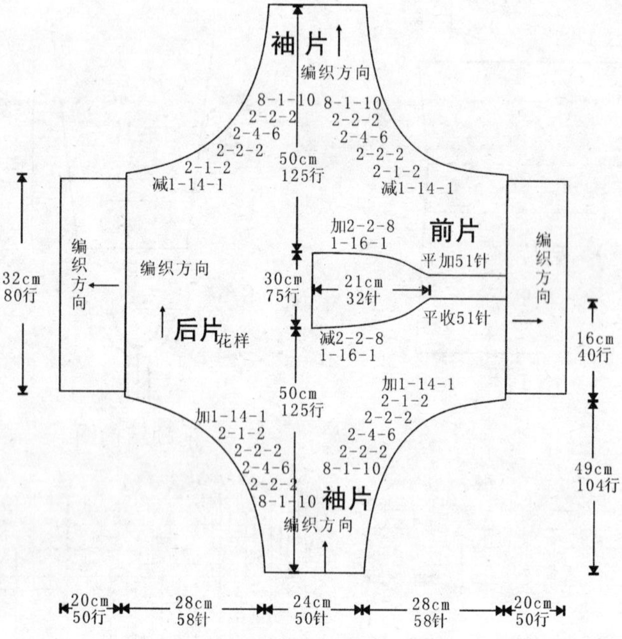

袖片
编织方向
8-1-10
2-2-2
2-4-6
2-2-2
2-1-2
减1-14-1
8-1-10
2-2-2
2-4-6
2-2-2
2-1-2
减1-14-1
50cm
125行
32cm
80行
编织方向
编织方向
后片花样
加2-2-8
1-16-1
前片
平加51针
30cm
75行
21cm
32针
平收51针
减2-2-8
1-16-1
编织方向
16cm
40行
50cm
125行
加1-14-1
2-1-2
2-2-2
2-4-6
2-2-2
8-1-10
加1-14-1
2-1-2
2-2-2
2-4-6
2-2-2
8-1-10
袖片
编织方向
49cm
104行
20cm
50行
28cm
58针
24cm
50针
28cm
58针
20cm
50行
120cm

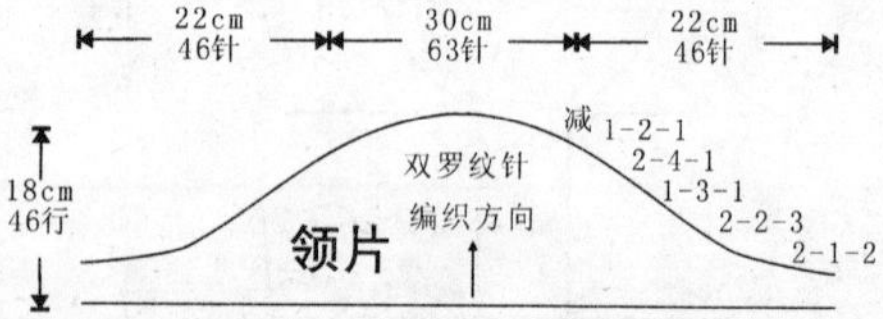

22cm
46针
30cm
63针
22cm
46针
减 1-2-1
2-4-1
1-3-1
2-2-3
2-1-2
双罗纹针
编织方向
领片
18cm
46行

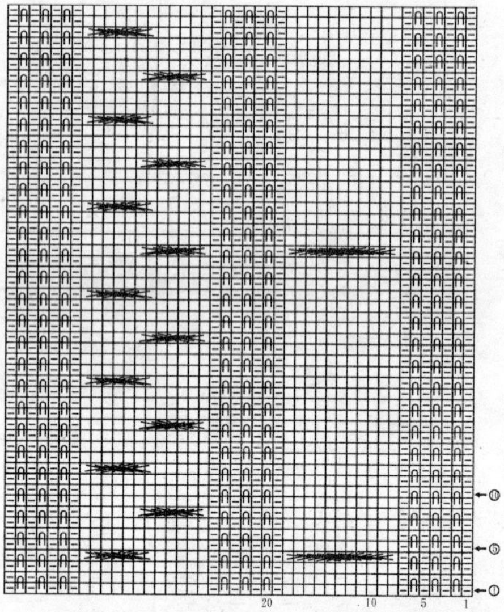

20
10
5
1

花样

雅致花边毛衣

【成品尺寸】衣长65cm　胸围96cm　袖长53cm

【工具】1.7mm棒针

【材料】棕色纯羊毛线

【密度】10cm²：44针×55行

【附件】亮珠若干

【制作过程】前后片按图起针，先织10cm花样A后，改织下针至织完成。下摆按图起针，织花样B至织完成。衣袖按图起针，织下针至织完成，全部缝合。各部位的花边另织好，按彩图缝合。缝上亮珠，系上腰带，完成。

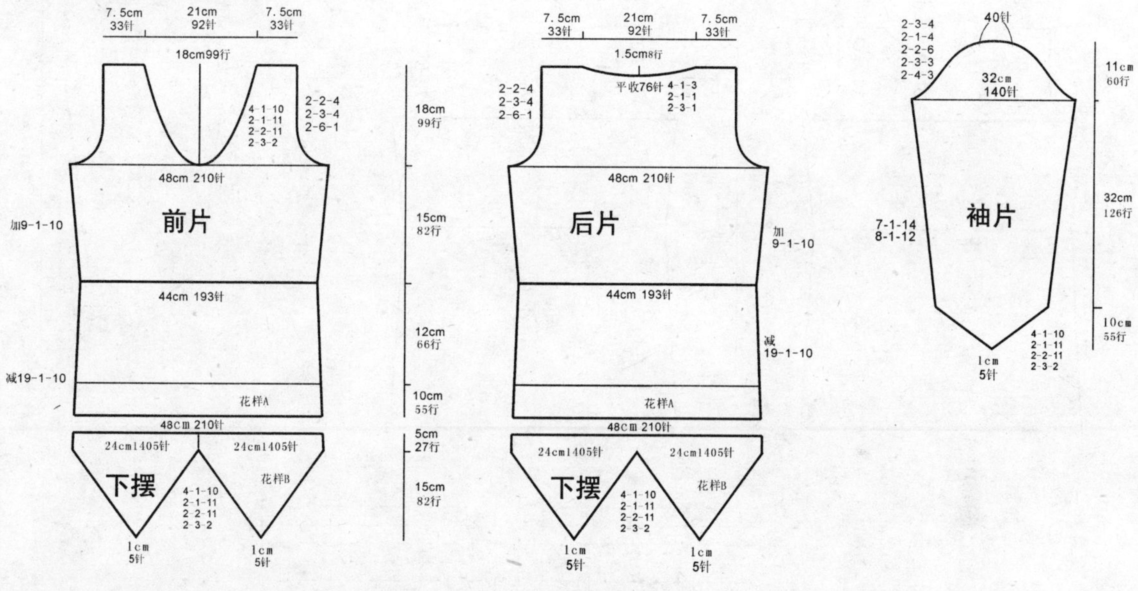

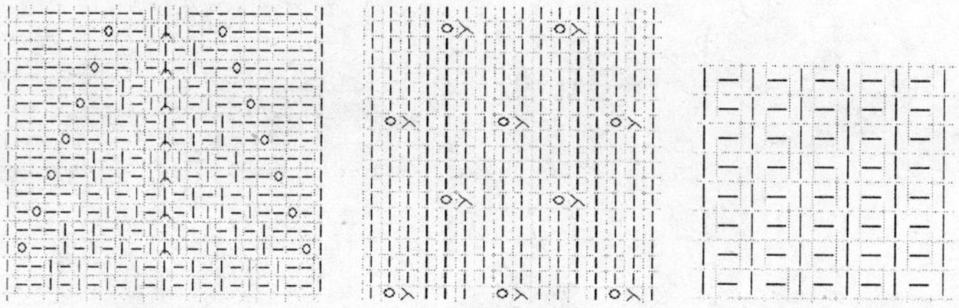

前片　后片　下摆　袖片

领子花边 单罗纹 2条　编织方向　10cm 55行　60cm264针

下摆花边 单罗纹 2条　编织方向　10cm 55行　80cm352针

袖口花边 单罗纹 2条　编织方向　10cm 55行　25cm110针

花样A　花样B　单罗纹

【成品尺寸】衣长65cm　胸围96cm　袖长53cm

【工具】1.7mm棒针

【材料】深咖啡色纯羊毛线

【密度】10cm²：44针×55行

【制作过程】前后片按图起针，先按图解织下摆花边，后改织下针，至织完成。衣袖按图起针，先按图解织衣袖花边，后改织下针，至织完成，全部缝合。领圈挑针，织下针后褶边缝合，形成双层圆领。用原线做成毛毛边，装饰毛衣，完成。

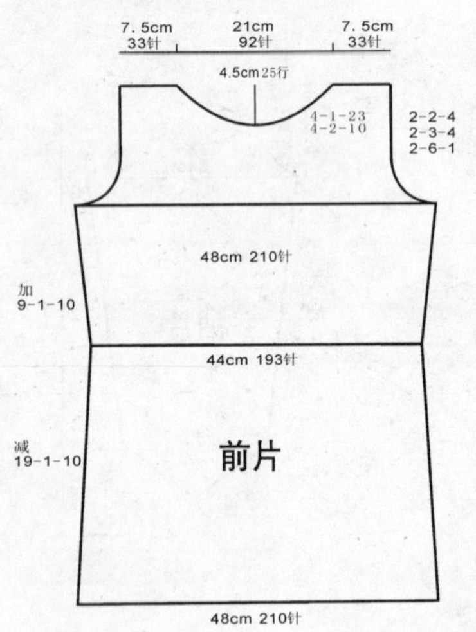

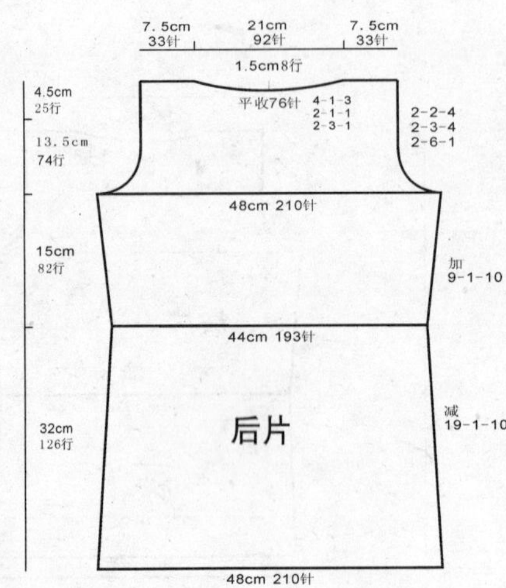

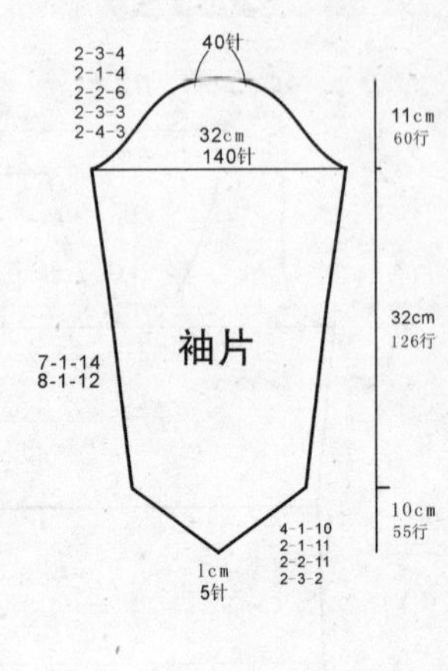

花边

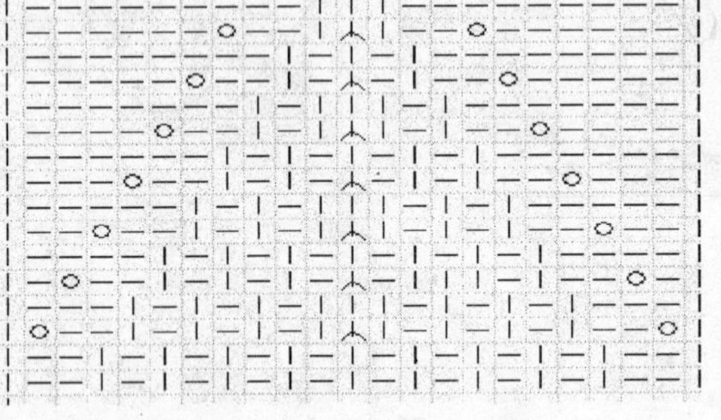

花边红色衫

【成品尺寸】衣长77cm　胸围96cm　袖长55cm

【工具】7号棒针　环形针　锁边机

【材料】红色马海毛线880g

【密度】10cm²：21针×25行

【制作过程】1. 二股线编织。

2. 起100针编织下层下摆花样，宽松编织30cm，另起100针正常织下摆花样，织10cm后两层合并编织，完成后两侧减针收腰，身长共织55cm后开始袖窿减针，按结构图减完针后不加减针编织至肩部，两肩部各余10cm。

3. 用同样方法编织前下片，身长共编织55cm后同时进行袖窿减针和前衣领窝减针，按结构图减完针后收针断线。

4. 起58针花样边后从袖口编织袖片下针，按结构图所示均匀加针，编织45cm后开始袖山减针，按图所示减针后余16针，断线。用同样方法再完成另一片袖片。

5. 分别宽松编织花样装饰边，内侧边起116针编织6cm，外侧边起188针编织11cm，从领尖处沿领窝缝合。

6. 沿边外侧锁边定型。腰间穿入装饰带。

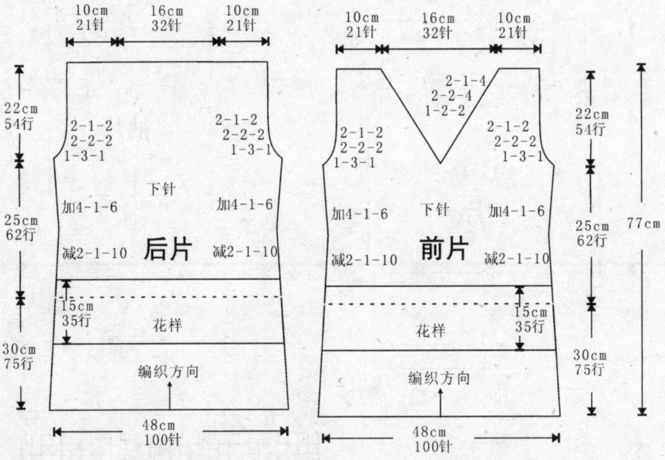

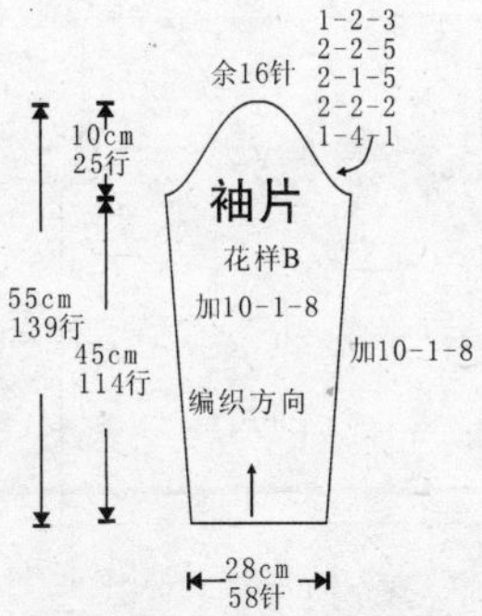

后片
10cm 21针　16cm 32针　10cm 21针
22cm 54行　2-1-2　2-2-2　1-3-1
下针
25cm 62行　加4-1-6　减2-1-10
15cm 35行　花样
30cm 75行　编织方向
48cm 100针

前片
10cm 21针　16cm 32针　10cm 21针
2-1-4　2-2-4　1-2-2
22cm 54行　2-1-2　2-2-2　1-3-1
下针
25cm 62行　加4-1-6　减2-1-10　77cm
15cm 35行　花样
30cm 75行　编织方向
48cm 100针

袖片
余16针　1-2-3　2-2-5　2-1-5　2-2-2　1-4-1
10cm 25行
花样B
55cm 139行　45cm 114行　加10-1-8
编织方向
28cm 58针

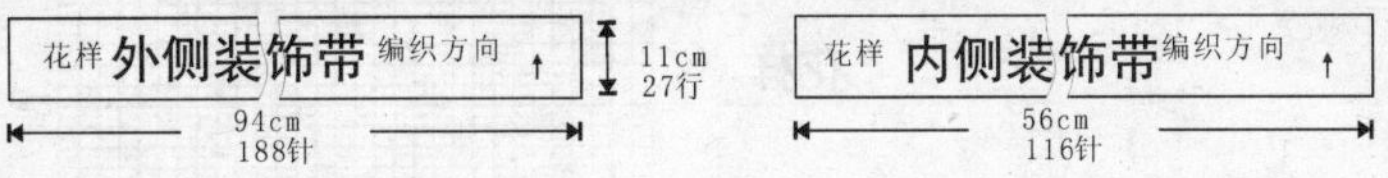

花样　外侧装饰带　编织方向　11cm 27行　94cm 188针

花样　内侧装饰带　编织方向　6cm 15行　56cm 116针

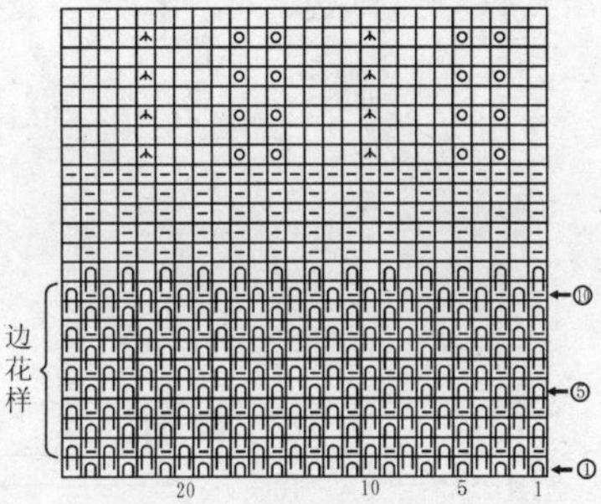

边花样　20　10　5　1

花样

【成品尺寸】衣长52cm　胸围98cm　袖长54cm

【工具】7号棒针　5号棒针

【材料】红色马海毛线520g

【密度】$10cm^2$：21针×25行

【附件】纽扣4枚

【制作过程】1. 单股线编织。

2. 起100针双罗纹针编织20cm后，编织后片下针，共编织到30cm时开始袖窿减针，按结构图减完针后，不加减针编织肩部，各余10cm。

3. 用同样方法按花样编织前片，编织到30cm时同时进行袖窿、前领窝减针，按结构图减针，两侧减针方向相反。完成后收针断线

4. 起56针双罗纹针从袖口编织袖片下针，按结构图所示均匀加针，编织45cm后开始袖山减针，按图所示减针后余22针，断线。用同样方法再完成另一片袖片。

5. 沿对应相应位置缝合。另起针用粗针起8针下针编织，共编织4条各260cm，分别将一侧用锁边机锁边，另一侧沿前片花样边与衣片缝实，钉好装饰纽扣。

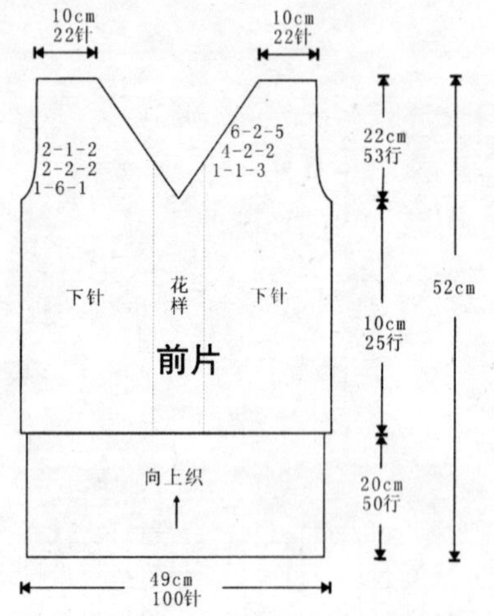

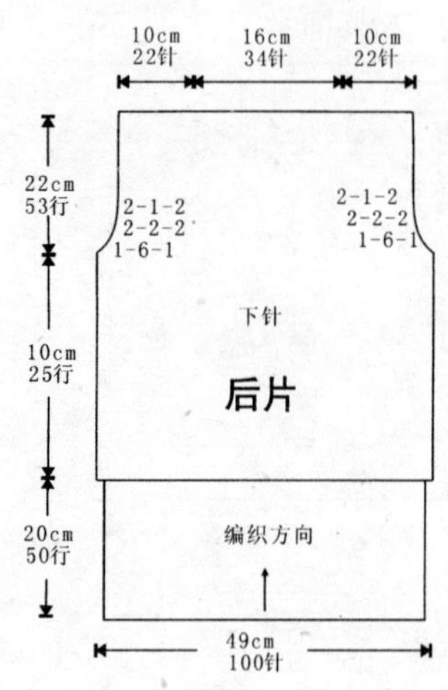

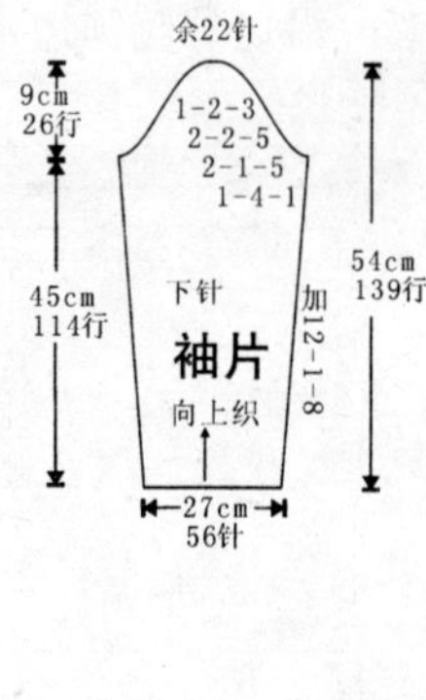

花样

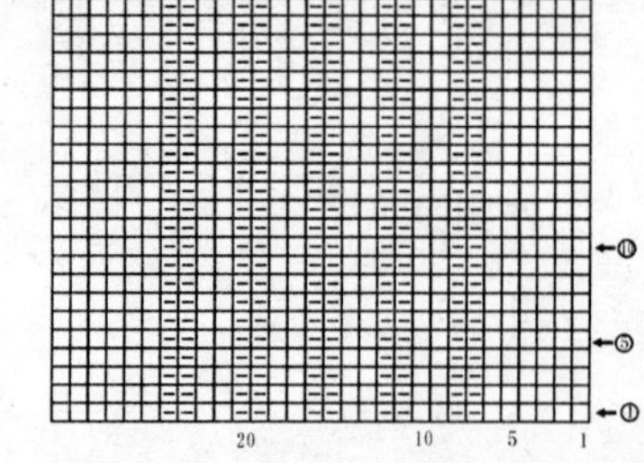

别致短袖毛衣

【成品尺寸】衣长65cm　胸围94cm　连肩袖长45cm

【工具】1.7mm棒针

【材料】浅藕色、咖啡色纯羊毛线

【密度】10cm²：44针×55行

【附件】毛毛球若干

【制作过程】前片按图起针，织双罗纹10cm后改织花样A，并间色至织完成。后片起针，织双罗纹10cm后，改织全下针，并间色至织完成，衣片和领窝按图加减针。衣袖按图起针，织5cm双罗纹后，改织花样B，全部缝合。领子挑针，织6cm双罗纹，领尖缝合，形成V领。缝上毛毛球，完成。

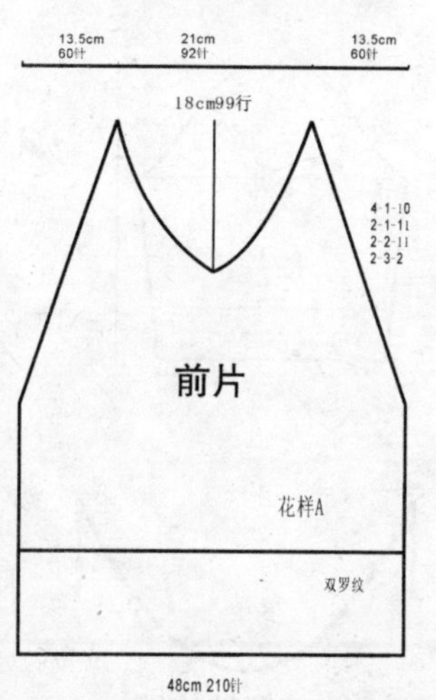

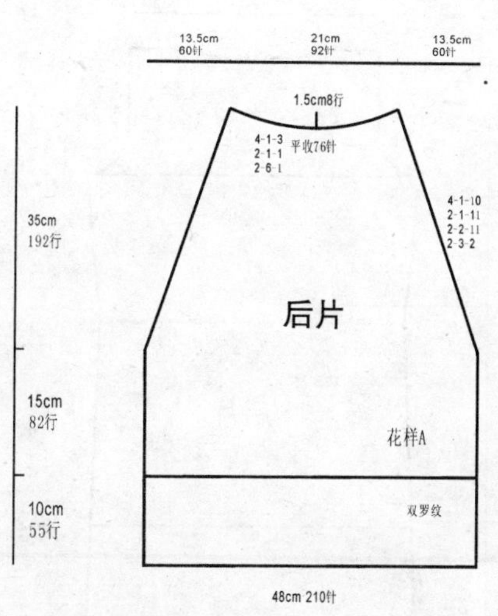

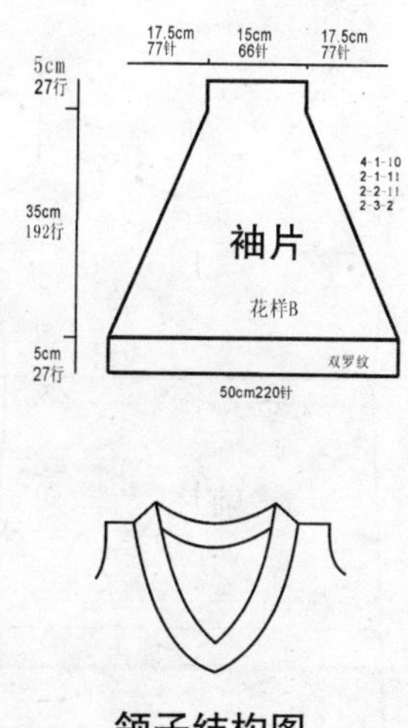

领子结构图

花样A

花样B

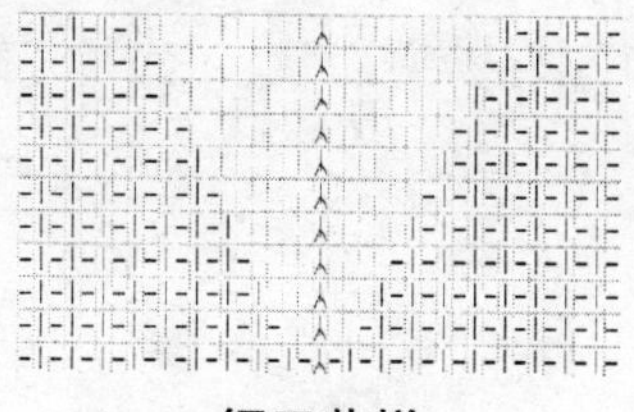

领口花样

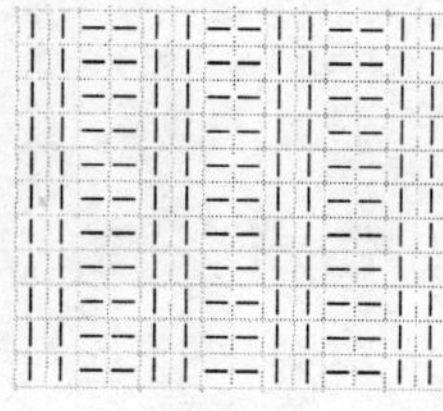

双罗纹

【成品尺寸】衣长65cm　胸围96cm　袖长30cm

【工具】1.7mm棒针

【材料】深紫色、浅紫色纯羊毛线

【密度】10cm²：44针×55行

【附件】装饰带1条

【制作过程】前、后片分别按图起针，编织双罗纹15cm后，改织花样B，至编织完成。衣袖按图起针，织5cm双罗纹后改织花样A，至编织完成。领子挑针织双罗纹5cm，形成圆领。前领另织，按结构图与前片缝合，完成。

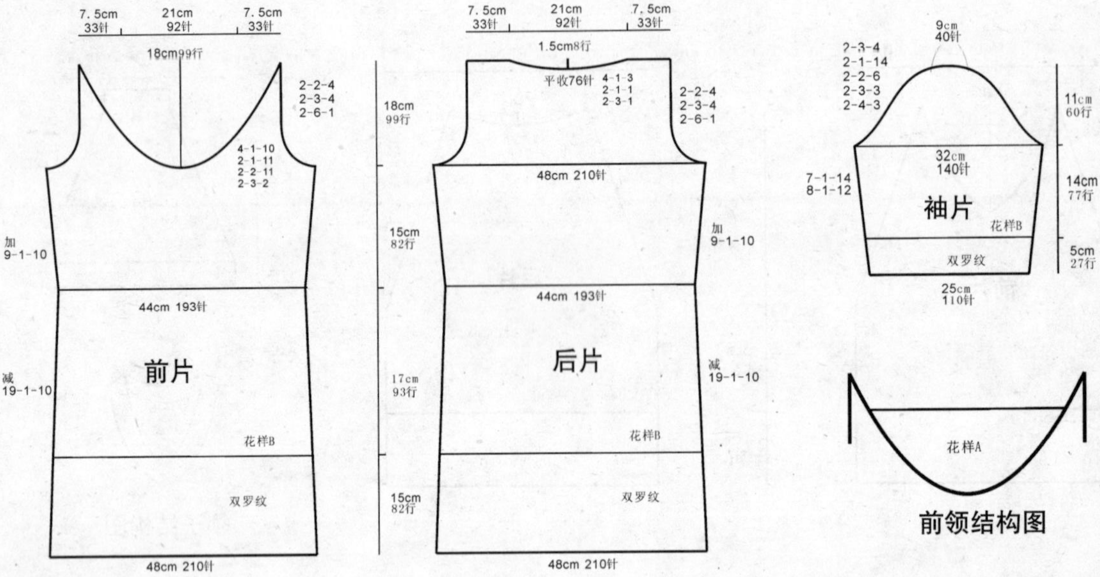

前片
7.5cm 33针　21cm 92针　7.5cm 33针
18cm99行
2-2-4
2-3-4
2-6-1
4-1-10
2-1-11
2-2-11
2-3-2
加 9-1-10
44cm 193针
减 19-1-10
花样B
双罗纹
48cm 210针

18cm 99行
15cm 82行
17cm 93行
15cm 82行

后片
7.5cm 33针　21cm 92针　7.5cm 33针
1.5cm8行
平收76针
4-1-3
2-1-1
2-3-1
2-2-4
2-3-4
2-6-1
48cm 210针
加 9-1-10
44cm 193针
减 19-1-10
花样B
双罗纹
48cm 210针

袖片
9cm 40针
2-3-4
2-1-14
2-2-6
2-3-3
2-4-3
11cm 60行
32cm 140针
7-1-14
8-1-12
14cm 77行
花样B
双罗纹
5cm 27行
25cm 110针

花样A

前领结构图

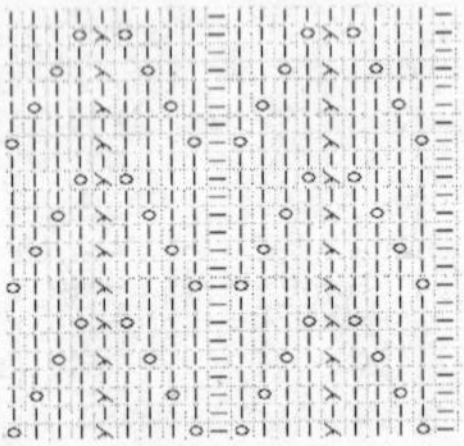

花样A

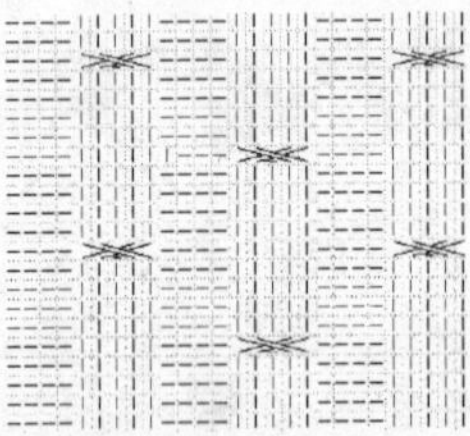

花样B

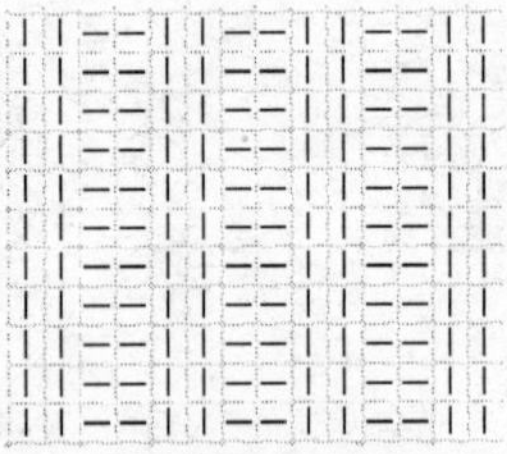

双罗纹

动感流苏毛衣

【成品尺寸】衣长73cm　胸围96cm　袖长55cm

【工具】7号棒针

【材料】绿色交织马海毛线960g

【密度】$10cm^2$：21针×25行

【制作过程】1. 单股线编织。

2. 起100针双罗纹针边，然后编织后片下针，两侧减针收腰，身长共织52cm后开始袖窿减针，按结构图减完针后，不加减针编织到72cm时，减出后领窝，两肩部各余9cm。

3. 起100针编织前片花样，侧缝均匀减针，共编织52cm时，同时进行袖窿、前领窝减针，按结构图减完针后收针断线。

4. 起56针双罗纹针从袖口编织袖片下针，按结构图所示均匀加针，编织45cm后开始袖山减针，按图所示减针后余16针，断线。用同样方法再完成另一片袖片。

5. 沿边对应相应位置缝实。另起针挑织绵羊针领边及装饰衣襟边，长度可根据个人喜好确定。

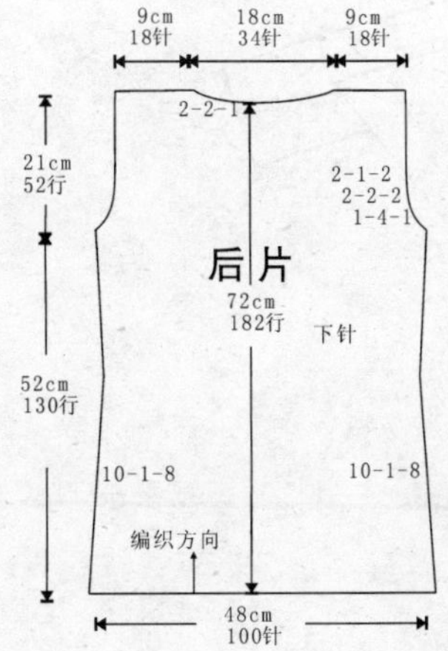

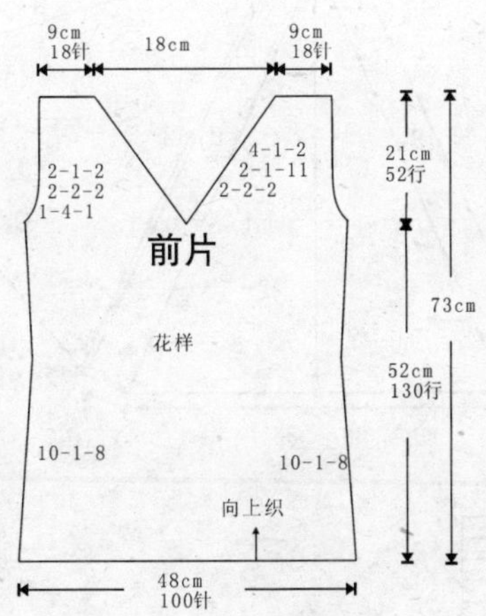

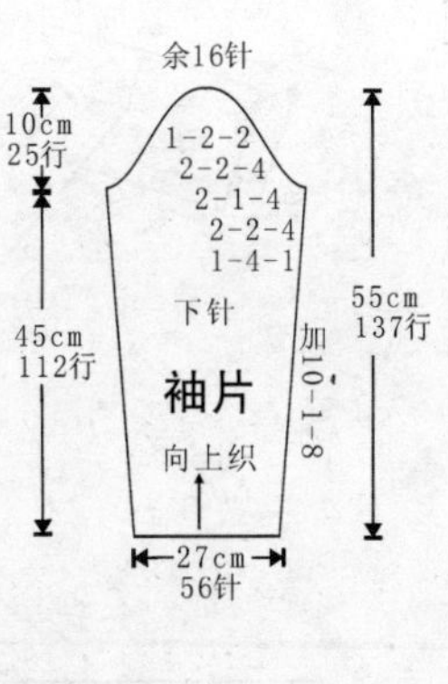

花样

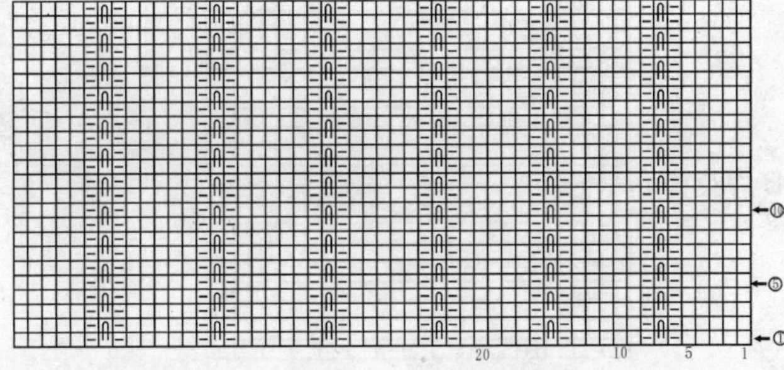

【成品尺寸】衣长46cm　胸围82cm　袖长54cm

【工具】10号棒针

【材料】灰色中粗毛线600g　黑色中粗毛线100g

【密度】10cm²：23针×26行

【制作过程】1. 分6片A片和6片B片两部分进行编织。A部分由左向右横向编织，按图加针和减针，织成一个对称的梯形。共织6片B片。

2. 由下向上编织，起14针，织48cm。将织好的12片缝合。

3. 挑袖，在衣片的两角各挑40针，再另加12针织单罗纹，织8cm。挑领，领口挑168针，织单罗纹10cm，收针。

4. 衣边用灰色线做出流苏。

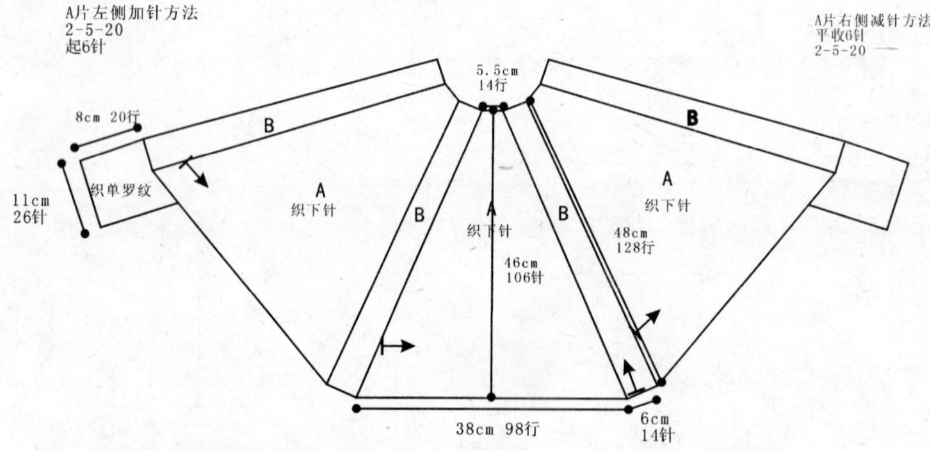

B片花样

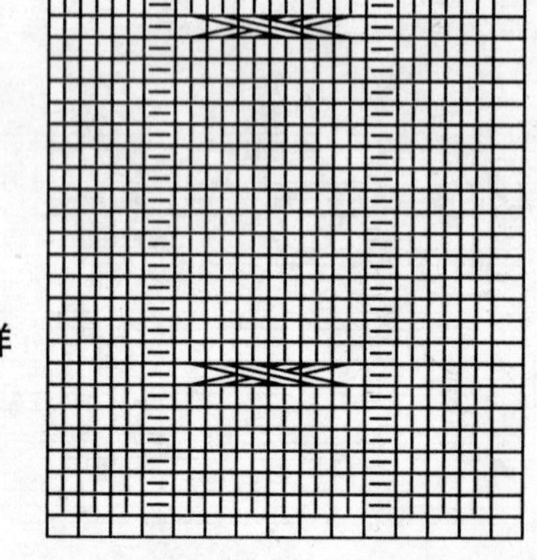

米色深V领毛衣

【成品尺寸】衣长80cm　胸围96cm　袖长53cm

【工具】1.7mm棒针

【材料】米白色纯羊毛线

【密度】10cm²：44针×55行

【制作过程】前片按图起针，织37cm下针，后改织10cm单罗纹，然后分左右两片，织下针，按图织完成。后片按图起针，织37cm下针后，改织10cm单罗纹，至织完成。衣袖按图起针，织15cm双罗纹，后改织下针，至织完成。全部缝合，完成。

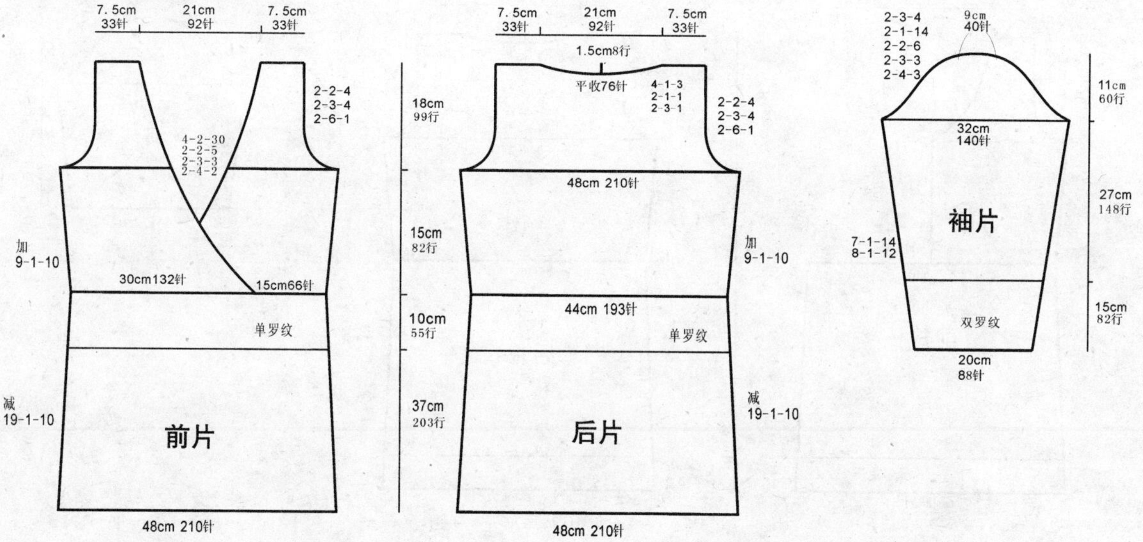

7.5cm 33针　21cm 92针　7.5cm 33针
2-2-4
2-3-4
2-6-1
4-2-30
2-2-5
2-3-3
2-4-2
18cm 99行
15cm 82行
10cm 55行
37cm 203行
加 9-1-10
30cm132针　15cm66针
单罗纹
减 19-1-10
前片
48cm 210针

7.5cm 33针　21cm 92针　7.5cm 33针
1.5cm8行
平收76针
4-1-3
2-1-1
2-3-1
2-2-4
2-3-4
2-6-1
48cm 210针
加 9-1-10
44cm 193针
单罗纹
减 19-1-10
后片
48cm 210针

2-3-4
2-1-14
2-2-6
2-3-3
2-4-3
9cm 40针
11cm 60行
32cm 140针
27cm 148行
袖片
7-1-14
8-1-12
15cm 82行
双罗纹
20cm 88针

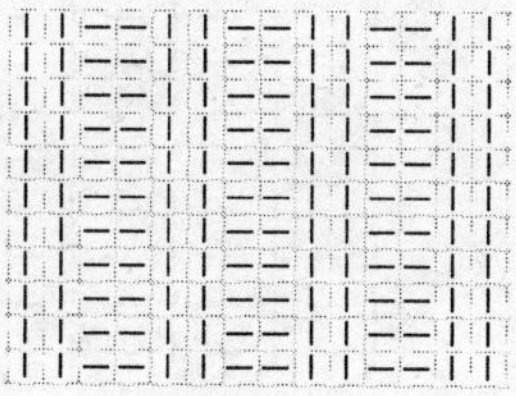

双罗纹

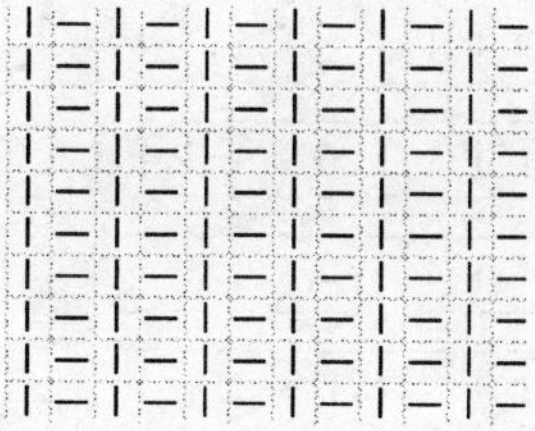

单罗纹

【成品尺寸】衣长80cm　胸围96cm　袖长25cm

【工具】1. 7mm棒针

【材料】米黄色纯羊毛线

【密度】10cm²：44针×55行

【附件】纽扣6枚

【制作过程】前片按图起针，织5cm单罗纹后改织花样A，至42cm即分左右两边，并织花样B，至织完成。后片按图起针，织5cm单罗纹后，改织下针，至织完成。衣袖按图起针，织5cm单罗纹，后改织下针，至织完成。全部缝合，衣领挑针，织35cm单罗纹的长方形，对折缝合，形成帽子。缝上纽扣，完成。

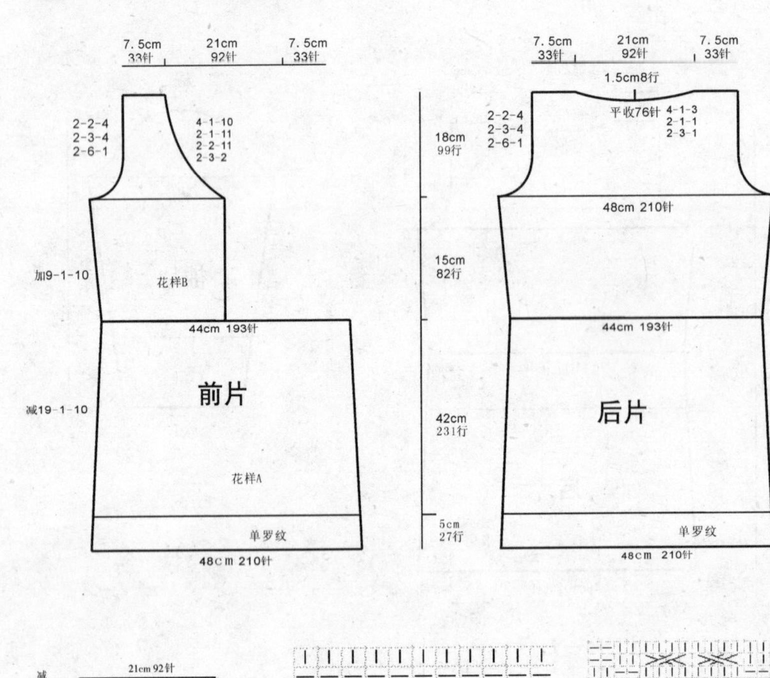

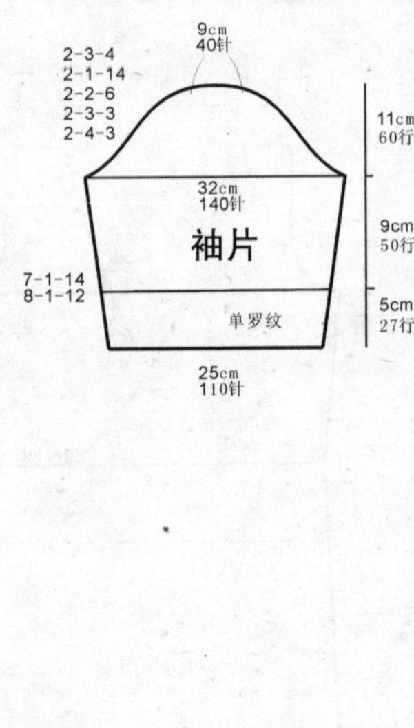

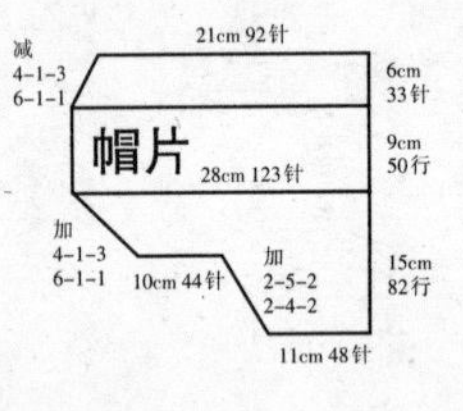

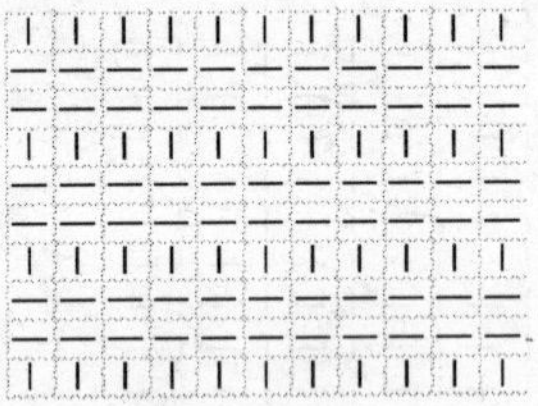

花样A

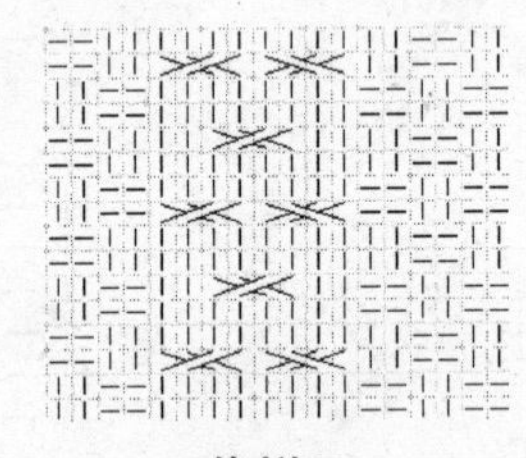

花样B

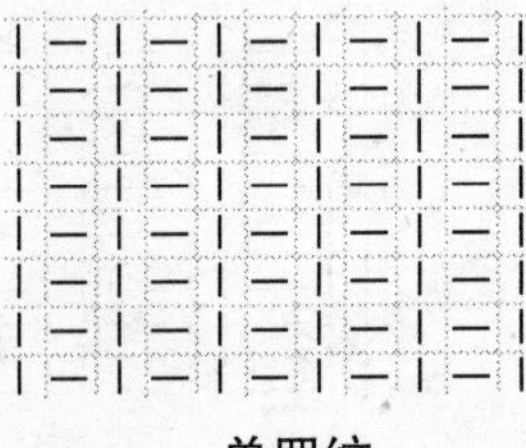

单罗纹

温暖长款毛衣

【成品尺寸】衣长77cm　胸围96cm　袖长54cm

【工具】7号棒针　环形针

【材料】黄褐色马海毛线880g

【密度】10cm²：21针×25行

【制作过程】1. 单股线编织。

2. 起104针编织后片花样，两侧减针收腰，身长共织54cm后开始袖窿减针，按结构图减针再加针后编织至肩部，两肩部各余15cm。

3. 起104针编织前片花样，侧缝加减针收腰，织16cm时中间平收16针留出前领窝，共编织54cm后开始袖窿减针，按结构图减针再加针后收针断线。

4. 起48针双罗纹针从袖口编织袖片下针，按结构图所示加减针编织，编织35cm后开始袖山减针，按图所示减针后余16针，断线。用同样方法再完成另一片袖片。

5. 沿相应位置对应缝合。沿领窝连续挑织花样领边。

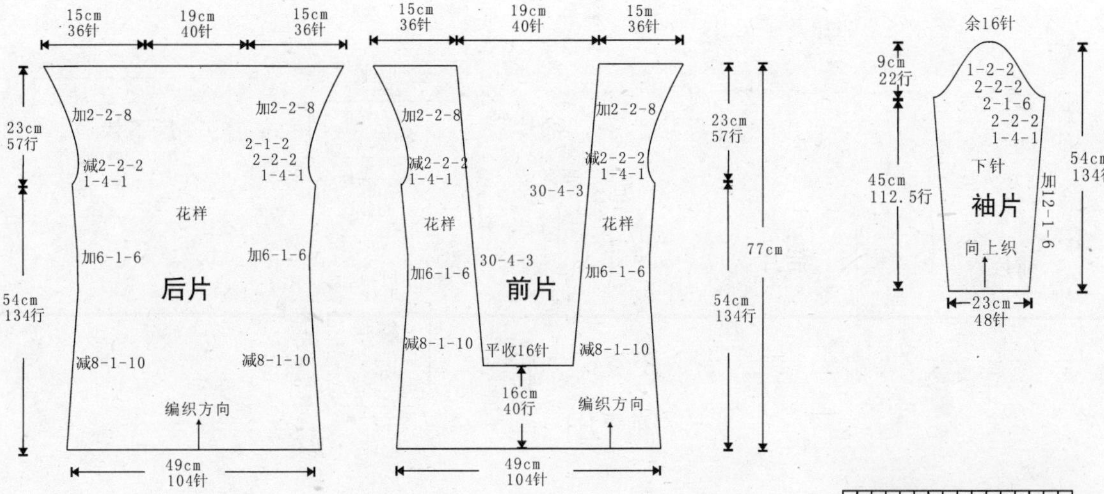

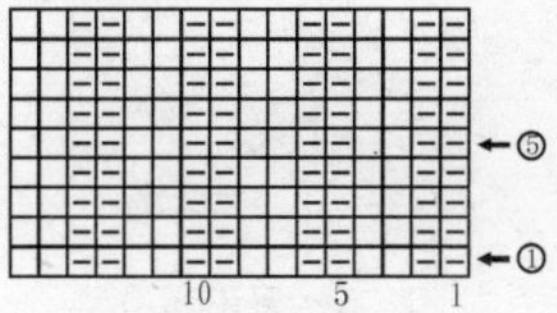

15cm 36针　19cm 40针　15cm 36针
23cm 57行　加2-2-8　减2-2-2 1-4-1　加2-2-8　2-1-2 2-2-2 1-4-1
花样　加6-1-6　加6-1-6
54cm 134行　后片
减8-1-10　减8-1-10
编织方向
49cm 104针

15cm 36针　19cm 40针　15m 36针
加2-2-8　加2-2-8　减2-2-2 1-4-1　减2-2-2 1-4-1
30-4-3　花样　花样　30-4-3
加6-1-6　前片　加6-1-6
减8-1-10　平收16针　减8-1-10
16cm 40行　编织方向
49cm 104针
23cm 57行　77cm　54cm 134行

余16针
9cm 22行　1-2-2 2-2-2 2-1-6 2-2-2 1-4-1
45cm 112.5行　下针　袖片　加12-1-6　54cm 134行
向上织
23cm 48针

←⑤
←①
10　5　1

花样

【成品尺寸】衣长56cm　胸围96cm　袖长57cm

【工具】9号棒针　锁边机

【材料】浅驼色圈圈纱线780g

【密度】10cm²：25针×32行

【附件】拉链1条　子母扣1对

【制作过程】1. 单股线编织。

2. 起120针编织后片花样A，按图加减针收腰编织，身长织34cm后开始袖窿减针，按结构图减针后编织到肩部，两肩部各余9cm。

3. 起120针编织前片花样A，后按图加减针收腰编织，织34cm时进行袖窿和前领窝减针，按图示减针后肩部余9cm。

4. 起120针编织后下片花样A，不加减针织15cm；起60针编织花样1前下片，不加减针织15cm，共织两片。

5. 起77针从袖口编织袖片花样，按图示均匀加针，织47cm后开始袖山减针，按图所示减针后余19针，断线。用同样方法再完成另一片袖片。

6. 将上身片沿对应相应位置缝合，将前后下片连接后沿身片下边缝合。沿领窝挑织双罗纹针领片，共织24cm。沿领边缝好拉链，沿衣边及上下片缝合线、袖口边锁边定型装饰，将袋片锁边定型后贴前片缝好，钉好装饰扣及子母扣。

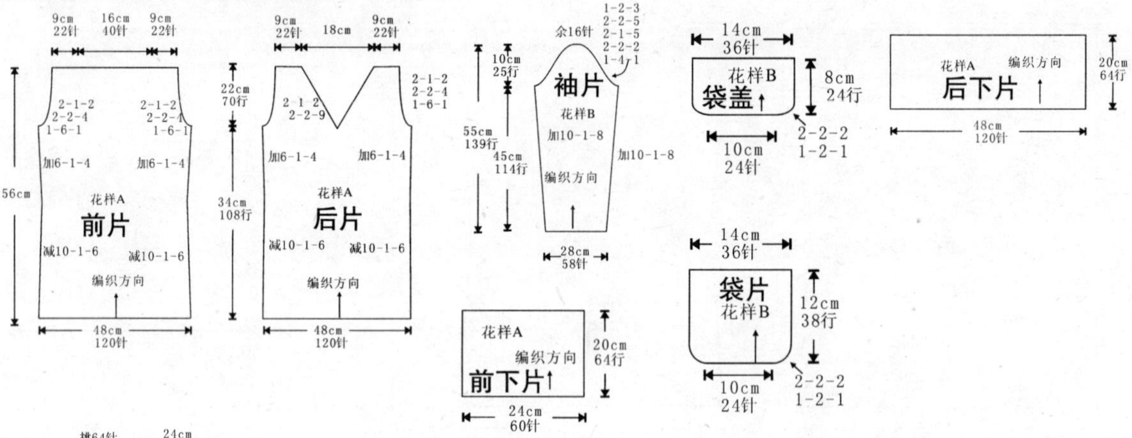

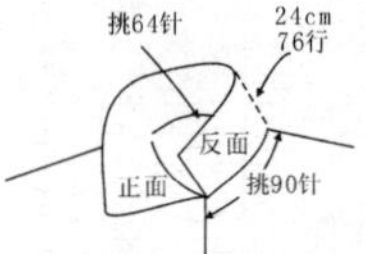

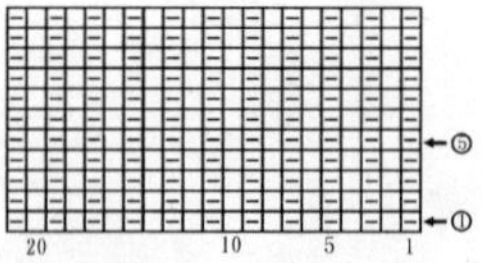

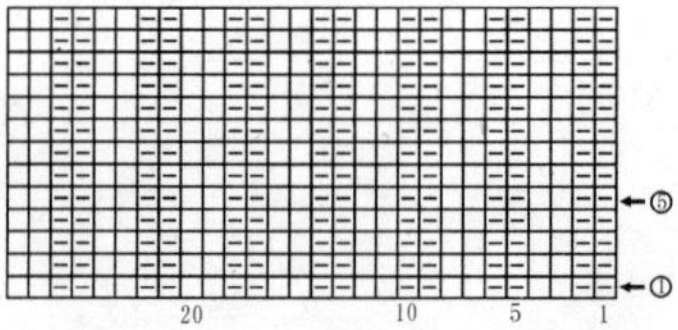

【成品尺寸】衣长76cm　胸围96cm　袖长17cm

【工具】7号棒针

【材料】灰色毛线780g

【密度】10cm²：21针×25行

【附件】纽扣3枚

【制作过程】1. 单股线编织。

2. 起94针双罗纹针边，然后编织后片花样A，织27cm后开始袖窿减针，按结构图减完针后，不加减针编织肩部，两肩部各余10cm。

3. 起94针编织前片花样A，织到15cm时中间平收12针留出前领窝，共编织27cm后开始袖窿减针，按结构图减完针后收针断线。

4. 起72针双罗纹针从袖口编织袖片花样A，不加减针织到7cm后开始袖山减针，按图所示减针后余16针，断线。用同样方法再完成另一片袖片。

5. 对接前后片及袖片缝合，沿领窝挑织双罗纹针领边，钉好纽扣。再将下片沿已经缝合的上片对接缝合，最后挑织双罗纹针下边。

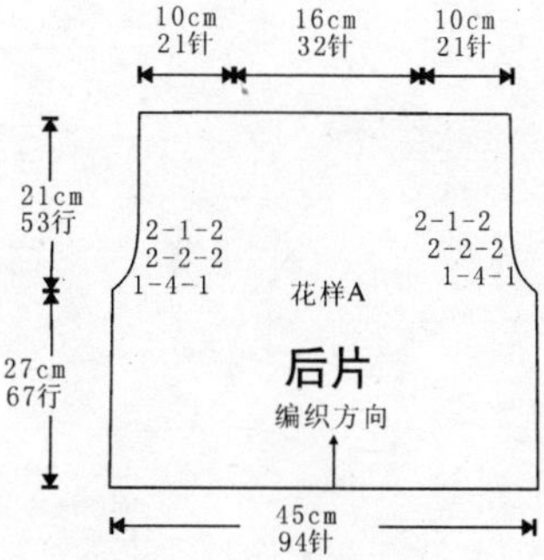

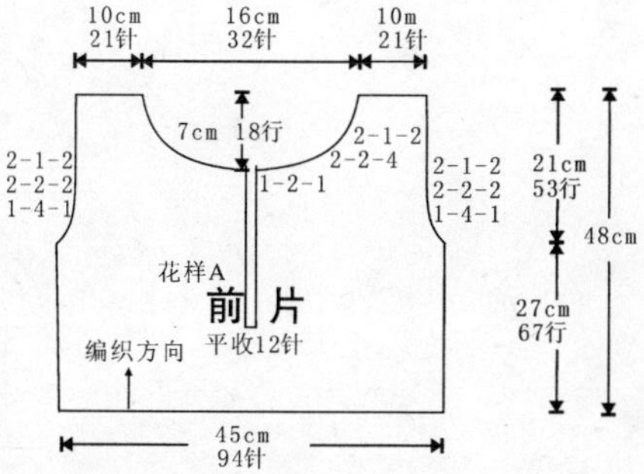

10cm 21针　16cm 32针　10cm 21针
21cm 53行　2-1-2 2-2-2 1-4-1　2-1-2 2-2-2 1-4-1
花样A
后片
编织方向
27cm 67行
45cm 94针

10cm 21针　16cm 32针　10m 21针
7cm　18行　2-1-2 2-2-4　1-2-1
2-1-2 2-2-2 1-4-1　2-1-2 2-2-2 1-4-1
花样A
前片
编织方向　平收12针
45cm 94针
21cm 53行　27cm 67行　48cm

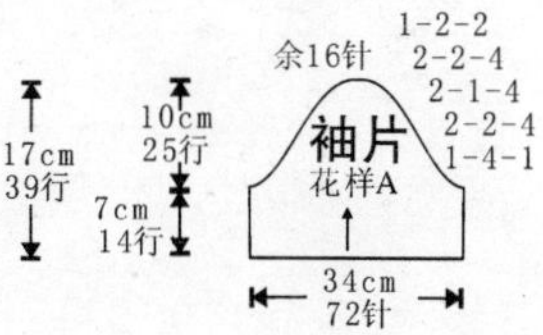

余16针　1-2-2 2-2-4 2-1-4 2-2-4 1-4-1
17cm 39行　10cm 25行　7cm 14行
袖片
花样A
34cm 72针

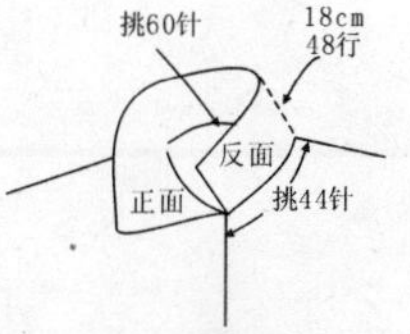

挑60针　18cm 48行
反面　正面　挑44针

领子结构图

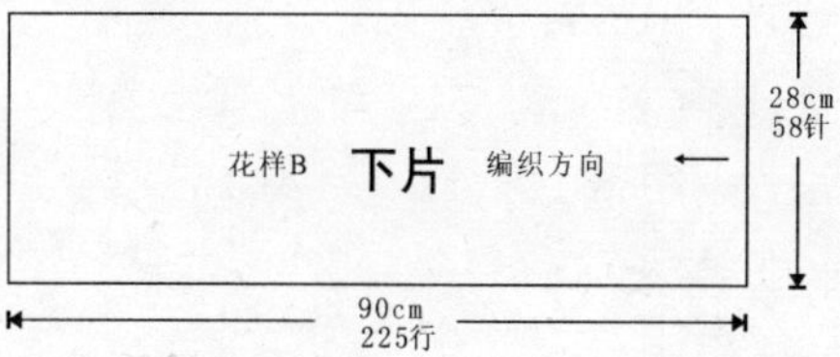

花样B　下片　编织方向
28cm 58针
90cm 225行

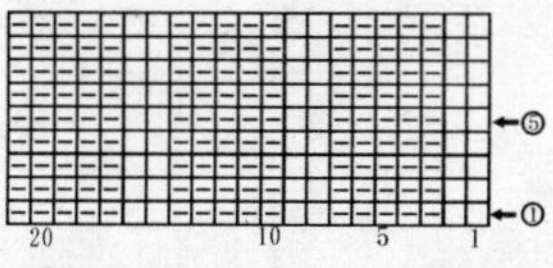

20　10　5　1
①　⑤

花样A

15　10　5　1
①　⑤　⑪

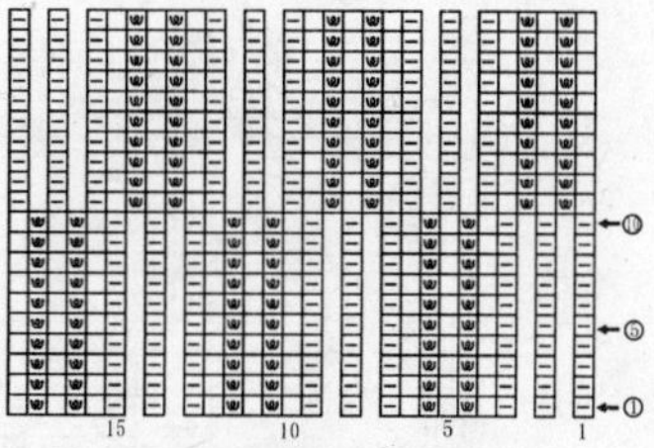

花样B

素雅V领衫

【成品尺寸】衣长73cm　胸围96cm　袖长54cm

【工具】7号棒针

【材料】灰色马海毛线960g

【密度】10cm²：21针×25行

【制作过程】1. 单股线编织。

2. 起100针双罗纹针边，然后编织后片下针，两侧减针收腰，身长共织52cm后开始袖窿减针，按结构图减完针后，不加减针编织到72cm时，减出后领窝，两肩部各余9cm。

3. 用同样针法起织前片花样，侧缝均匀减针，共编织52cm时同时进行袖窿、前领窝减针，按结构图减完针后收针断线。从加针处穿出"V"装饰。

4. 起56针双罗纹针从袖口编织袖片下针，按结构图所示均匀加针编织袖片，编织45cm后开始袖山减针，按图所示减针后余24针，断线。用同样方法再完成另一片袖片。

5. 沿边对应相应位置缝实。另起针挑织绵羊针领边，长度可根据个人喜好确定。

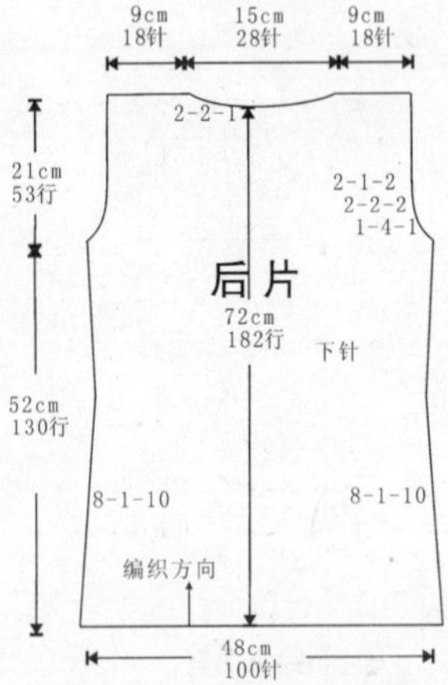

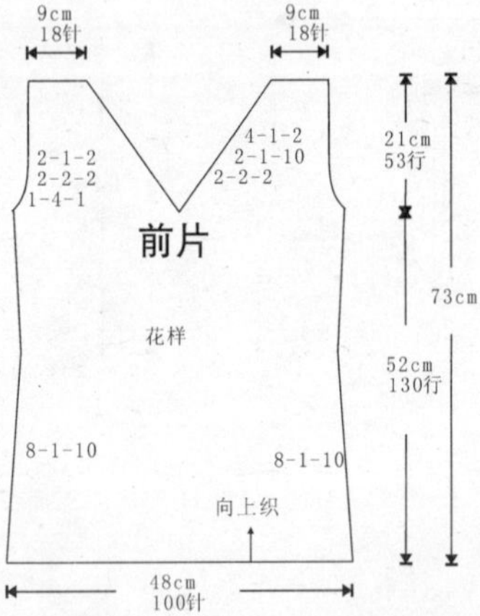

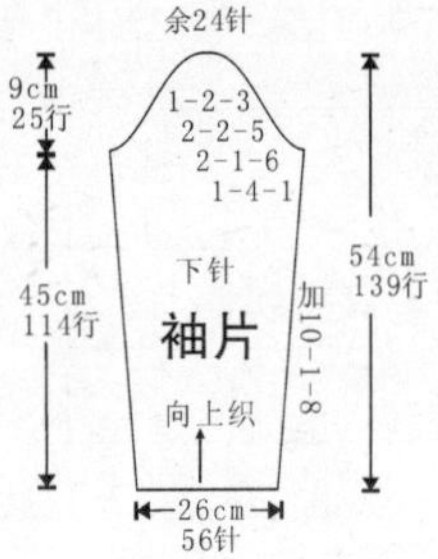

花样

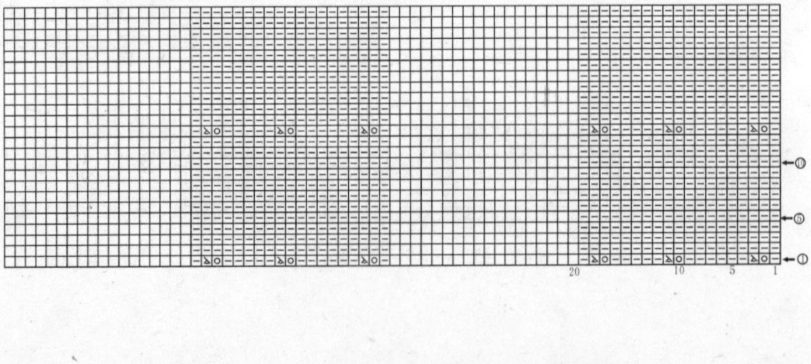

【成品尺寸】衣长72cm　胸围94cm　袖长26cm

【工具】7号棒针

【材料】灰色毛线620g

【密度】$10cm^2$：21针×25行

【制作过程】1. 单股线编织。

2. 起110针，不加减针编织单片袖片花样A，共织62行。完成2片。

3. 起98针双罗纹针后编织身片花样B，编织到31cm时两侧同时减针，按图减针后余2针，收针断线。共完成2片。

4. 将一片袖片的两端沿前、后片的减针处对接缝合，将前、后片对接沿侧缝缝合，留出袖窿位置，袖窿的大小可根据个人需要确定。用同样拼接方法再完成另一侧的袖片。

5. 沿领窝挑织双罗纹针领边，缝合领尖。沿袖窿挑织花样C袖边。

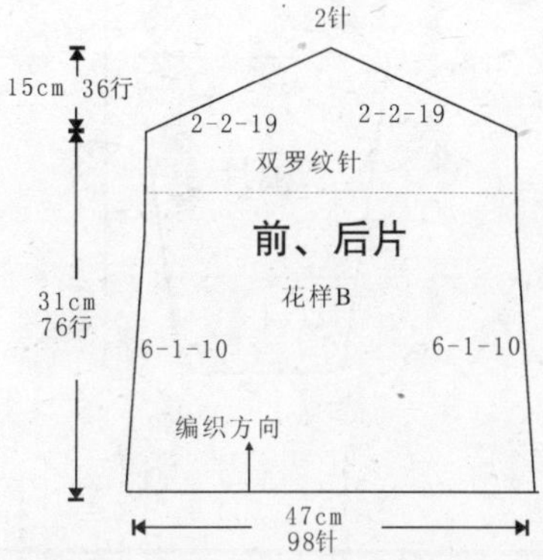

2针
15cm 36行
2-2-19
2-2-19
双罗纹针
前、后片
花样B
31cm
76行
6-1-10
6-1-10
编织方向
47cm
98针

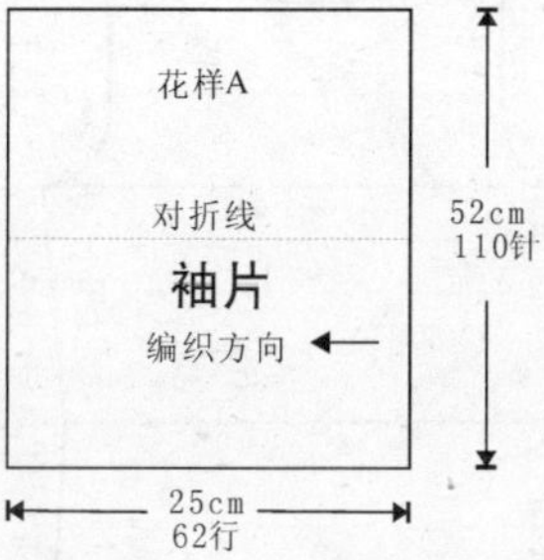

花样A
对折线
袖片
编织方向
52cm
110针
25cm
62行

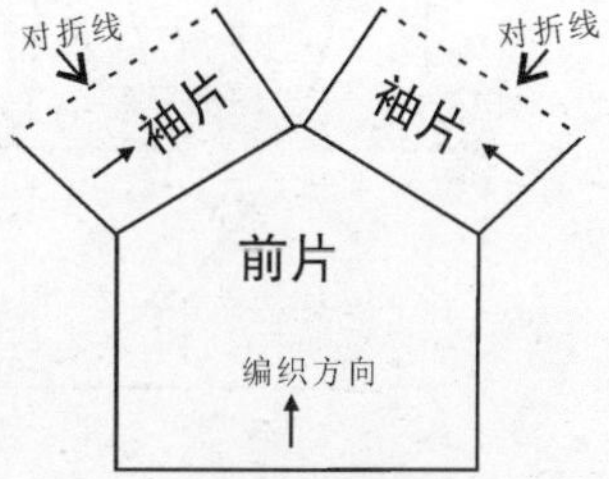

对折线
袖片
袖片
对折线
前片
编织方向
拼接示意图

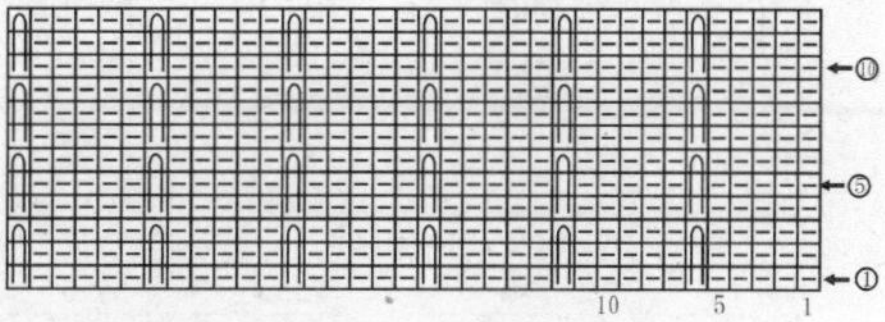

花样A

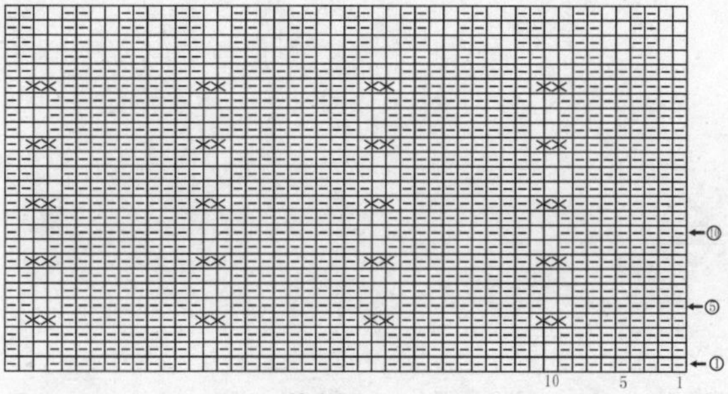

花样B

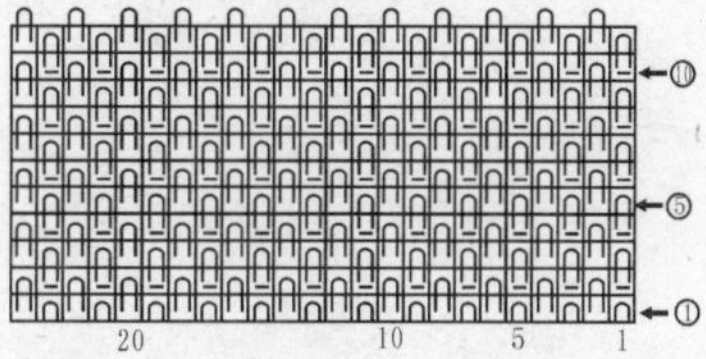

花样C

束腰V领衫

【成品尺寸】衣长80cm　胸围96cm　袖长53cm

【工具】1.7mm棒针

【材料】灰色纯羊毛线

【密度】10cm^2：44针×55行

【附件】腰带1条

【制作过程】前片按图起针，织10cm双罗纹，后改织下针，再织10cm单罗纹，然后分左右两片，织花样A，按图完成。后片按图起针，织10cm双罗纹后，改织下针，至织完成。衣袖按图起针，织15cm单罗纹，后改织下针，至织完成，全部缝合。门襟另织花样B，与领子缝合，系上腰带，完成。

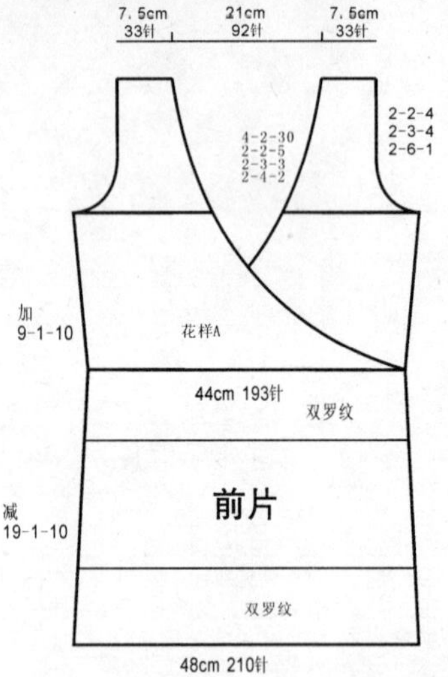

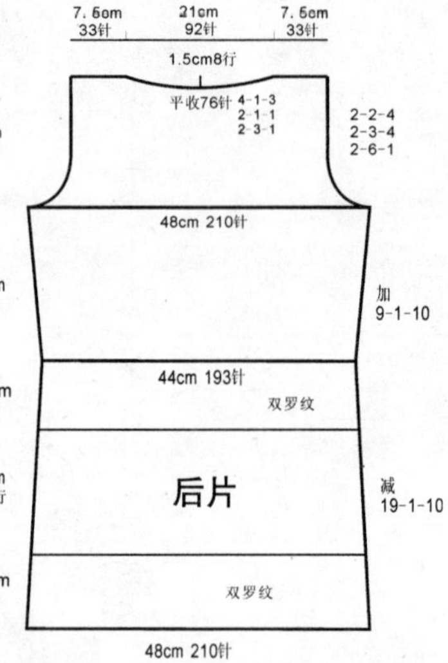

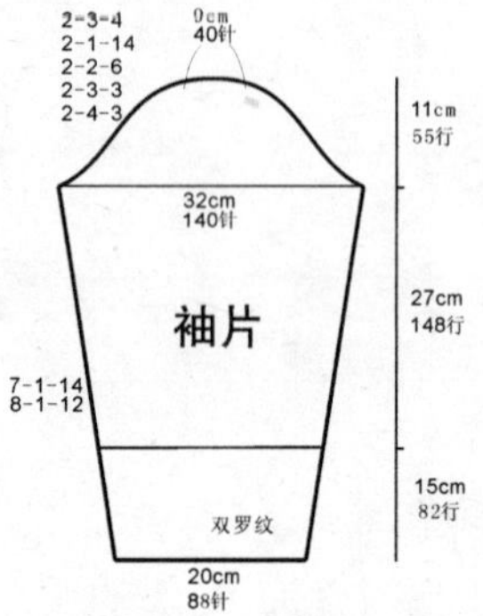

7.5cm 33针　21cm 92针　7.5cm 33针

4-2-30
2-2-5
2-3-3
2-4-2

2-2-4
2-3-4
2-6-1

18cm 99行

15cm 82行

10cm 55行

27cm 148行

10cm 55行

加 9-1-10

花样A

44cm 193针

双罗纹

减 19-1-10

前片

双罗纹

48cm 210针

7.5cm 33针　21cm 92针　7.5cm 33针

1.5cm8行

平收76针　4-1-3　2-1-1　2-3-1

2-2-4
2-3-4
2-6-1

48cm 210针

加 9-1-10

44cm 193针

双罗纹

后片

减 19-1-10

双罗纹

48cm 210针

10cm44针　编织方向　门襟 花样B

87cm478行

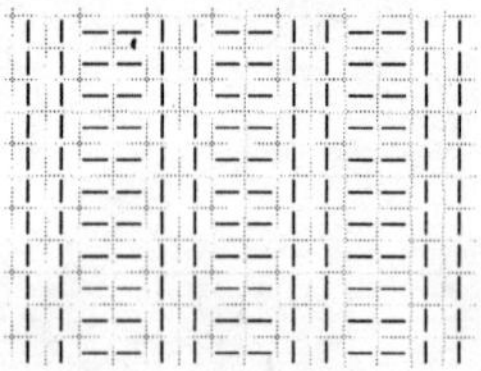

2-3-4
2-1-14
2-2-6
2-3-3
2-4-3

9cm 40针

11cm 55行

32cm 140针

袖片

27cm 148行

7-1-14
8-1-12

15cm 82行

双罗纹

20cm 88针

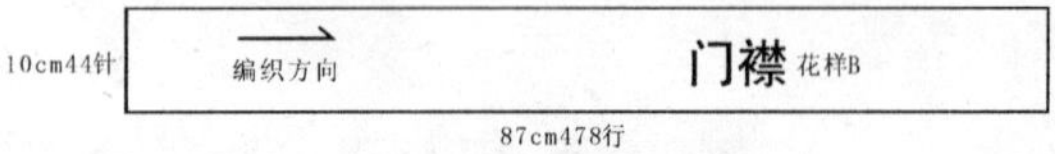

双罗纹

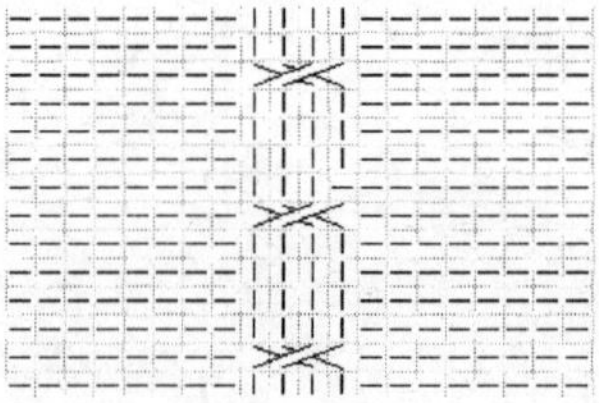

花样A

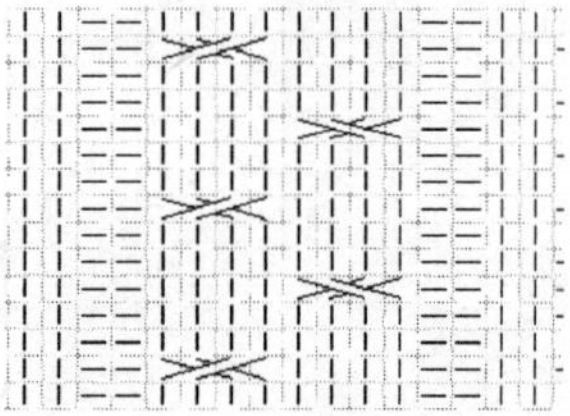

花样B

【成品尺寸】衣长85cm　胸围96cm　袖长43cm

【工具】1.7mm棒针

【材料】灰色纯羊毛线

【密度】10cm²：44针×55行

【附件】腰带1条

【制作过程】前片按图起针，织42cm下针，后改织10cm双罗纹，然后分左右两片，织下针，按图织完成。后片按图起针，织42cm下针后，改织10cm双罗纹，再织下针至织完成。衣袖按图起针，织下针至织完成，全部缝合。门襟另织，与前片缝合。袖口和衣摆另织3条下针的长矩形辫子带，按彩图编成辫子，缝合。

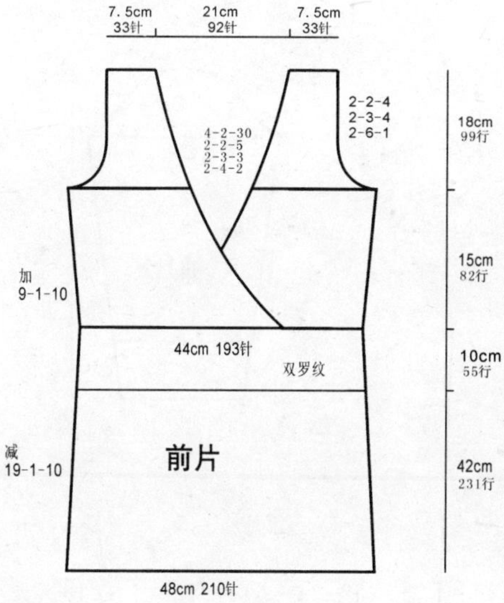

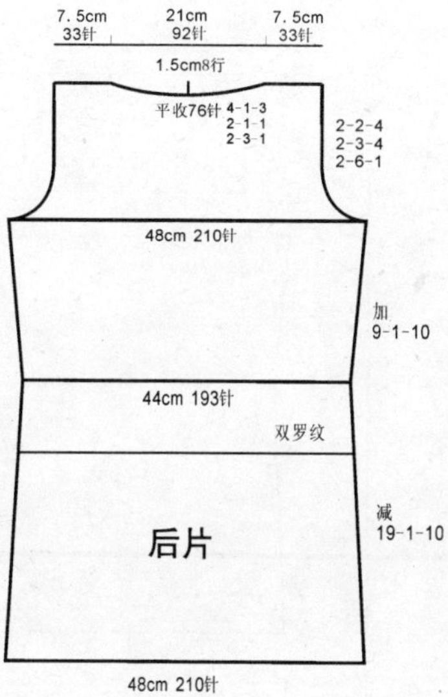

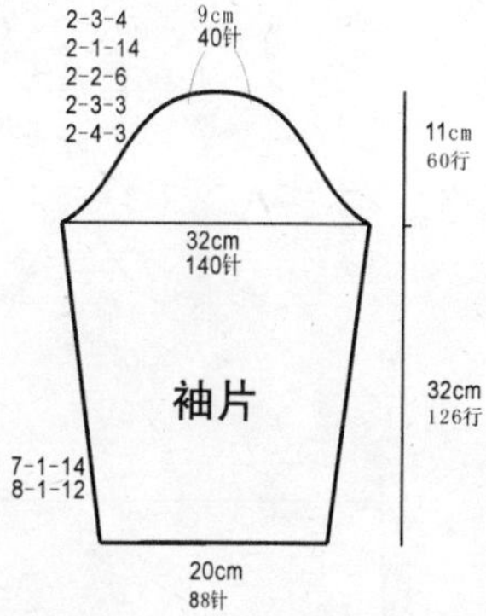

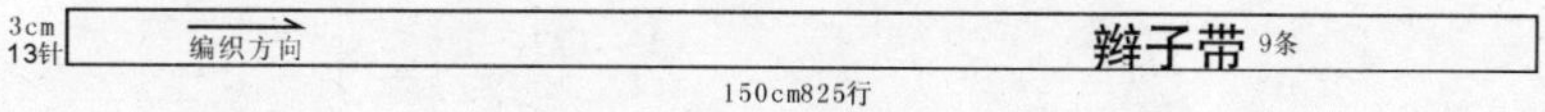

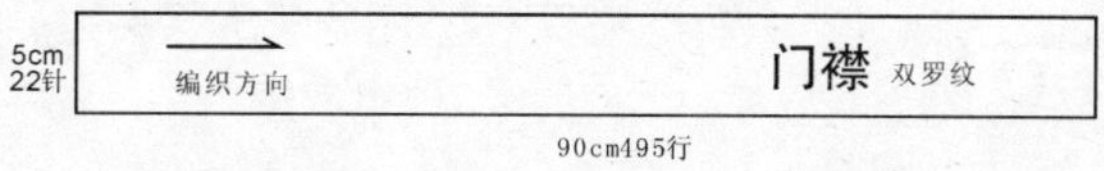

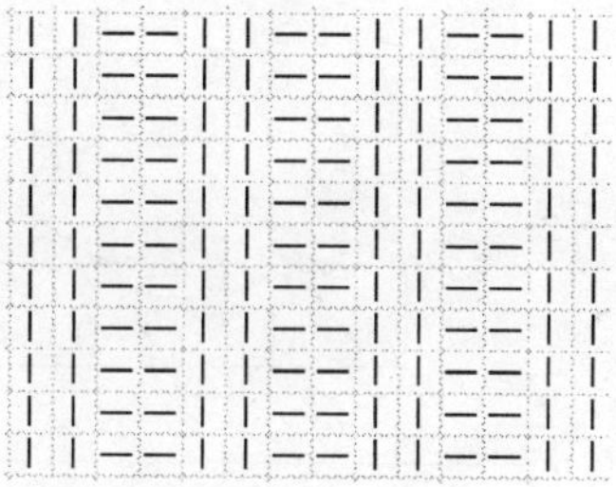

靓丽系带衫

【成品尺寸】衣长65cm　胸围96cm　袖长53cm

【工具】1.7mm棒针

【材料】浅绿色纯羊毛线

【密度】10cm²：44针×55行

【附件】装饰扣1枚

【制作过程】前、后片分别按图起针，编织双罗纹10cm后改织下针，并间色，至编织完成。衣袖按图起针，织10cm双罗纹后改织下针，并间色，至编织完成。领圈挑针，织单罗纹5cm，形成叠领。领圈挑针，织15cm双罗纹的长矩形，形成翻领。系上穿好装饰扣的腰带，完成。

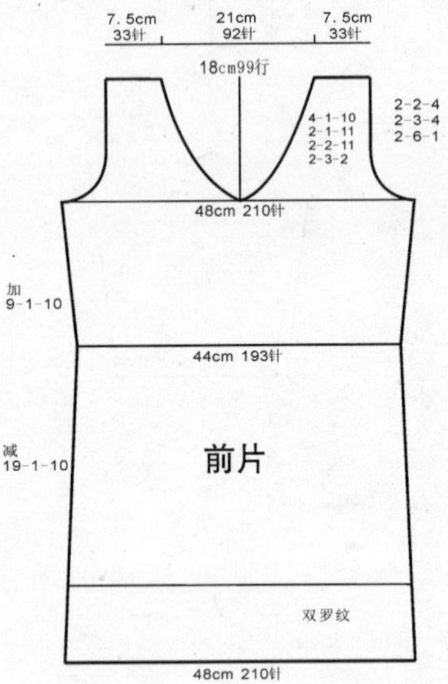

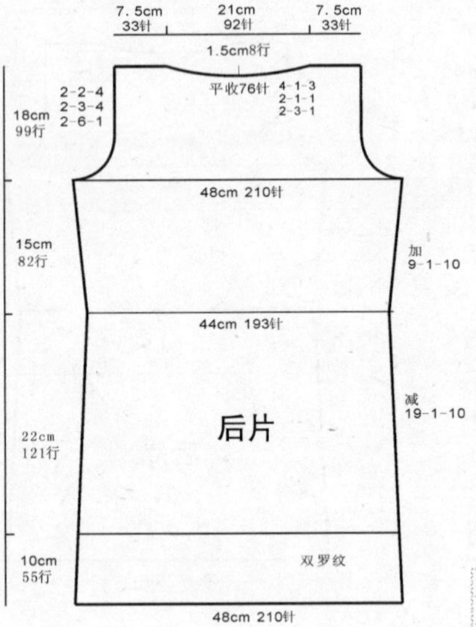

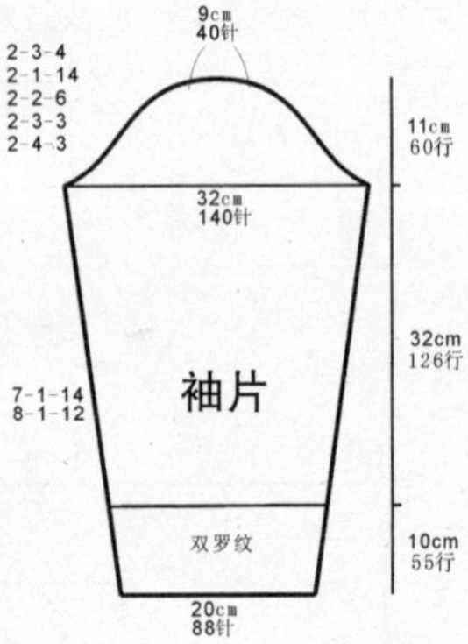

前片：7.5cm 33针　21cm 92针　7.5cm 33针　18cm99行　4-1-10　2-1-11　2-2-11　2-3-2　2-2-4　2-3-4　2-6-1　48cm 210针　加 9-1-10　44cm 193针　减 19-1-10　双罗纹　48cm 210针

后片：7.5cm 33针　21cm 92针　7.5cm 33针　1.5cm8行　平收76针　4-1-3　2-1-1　2-3-1　2-2-4　2-3-4　2-6-1　18cm 99行　48cm 210针　15cm 82行　加 9-1-10　44cm 193针　22cm 121行　减 19-1-10　10cm 55行　双罗纹　48cm 210针

袖片：9cm 40针　2-3-4　2-1-14　2-2-6　2-3-3　2-4-3　11cm 60行　32cm 140针　32cm 126行　7-1-14　8-1-12　双罗纹　10cm 55行　20cm 88针

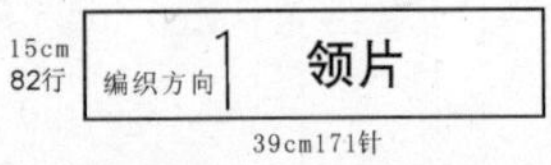

领片：15cm 82行　编织方向　39cm171针

领子结构图

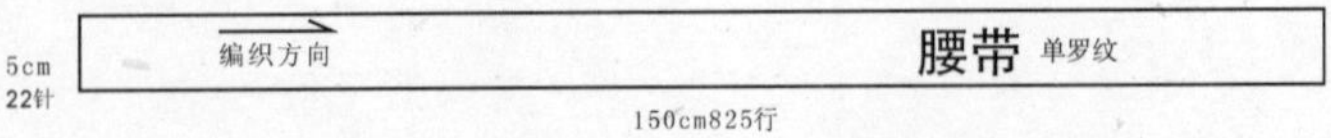

腰带：5cm 22针　编织方向　单罗纹　150cm825行

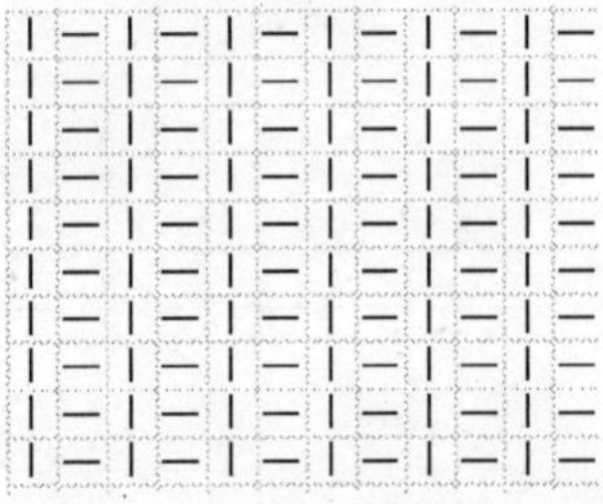

单罗纹

【成品尺寸】衣长70cm　胸围96cm　袖长55cm

【工具】7号棒针　环形针　锁边机

【材料】翠绿色马海毛线880g

【密度】10cm²：21针×25行

【附件】纽扣2枚

【制作过程】1. 二股线编织。

2. 起3针两侧加针编织下摆花样，织14cm，共织两片，起3针一侧加针一侧不加减针编织下摆花样，织14cm，共织4片，前后各两片。连接各下摆片，连接处加5针，完成连接后共100针，开始编织后片下针，两侧减针收腰，腰间用双罗纹针装饰，身长共织49cm后开始袖窿减针，按结构图减完针后，不加减针编织至肩部，两肩部各余10cm。

3. 用同样方法编织前下片，腰间用双罗纹针装饰后中间留出16针编织一侧前上片花样A，身长共编织49cm后，同时进行袖窿减针和前衣领窝减针，前衣领的减针要从花样变换处开始，按结构图减完针后收针断线。从中间花样处另挑出16针用同样方法完成另一侧前上片，减针方向相反。一侧留出扣眼位置。

4. 起58针单罗纹针从袖口编织袖片下针，中间改为花样B编织，按结构图所示均匀加针，编织45cm后开始袖山减针，按图所示减针后余16针，断线。用同样方法再完成另一片袖片。

5. 对应前、后片缝合，侧缝的下摆片缝合要注意花样的统一。起针沿衣边挑织花样B，不织下针部分，共织5cm，用同样针法再从下摆片上方挑织5cm装饰边，钉好纽扣，沿挑织的下摆边及装饰边外侧锁边定型。

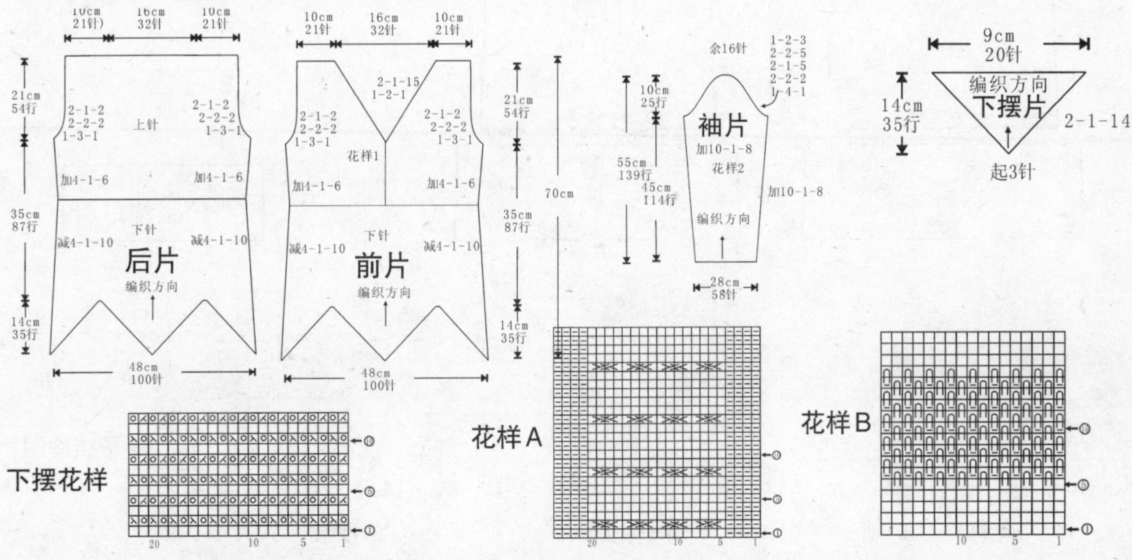

性感大V领衫

【成品尺寸】衣长85cm　胸围96cm　袖长53cm

【工具】1.7mm棒针

【材料】蓝色、花色纯羊毛线

【密度】10cm²：44针×55行

【制作过程】前后片分别按图起针，编织下针，至编织完成。下摆按花样另织好，与前后片缝合。衣袖按图起针，织15cm单罗纹后改织下针，并间色，至编织完成，全部缝合。领圈挑针，织8cm领子花样，形成叠领。缝上装饰扣，完成。

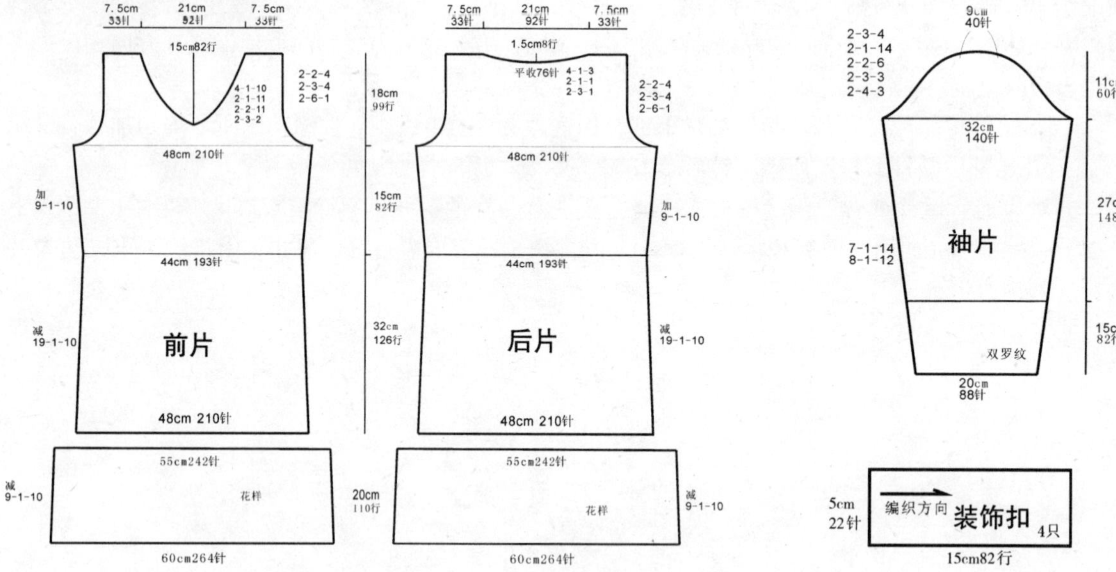

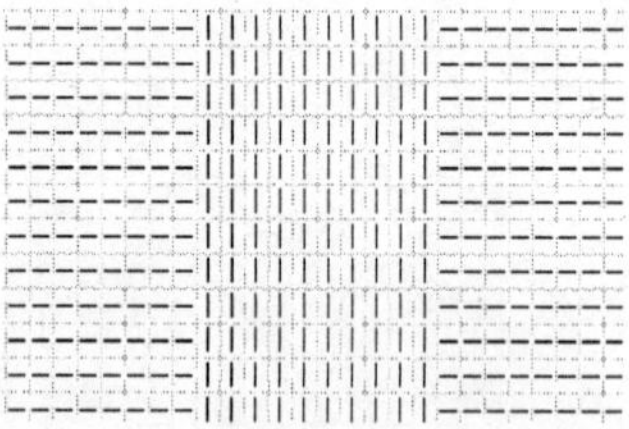

前片

后片

袖片

装饰扣 4只

花样

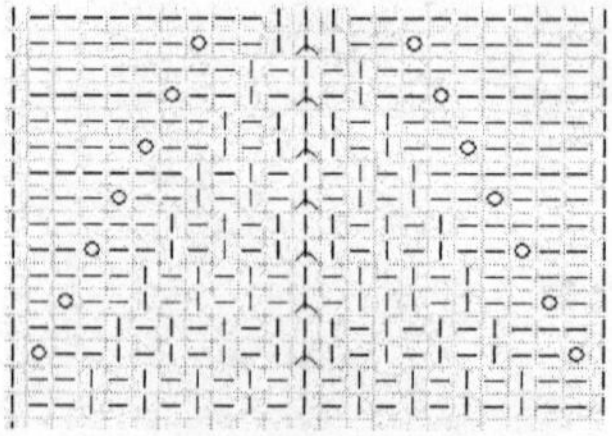

领子花样

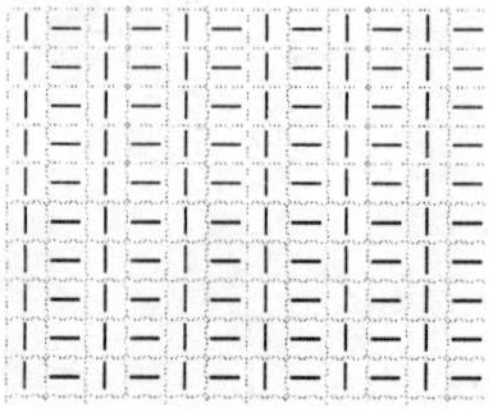

单罗纹

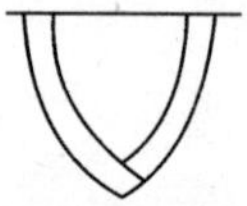

领子结构图

【成品尺寸】衣长85cm　胸围96cm　袖长53cm

【工具】1.7mm棒针

【材料】灰色纯羊毛线

【密度】10cm²：44针×55行

【制作过程】前片由上下两部分组成，上部分分左右两边，按编织方向起针，织花样至完成。下部分起针，织5cm双罗纹后，改织下针至织完成。后片分上下两部分，按图织好，下部分均匀地打皱褶，与上部分缝合。衣袖按图起针，织5cm单罗纹，后改织下针，至织完成。袖山打皱褶，全部缝合，完成。

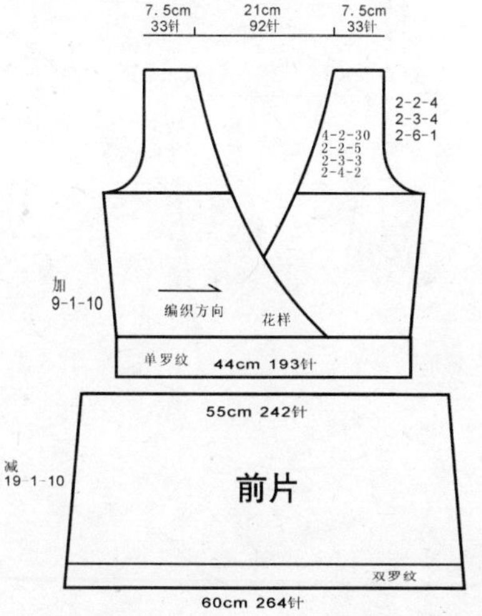

7.5cm 33针　21cm 92针　7.5cm 33针

2-2-4
2-3-4
2-6-1

4-2-30
2-2-5
2-3-3
2-4-2

加
9-1-10

编织方向

花样

单罗纹　44cm 193针

55cm 242针

减
19-1-10

前片

双罗纹

60cm 264针

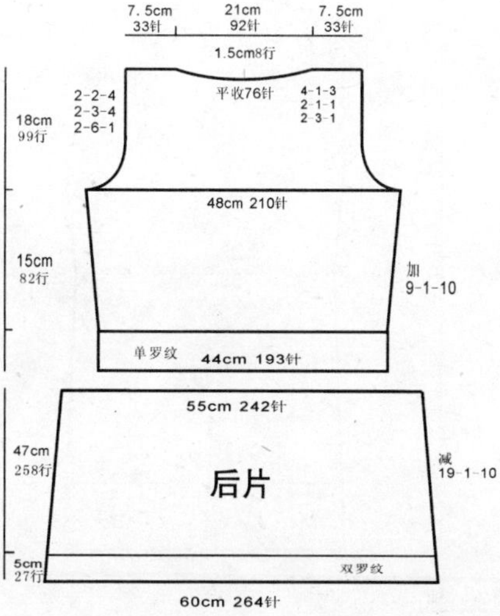

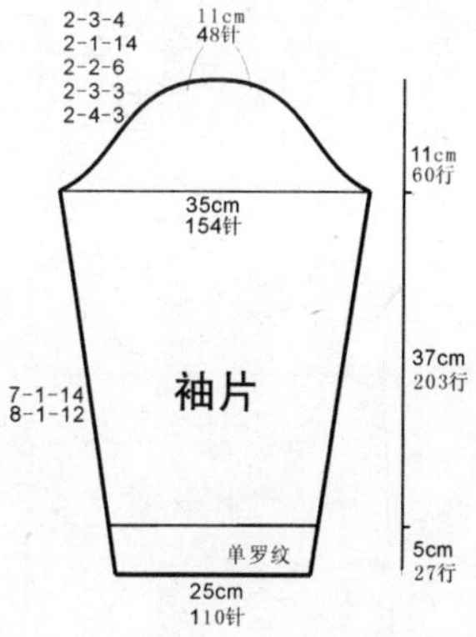

7.5cm 33针　21cm 92针　7.5cm 33针

1.5cm8行

平收76针

4-1-3
2-1-1
2-3-1

2-2-4
2-3-4
2-6-1

18cm
99行

48cm 210针

15cm
82行

加
9-1-10

单罗纹　44cm 193针

55cm 242针

47cm
258行

减
19-1-10

后片

双罗纹

5cm
27行

60cm 264针

2-3-4
2-1-14
2-2-6
2-3-3
2-4-3

11cm
48针

11cm
60行

35cm
154针

37cm
203行

7-1-14
8-1-12

袖片

单罗纹

5cm
27行

25cm
110针

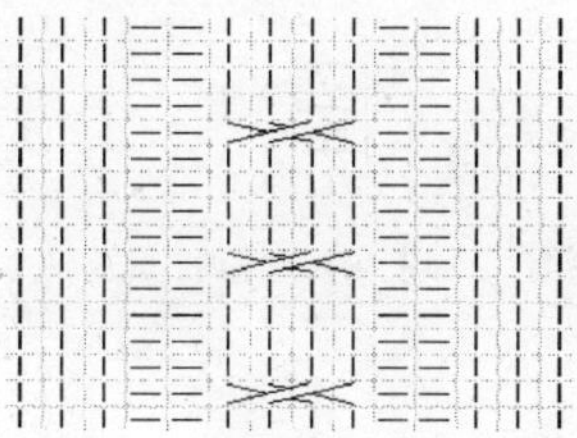

花样 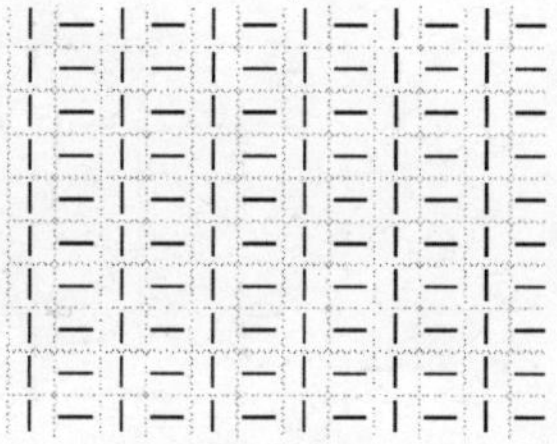　　单罗纹 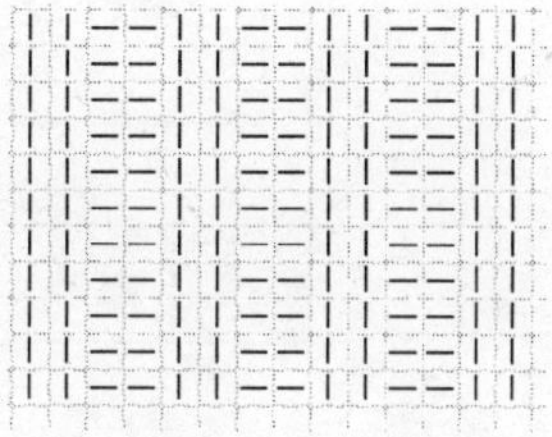　　双罗纹

【成品尺寸】衣长85cm　胸围96cm　袖长53cm

【工具】1.7mm棒针

【材料】灰色纯羊毛线

【密度】10cm²：44针×55行

【制作过程】前后片分别按图起针，编织单罗纹10cm后改织下针，至编织完成。衣袖按图起针，织5cm单罗纹后改织下针，至编织完成。领圈和花边另织，与衣片缝合，形成V领，缝上衣袋，完成。

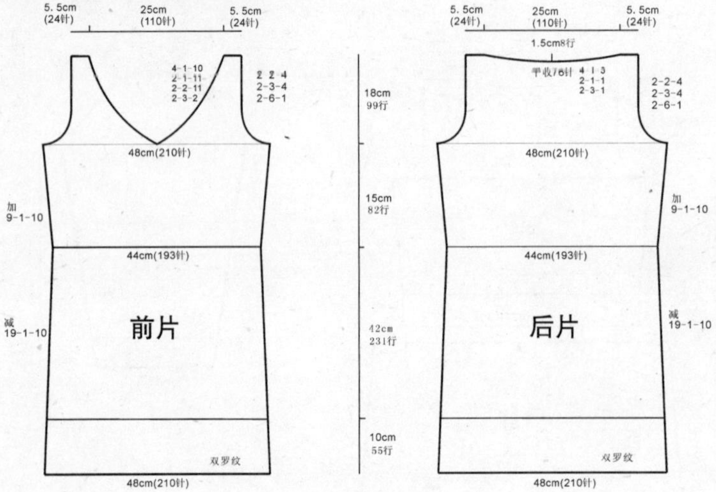

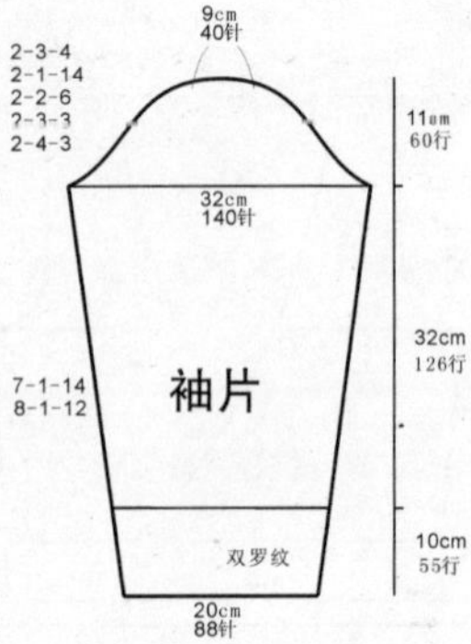

5.5cm (24针)　25cm (110针)　5.5cm (24针)
4-1-10
2-1-11
2-2-11
2-3-2
2-2-4
2-3-4
2-6-1
48cm(210针)
加 9-1-10
44cm(193针)
前片
减 19-1-10
双罗纹
48cm(210针)

18cm 99行
15cm 82行
42cm 231行
10cm 55行

5.5cm (24针)　25cm (110针)　5.5cm (24针)
1.5cm8行
平收76针　4-1-3　2-1-1　2-3-1
2-2-4
2-3-4
2-6-1
48cm(210针)
加 9-1-10
44cm(193针)
后片
减 19-1-10
双罗纹
48cm(210针)

9cm 40针
2-3-4
2-1-14
2-2-6
2-3-3
2-4-3
11cm 60行
32cm 140针
7-1-14
8-1-12
袖片
32cm 126行
双罗纹
10cm 55行
20cm 88针

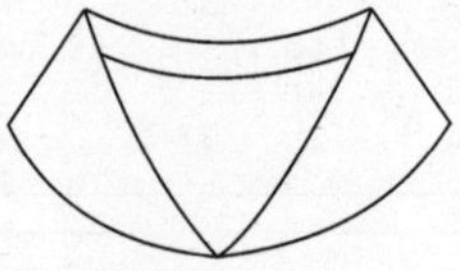

领子结构图

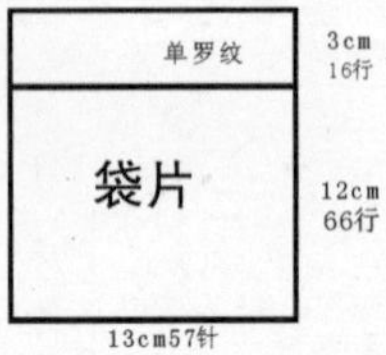

单罗纹　3cm 16行
袋片　12cm 66行
13cm57针

2cm 9针
编织方向
10cm 44针
领片　单罗纹
4-1-10
2-3-2
62cm 341行

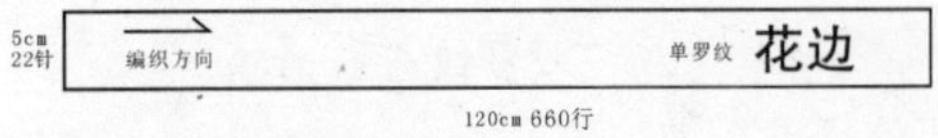

5cm 22针
编织方向　单罗纹　花边
120cm 660行

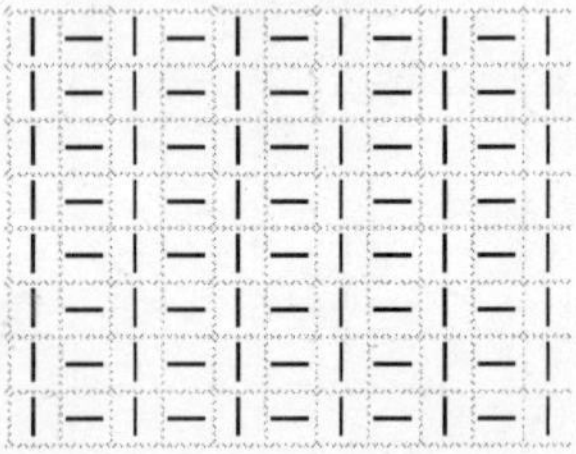

单罗纹

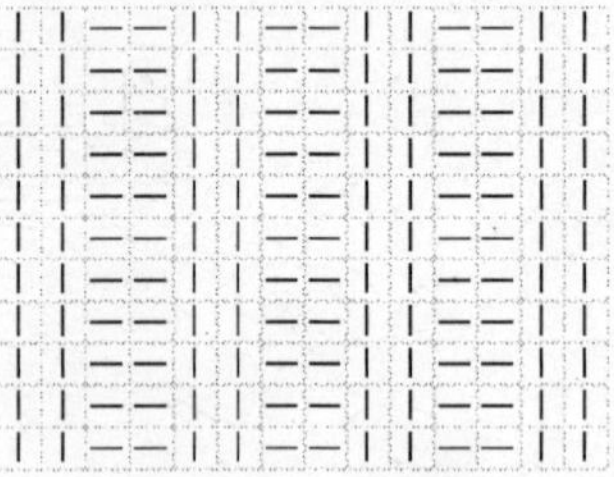

双罗纹

婉约束腰毛衣

【成品尺寸】衣长85cm　胸围96cm　袖长53cm

【工具】1.7mm棒针

【材料】棕色纯羊毛线

【密度】10cm²：44针×55行

【制作过程】前后片按图起针，先织双层平针底边后，改织下针至26cm，即编织花样至完成。衣袖按图起针，织5cm单罗纹，后改织下针至26cm，即编织花样至完成。全部缝合。领圈挑针，织10cm单罗纹，形成花边翻领，完成。

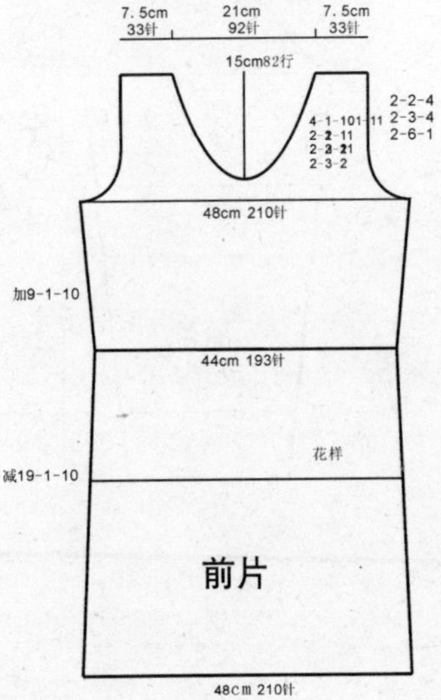

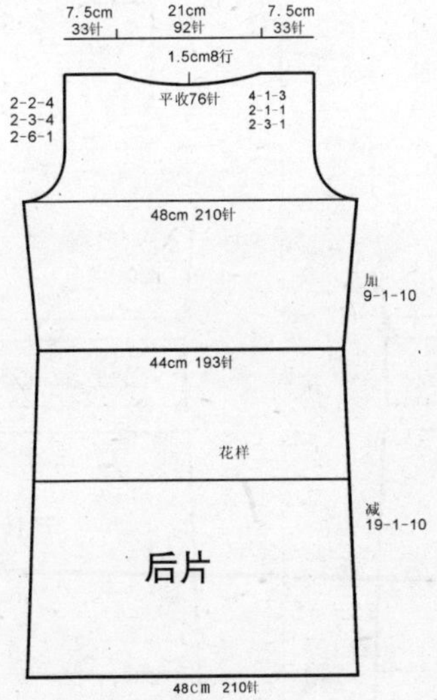

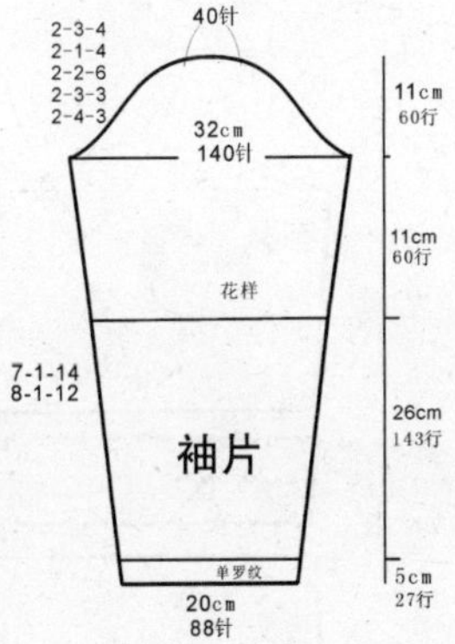

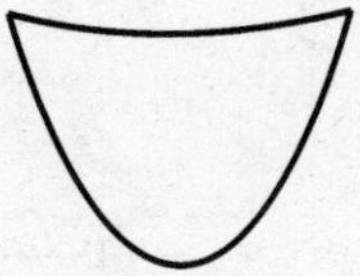

领子结构图

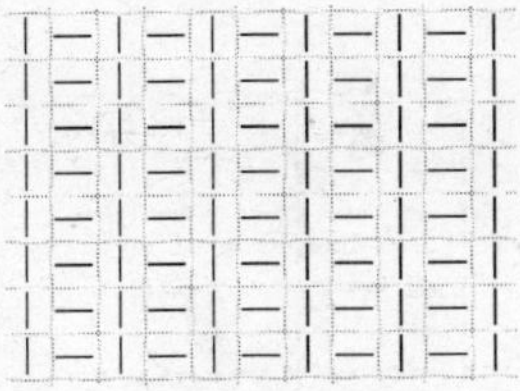

单罗纹

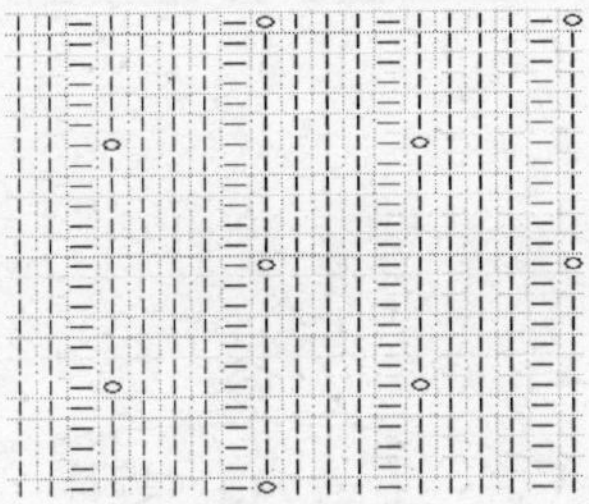

花样

【成品尺寸】衣长85cm　胸围96cm　袖长53cm

【工具】1.7mm棒针

【材料】棕色纯羊毛线

【密度】10cm²：44针×55行

【制作过程】前后片分上中下三部分组成，上部分的后片按图起针，编织下针，前片分成左右两片，继续编织完成。中部分按编织方向织好，下部分按图起针，织5cm双罗纹后，改织花样，至织完成。衣袖分上下两部分，上部分按图起针，织下针至织完成，下部分按图织好，与上部叠入10cm处缝合，最后全部缝合。门襟至领圈另织12cm双罗纹，形成翻领，完成。

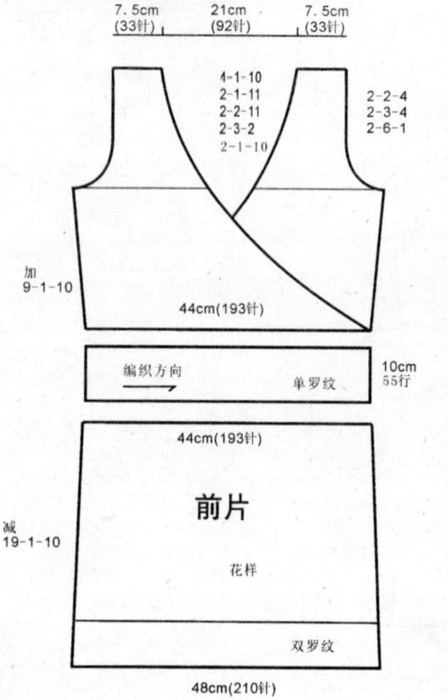

7.5cm (33针)　21cm (92针)　7.5cm (33针)
4-1-10
2-1-11
2-2-11
2-3-2
2-1-10
2-2-4
2-3-4
2-6-1
18cm 99行
5cm 27行
加 9-1-10
10cm 55行
44cm(193针)
编织方向　单罗纹　10cm 55行
44cm(193针)
前片
减 19-1-10
37cm 203行
花样
双罗纹
5cm 27行
48cm(210针)

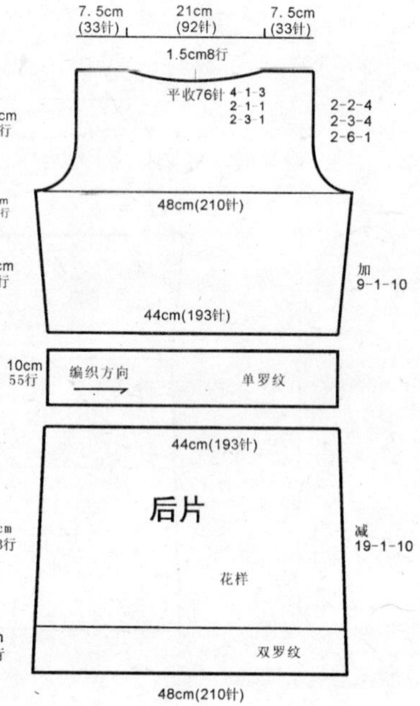

7.5cm (33针)　21cm (92针)　7.5cm (33针)
1.5cm8行
平收76针 4-1-3 2-1-1 2-3-1
2-2-4
2-3-4
2-6-1
48cm(210针)
加 9-1-10
44cm(193针)
10cm 55行　编织方向　单罗纹
44cm(193针)
后片
减 19-1-10
花样
双罗纹
48cm(210针)

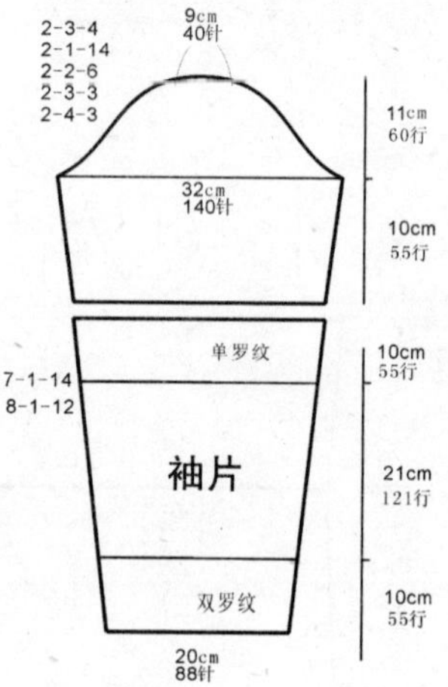

9cm 40针
2-3-4
2-1-14
2-2-6
2-3-3
2-4-3
11cm 60行
32cm 140针
10cm 55行
单罗纹
10cm 55行
7-1-14
8-1-12
袖片
21cm 121行
双罗纹
10cm 55行
20cm 88针

领子结构图

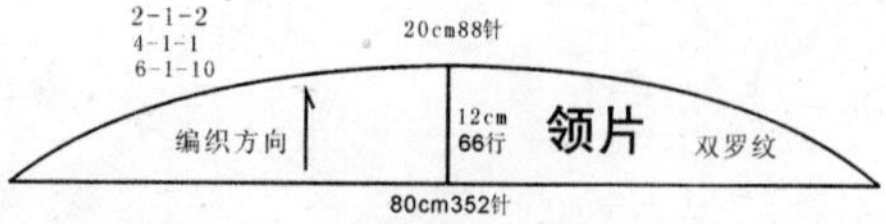

2-1-2
4-1-1
6-1-10
20cm88针
编织方向
12cm 66行
领片
双罗纹
80cm352针

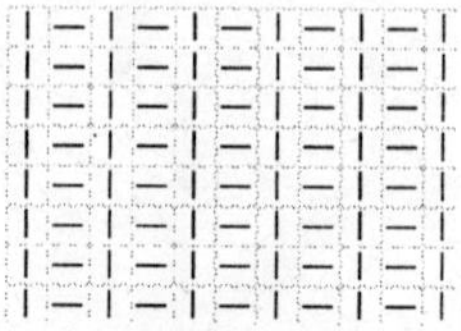

单罗纹

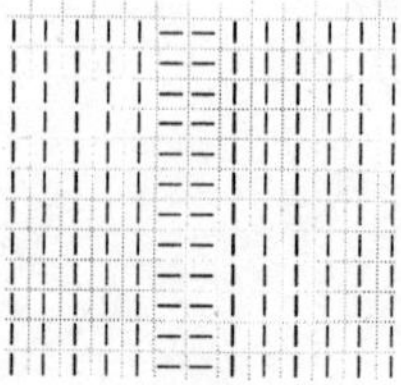

花样

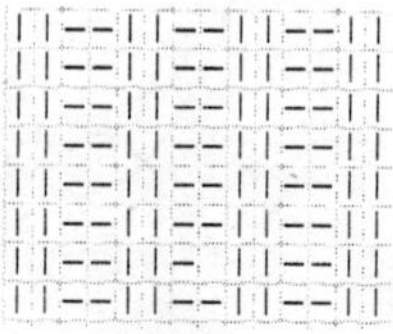

双罗纹

可爱宜人衫

【成品尺寸】衣长65cm　胸围96cm　袖长53cm

【工具】1.7mm棒针

【材料】黑色纯羊毛线

【密度】10cm²：44针×55行

【附件】衬条、亮片若干

【制作过程】前后片分别按图起针，织单罗纹15cm后，改织下针至织完成。衣袖按图织好，全部缝合。衣领挑针，织单罗纹5cm，形成圆领。缝上衬条和亮片，完成。

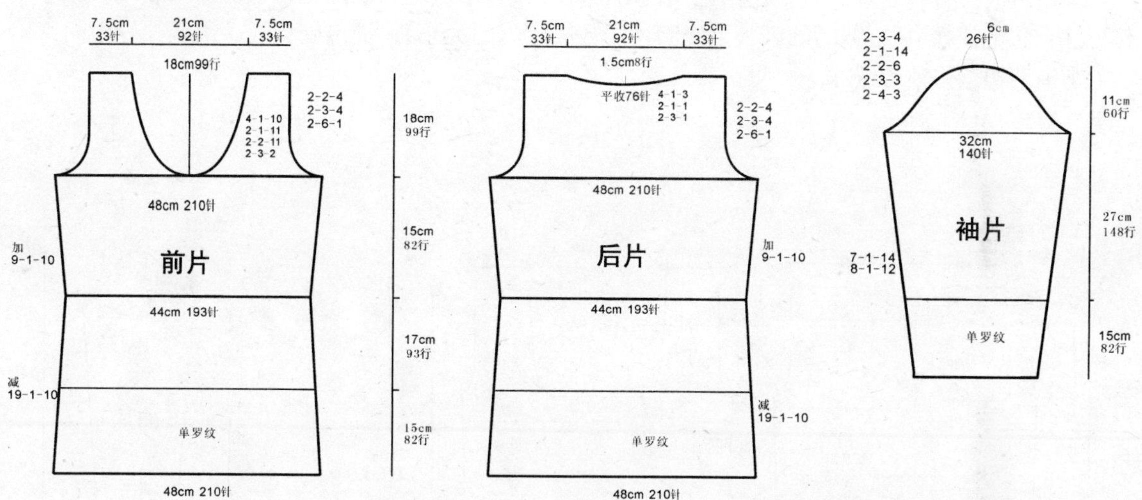

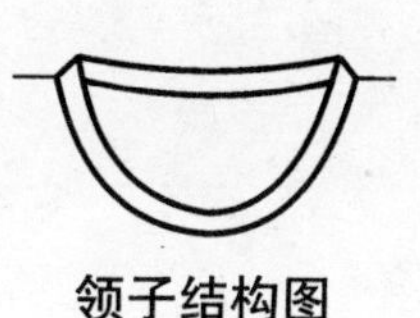

领子结构图

单罗纹

【成品尺寸】衣长71cm 胸围96cm 袖长54cm

【工具】9号棒针 5号钩针

【材料】黑色马海毛线760g 白色马海毛线40g

【密度】10cm²：24针×32行

【制作过程】1. 三股线编织。

2. 白色线起125针下针织5行后用黑色线编织后片下针，共编织到50cm时开始袖窿减针，按结构图减完针后，不加减针编织到69cm时，减出后领窝，两肩部各余10cm。

3. 用同样方法编织前片，袖窿减针的同时开始前领窝减针，按图示减针后两肩各余10cm。

4. 同样配色线起68针从袖口编织袖片下针，按结构图所示均匀加针编织，编织45cm后开始袖山减针，按图所示减针后余18针，断线。用同样方法再完成另一片袖片。

5. 沿对应位置将各片缝合，用白色线钩出长针装饰，下边缝出装饰花，领前穿入绒球。绒球制作方法：将毛线在30cm宽的硬纸板上绕圈（圈数决定球的大小），抽出硬纸板后用线扎好中间，用剪刀剪断两边，修整为绒球。

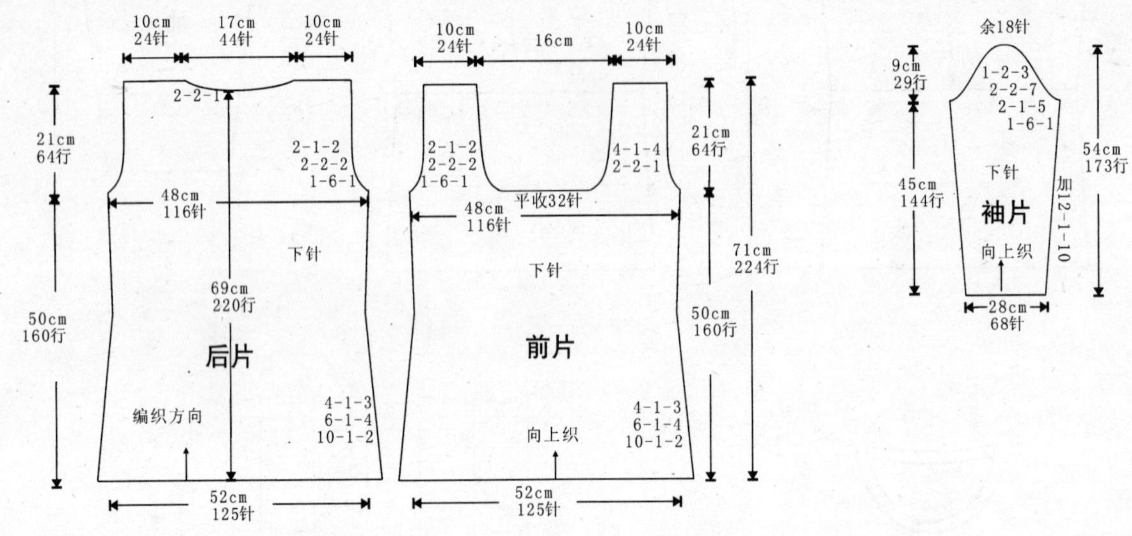

炫彩套头衫

【成品尺寸】衣长66cm　胸围96cm　袖长50cm

【工具】7号棒针　环形针

【材料】绿白断染毛线520g

【密度】10cm^2：21针×25行

【制作过程】1. 单股线编织。

2. 起106针双罗纹针边编织后片下针，两侧加减针收腰，身长共织45cm后开始袖窿减针，按结构图减完针后，不加减针编织到65cm时，减出后领窝，两肩部各余10cm。

3. 用同样方法起106针前片下针，侧缝加减针收腰，编织45cm时进行袖窿减针，共织到54cm时开始前领窝减针，按结构图减完针后收针断线。

4. 起56针双罗纹针从袖口编织袖片下针，按结构图所示均匀加针，编织40cm后开始袖山减针，按图所示减针后余16针，断线。用同样方法再完成另一片袖片。

5. 沿边对应相应位置缝实。沿领窝内侧挑织双罗纹针领边，织10行后换粗针编织到结束，共织16cm，领的长度可根据个人喜好确定，用同色线将领边内侧同衣片固定。

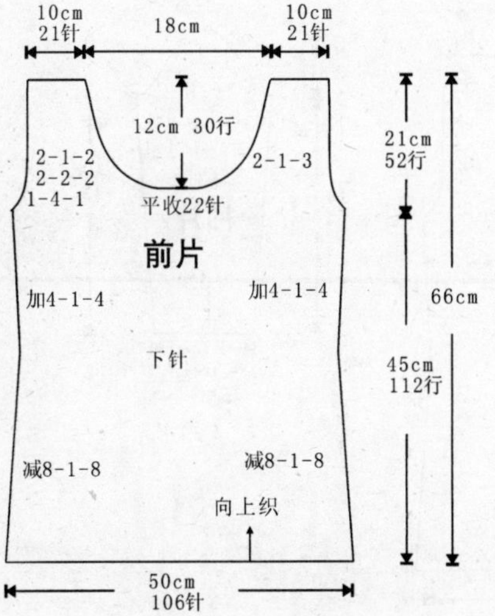

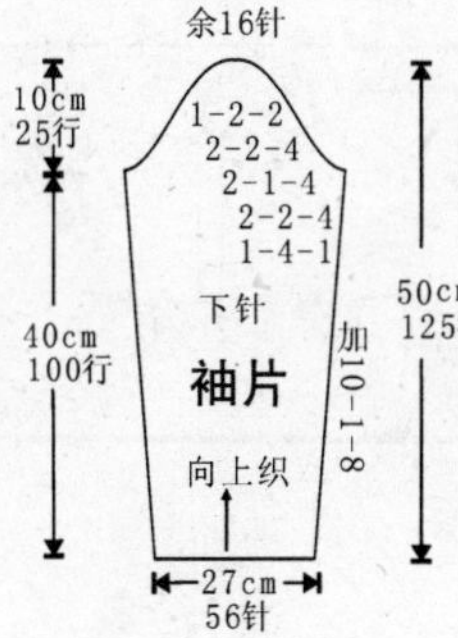

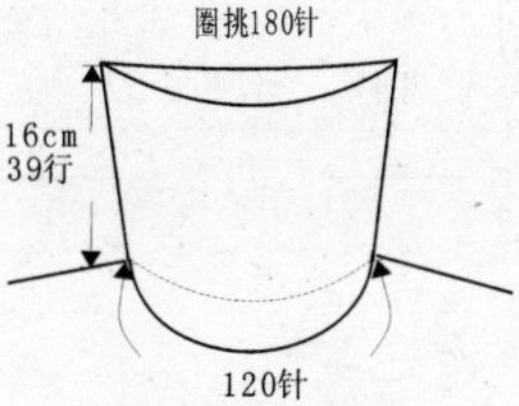

10cm 21针　18cm　10cm 21针
12cm 30行
2-1-2　2-2-2　1-4-1　2-1-3
平收22针
前片
加4-1-4　加4-1-4
下针
减8-1-8　减8-1-8
向上织
50cm 106针
21cm 52行　45cm 112行　66cm

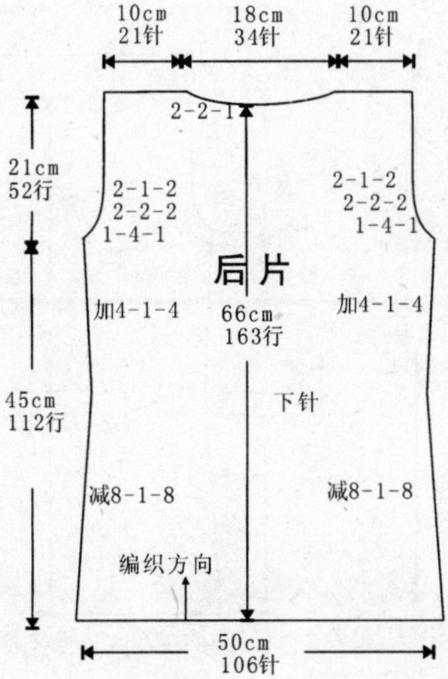

10cm 21针　18cm 34针　10cm 21针
2-2-1
2-1-2　2-2-2　1-4-1　2-1-2　2-2-2　1-4-1
后片
加4-1-4　66cm 163行　加4-1-4
下针
减8-1-8　减8-1-8
编织方向
50cm 106针
21cm 52行　45cm 112行

余16针
1-2-2　2-2-4　2-1-4　2-2-4　1-4-1
下针
袖片
加10-1-8
向上织
27cm 56针
10cm 25行　40cm 100行　50cm 125行

圈挑180针
16cm 39行
120针
领子结构图

【成品尺寸】衣长66cm　胸围96cm　袖长50cm
【工具】7号棒针
【材料】绿白断染毛线520g
【密度】10cm²：21针×25行
【制作过程】1. 单股线编织。

2. 起106针双罗纹针边编织后片下针，两侧加减针收腰，身长共织45cm后开始袖窿减针，按结构图减完针后，不加减针编织到65cm时，减出后领窝，两肩部各余10cm。

3. 用同样方法起106针前片下针，侧缝加减针收腰，编织45cm时进行衣领、袖窿减针，按结构图减完针后收针断线。

4. 起56针双罗纹针从袖口编织袖片下针，按结构图所示均匀加针，编织40cm后开始袖山减针，按图所示减针后余16针，断线。用同样方法再完成另一片袖片。

5. 沿边对应相应位置缝实。沿领窝内侧挑织双罗纹针领边，织16cm，从前领平收针处分别挑织双罗纹针前衣襟边，在平收针处重叠后与衣片缝实。

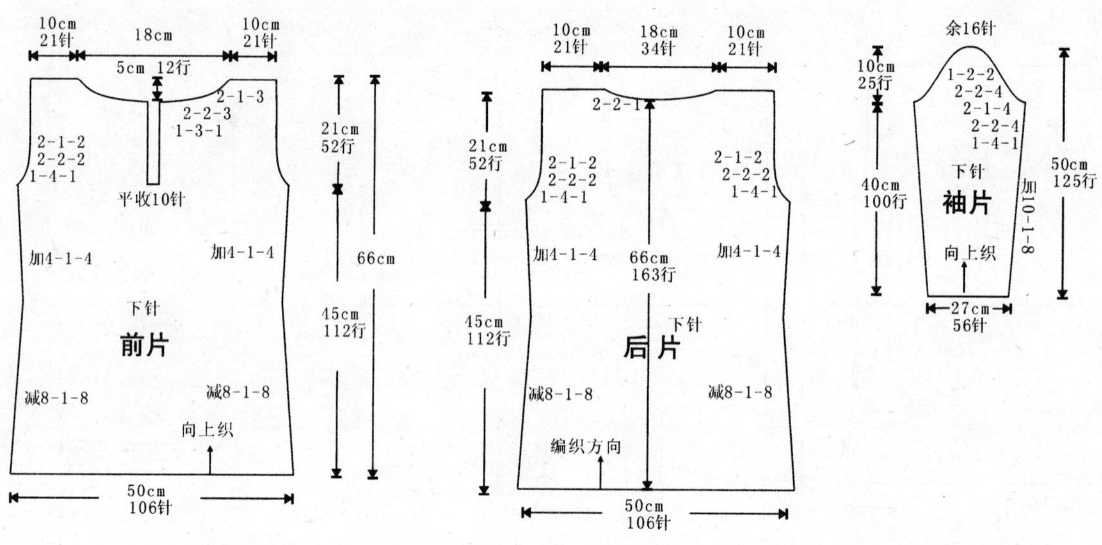

典雅条纹衫

【成品尺寸】衣长85cm 胸围96cm 袖长53cm

【工具】1.7mm棒针

【材料】绿色、紫色、棕色纯羊毛线

【密度】10cm²：44针×55行

【制作过程】前后片按图起针，织双罗纹并间色至织完成。衣袖按图起针，织双罗纹并间色，至织完成，全部缝合。领子挑针，织5cm单罗纹，形成圆领，围巾另织，按图织好，系上垂须，完成。

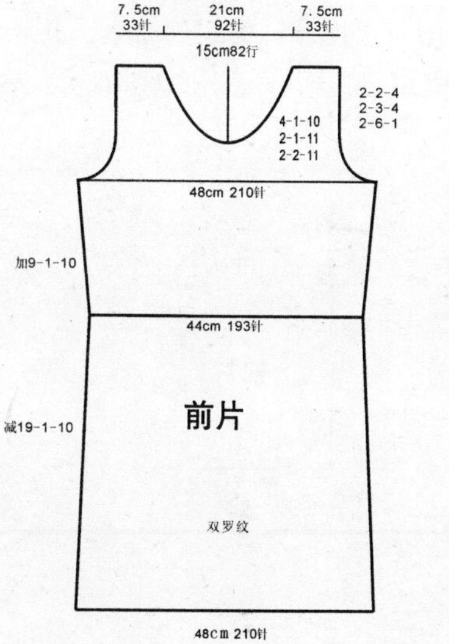

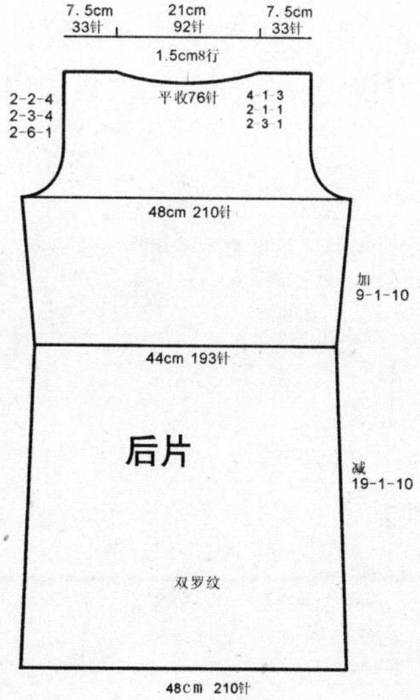

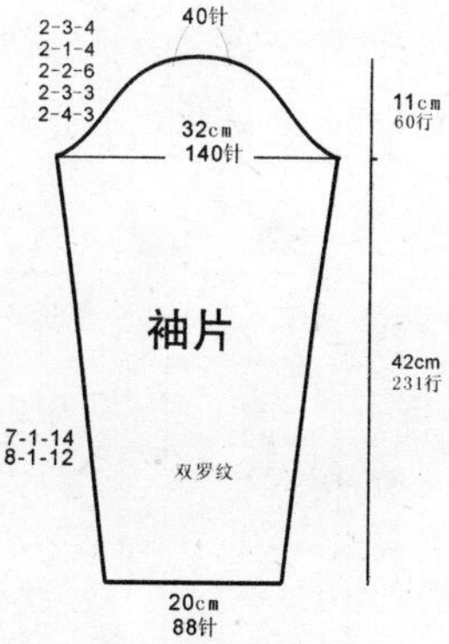

7.5cm 33针 21cm 92针 7.5cm 33针
15cm82行
2-2-4
2-3-4
2-6-1
4-1-10
2-1-11
2-2-11
15cm 82行
3cm 16行
48cm 210针
加9-1-10
21cm 115行
44cm 193针
前片
减19-1-10
46cm 253行
双罗纹
48cm 210针

7.5cm 33针 21cm 92针 7.5cm 33针
1.5cm8行
平收76针
4-1-3
2-1-1
2-3-1
2-2-4
2-3-4
2-6-1
48cm 210针
加 9-1-10
44cm 193针
后片
减 19-1-10
双罗纹
48cm 210针

40针
2-3-4
2-1-4
2-2-6
2-3-3
2-4-3
11cm 60行
32cm 140针
袖片
42cm 231行
7-1-14
8-1-12
双罗纹
20cm 88针

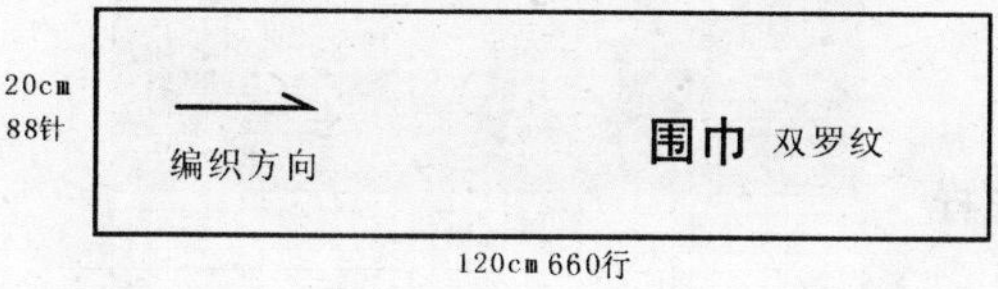

20cm 88针
编织方向
围巾 双罗纹
120cm 660行

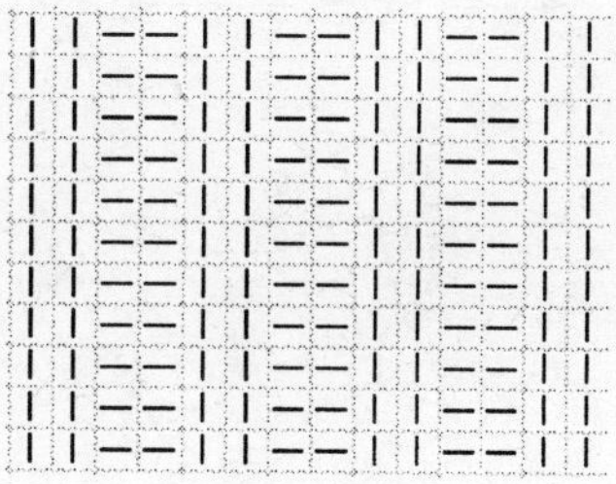

双罗纹

【成品尺寸】衣长73cm　胸围96cm　袖长50cm

【工具】7号棒针　环形针

【材料】褐色交织毛线550g　白色毛线150g

【密度】10cm²：21针×25行

【制作过程】1. 单股线编织。

2. 起106针双罗纹针边，然后配色编织后片下针，两侧加减针收腰，身长共织52cm后开始袖窿减针，按结构图减完针后，不加减针编织到72cm时，减出后领窝，两肩部各余10cm。

3. 起106针配色编织前片花样，侧缝加减针收腰，共编织52cm时进行袖窿减针，共织到55cm时开始前领窝减针，按结构图减完针后收针断线。

4. 起56针双罗纹针从袖口编织配色袖片下针，按结构图所示均匀加针，编织40cm后开始袖山减针，按图所示减针后余16针，断线。用同样方法再完成另一片袖片。

5. 沿边对应相应位置缝实。沿领窝内侧挑织双罗纹针领边，织10行后换棒针编织到结束，共织16cm，领的长度可根据个人喜好确定，用同色线将领边内侧同衣片固定。

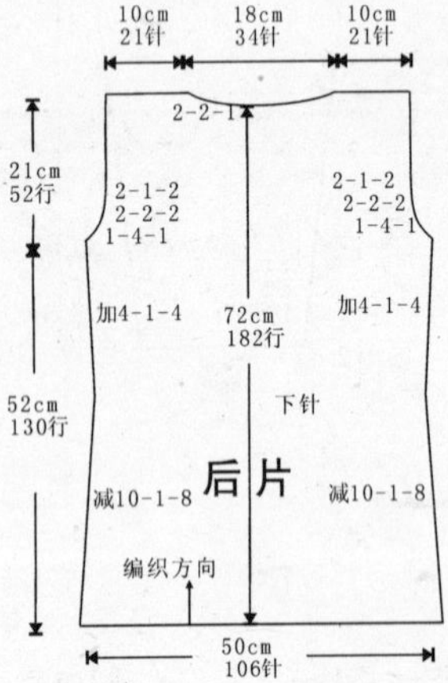

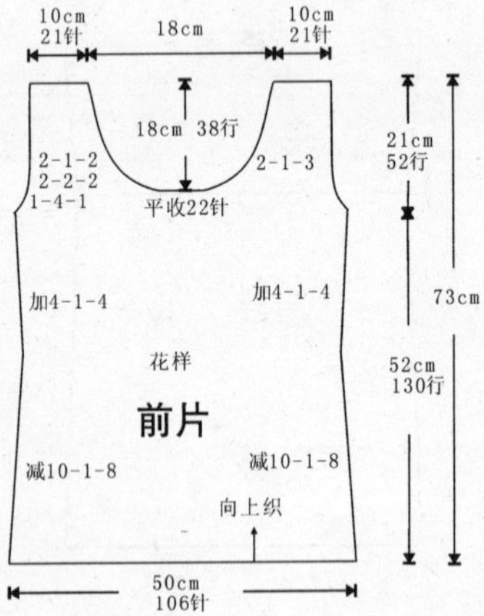

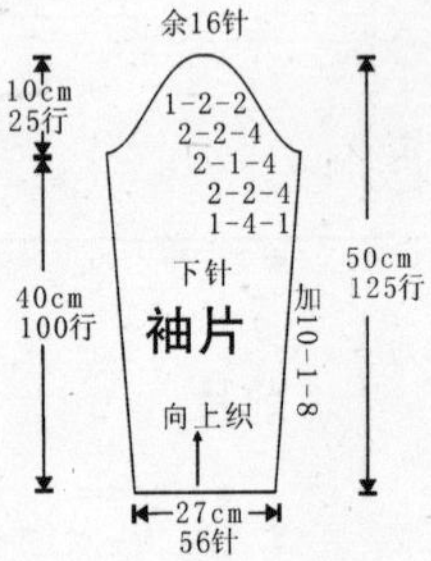

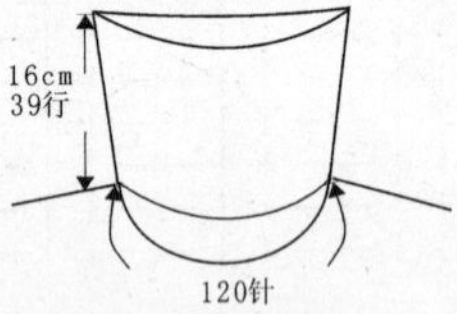

领子结构图

花样

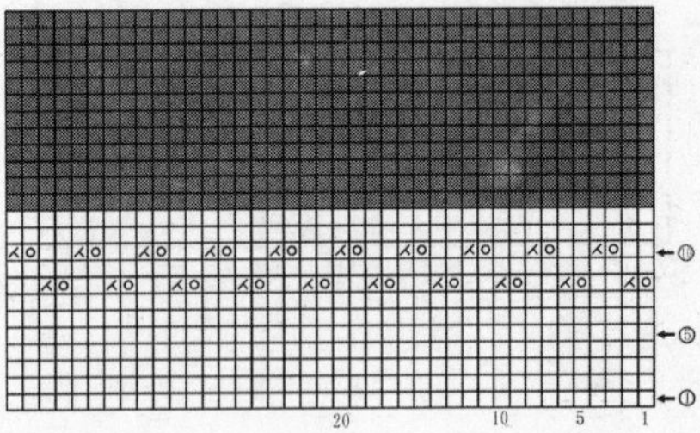

清纯白色衫

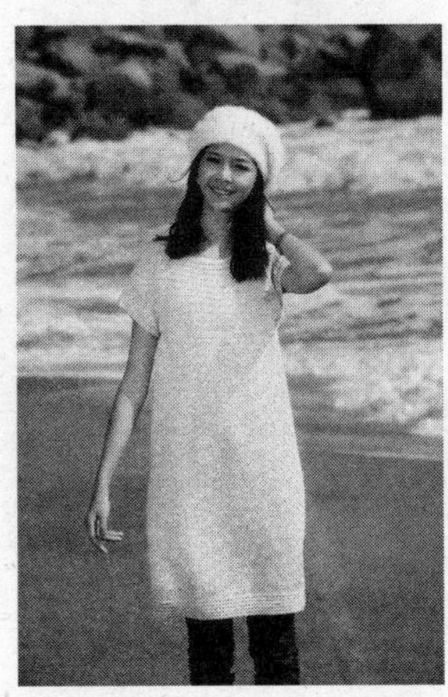

【成品尺寸】衣长80cm　胸围96cm　袖长28cm

【工具】1.7mm棒针

【材料】白色纯羊毛线

【密度】10cm²：44针×55行

【附件】纽扣4枚

【制作过程】前后片分上下两部分组成，上部分按编织方向，织双罗纹，下部分按图起针，即编织花样，至织完成。衣袖按图起针，织花样至织完成，全部缝合。缝合时左边的袖窝旁不缝，缝上纽扣即可。下摆按编织方向另织双罗纹，完成。

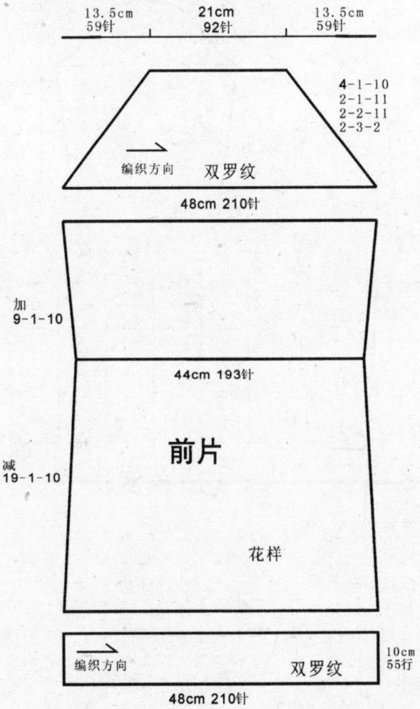

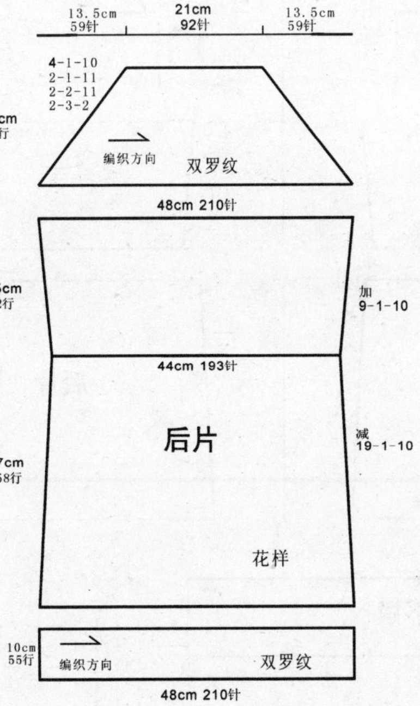

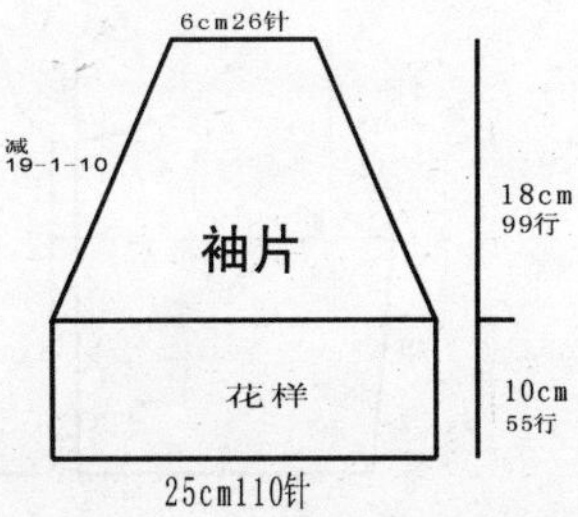

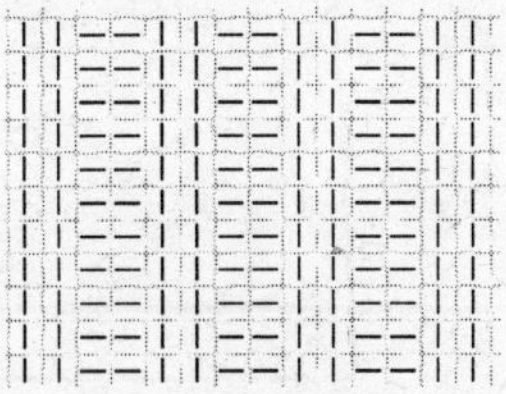

双罗纹

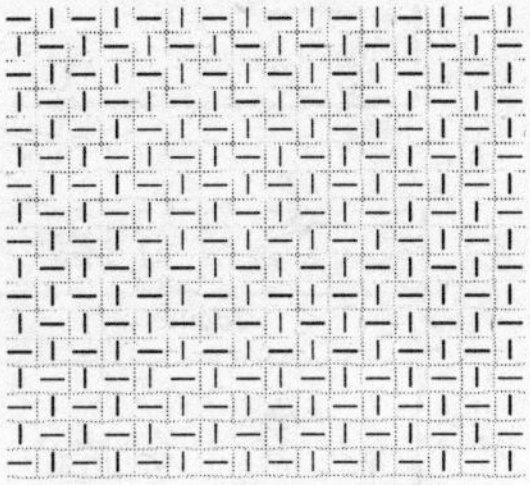

花样

【成品尺寸】衣长80cm　胸围96cm　袖长25cm

【工具】1.7mm棒针

【材料】米白色纯羊毛线

【密度】10cm²：44针×55行

【附件】纽扣5枚

【制作过程】前后片分上下部分，上部分后片按图起针，即编织花样B，至织完成。前片分左右两边，右边比左边稍宽，按图起针，织花样B至织完成。下部分按图起针，织下针至织完成，打皱褶与上部分缝合，衣袖按编织方向织好，全部缝合，衣领另织，与领圈缝合，门襟按彩图缝合，形成半高领，缝上纽扣，完成。

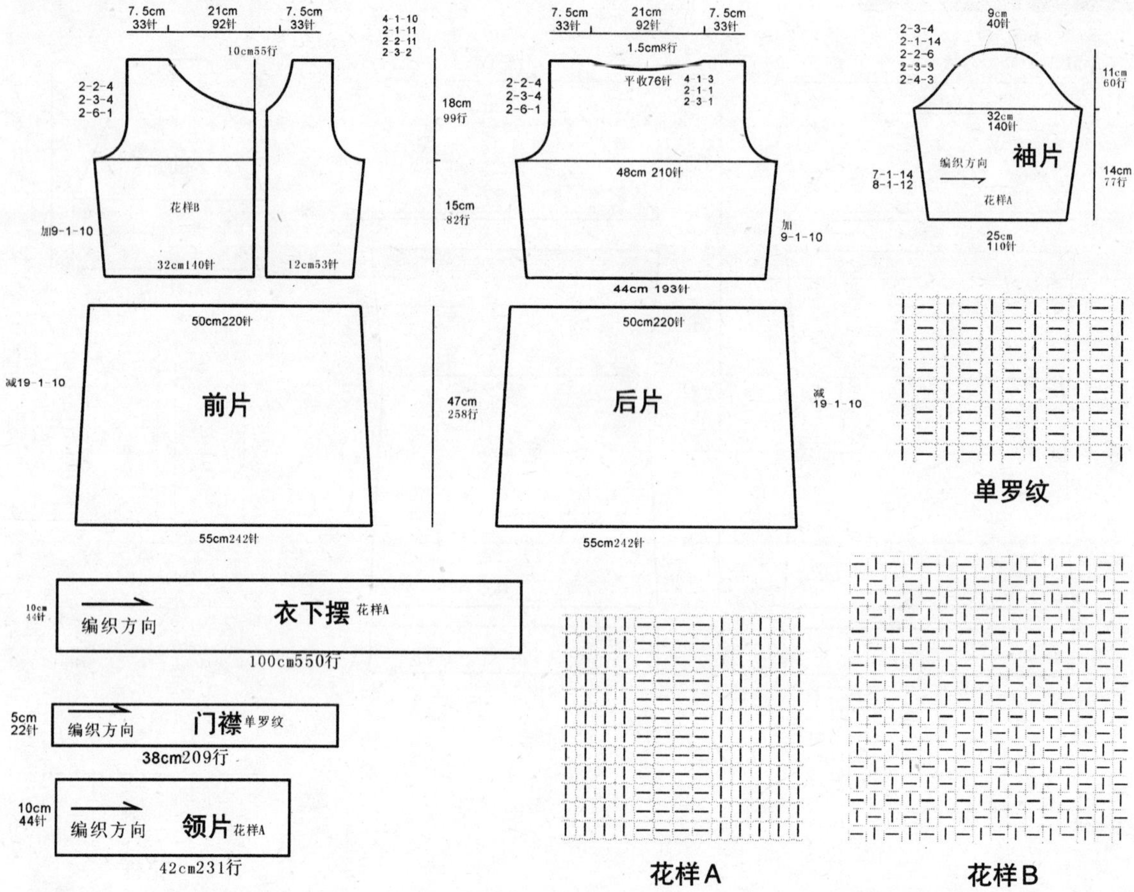

7.5cm 33针　21cm 92针　7.5cm 33针
10cm55行
4-1-10
2-1-11
2-2-11
2-3-2
2-2-4
2-3-4
2-6-1
18cm 99行
花样B
15cm 82行
加9-1-10
32cm140针　12cm53针
50cm220针
减19-1-10
前片
47cm 258行
55cm242针

7.5cm 33针　21cm 92针　7.5cm 33针
1.5cm8行
平收76针
4-1-3
2-1-1
2-3-1
2-2-4
2-3-4
2-6-1
48cm 210针
加 9-1-10
44cm 193针
50cm220针
后片
减 19-1-10
55cm242针

9cm 40针
2-3-4
2-1-14
2-2-6
2-3-3
2-4-3
11cm 60行
32cm 140针
编织方向
袖片
花样A
7-1-14
8-1-12
14cm 77行
25cm 110针

单罗纹

10cm 44针
编织方向
衣下摆 花样A
100cm550行

5cm 22针
编织方向
门襟 单罗纹
38cm209行

10cm 44针
编织方向
领片 花样A
42cm231行

花样A

花样B

迷你腰带衫

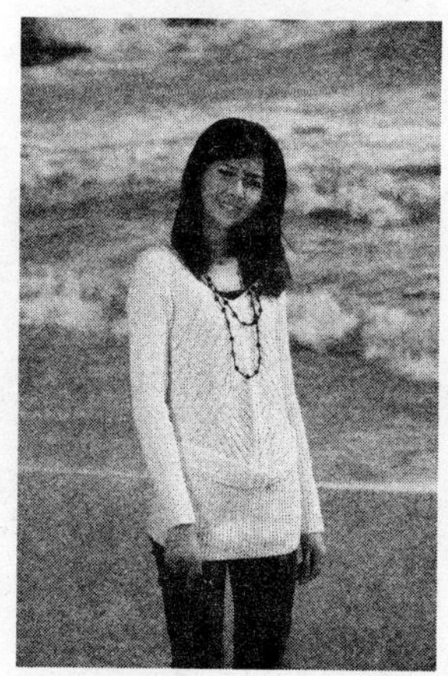

【成品尺寸】衣长68cm　胸围96cm　袖长53cm

【工具】1.7mm棒针

【材料】白色纯羊毛线

【密度】10cm²：44针×55行

【附件】腰带扣1枚

【制作过程】前片按图起针，织双罗纹20cm后，改织花样A，至织完成。后片和衣袖按图起针，织双罗纹至织完成，全部缝合。领圈挑针，织5cm双罗纹，领尖缝合，形成V领。袖窿衬边和腰带按花样B另织，按彩图缝合，系上缝好腰带扣的腰带，完成。

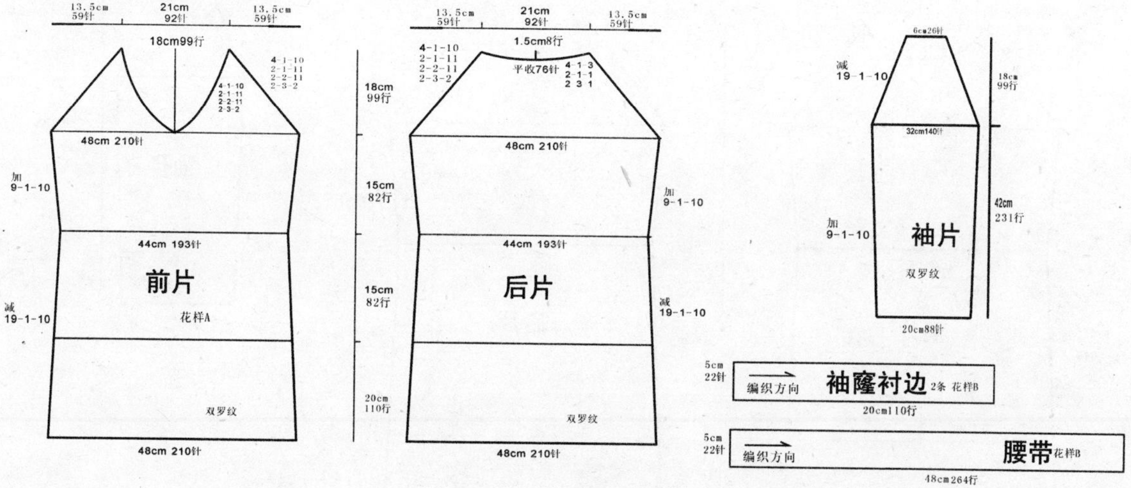

13.5cm 59针
21cm 92针
13.5cm 59针
18cm99行
4-1-10
2-1-11
2-2-11
2-3-2
48cm 210针
加 9-1-10
44cm 193针
前片
花样A
减 19-1-10
双罗纹
48cm 210针
18cm 99行
15cm 82行
15cm 82行
20cm 110行
1.5cm8行
平收76针
4-1-3
2-1-1
2 3 1
后片
加 9-1-10
减 19-1-10
6cm26针
减 19-1-10
18cm 99行
32cm140针
42cm 231行
加 9-1-10
袖片
双罗纹
20cm88针
5cm 22针
编织方向
袖窿衬边 2条 花样B
20cm110行
5cm 22针
编织方向
腰带 花样B
48cm264行

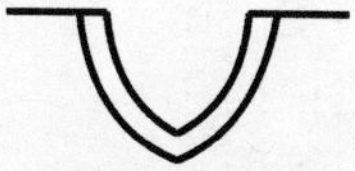

领子结构图

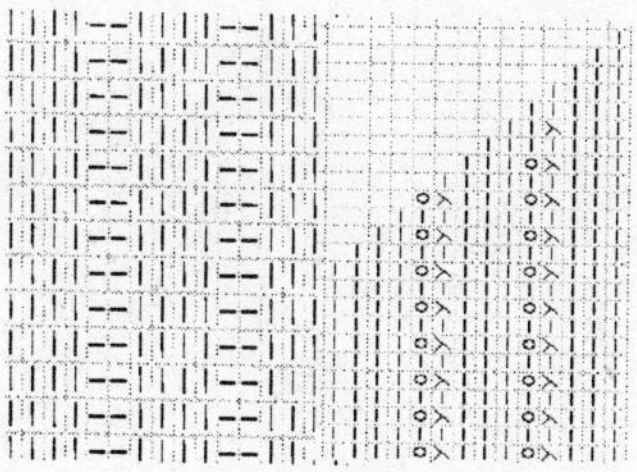

花样A

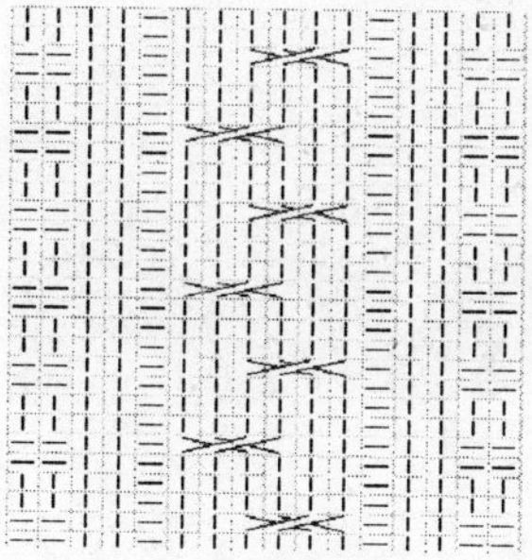

花样B

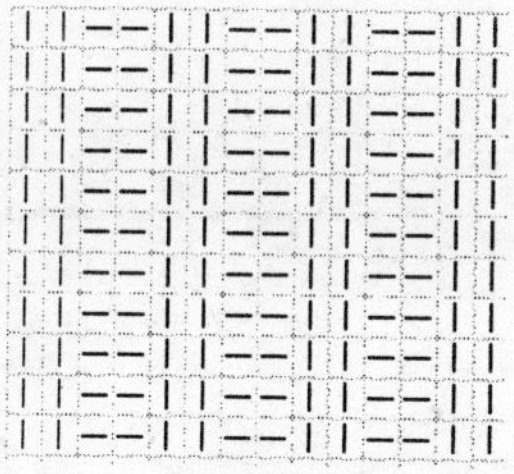

双罗纹

【成品尺寸】衣长85cm　胸围96cm　袖长53cm

【工具】1.7mm棒针

【材料】白色纯羊毛线

【密度】10cm²：44针×55行

【附件】装饰扣2枚

【制作过程】前后片按图起针，织10cm双罗纹后改织花样，至织完成。衣袖按图起针，织10cm双罗纹后，改织花样，至织完成，全部缝合。领子另织10cm双罗纹，与领圈缝合，系上缝好装饰扣的腰带，完成。

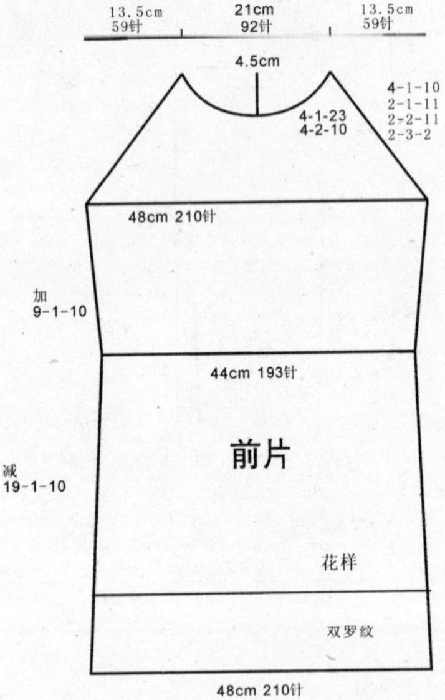

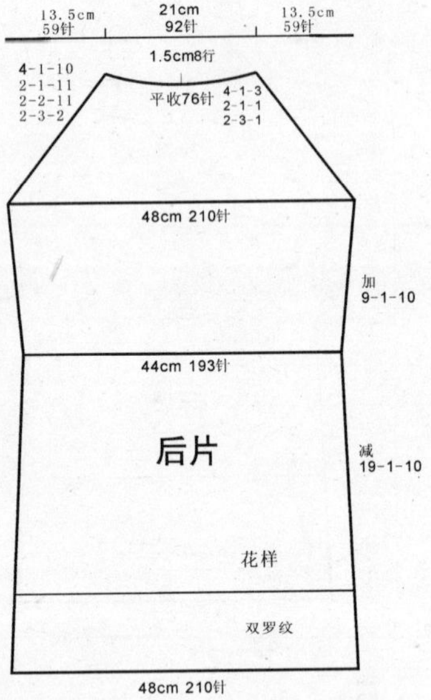

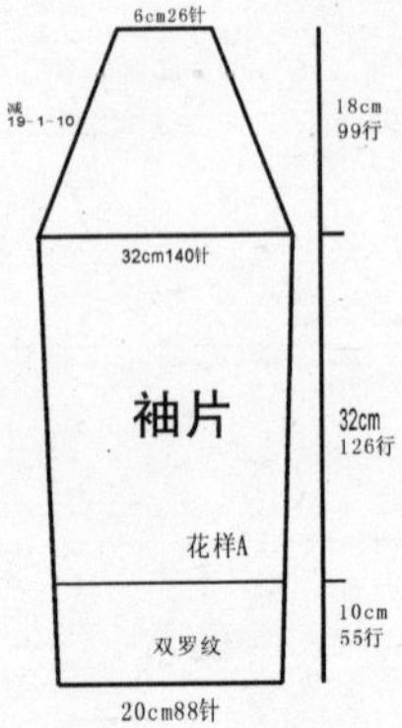

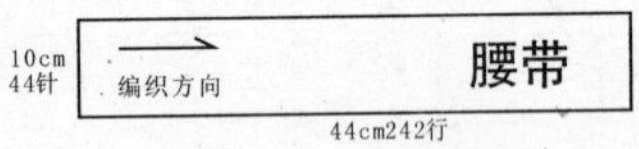

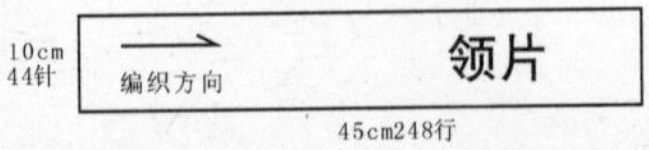

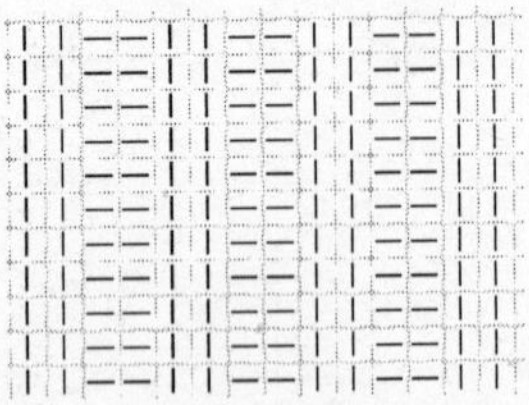

双罗纹

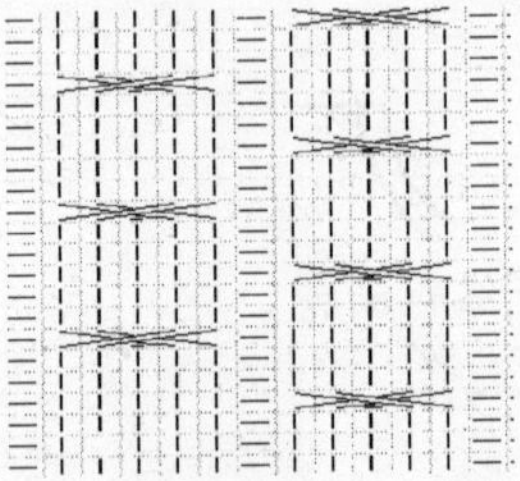

花样

气质翻领衫

【成品尺寸】衣长75cm 胸围96cm 袖长36cm

【工具】7号棒针 环形针

【材料】蓝色交织毛线520g

【密度】10cm²：21针×25行

【制作过程】1. 单股线编织。

2. 起64针从袖口开始编织下针，两侧按图示加针编织，共加44行即完成袖片，从36cm处减出前领窝，共减12针，然后不加减针编织8cm，再按图示加上12针，连接后片继续编织，后领窝不加减针，完成编织后收针断线。

3. 将前后片沿侧缝对接缝合。沿袖窿挑织双罗纹针边。沿领窝反面挑织下针领片，共织26cm。

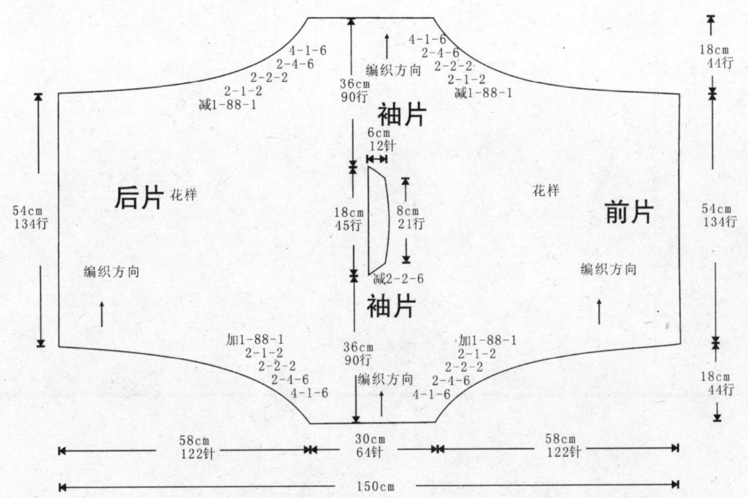

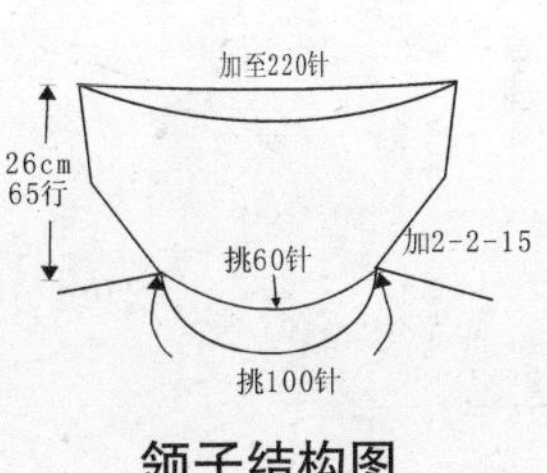

领子结构图

花样

⑪ ⑤ ①

20 10 5 1

【成品尺寸】衣长57cm　胸围98cm　袖长20cm

【工具】7号棒针

【材料】蓝色马海毛360g

【密度】10cm²：21针×25行

【制作过程】1. 单股线编织。

2. 起102针双罗纹针边编织后片下针，不加减针织30cm后，加出袖窿，共织12cm，然后减出肩部，按图示完成加减针后收针断线。

3. 用同样方法编织前片花样A，编织至51cm时中间平收29针进行前衣领减针。

4. 将前后片对接缝合。沿领窝内侧挑织花样B领边，共织14cm。

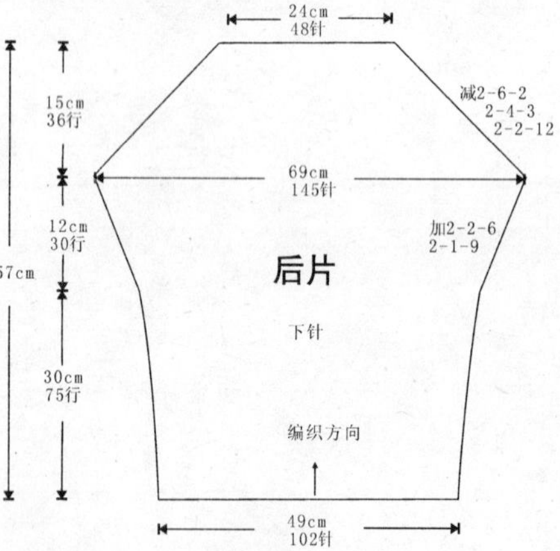

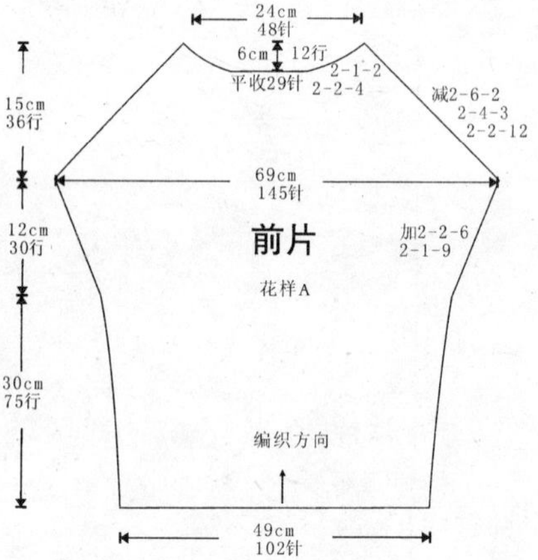

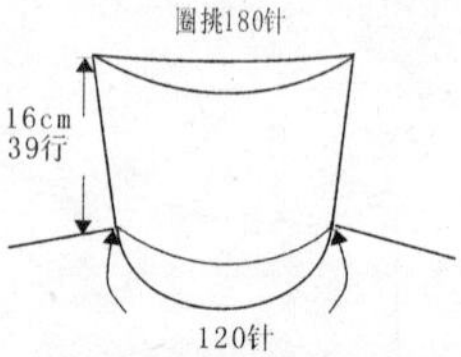

24cm
48针
15cm
36行
减2-6-2
2-4-3
2-2-12
69cm
145针
57cm
12cm
30行
加2-2-6
2-1-9
后片
下针
30cm
75行
编织方向
49cm
102针

24cm
48针
6cm　12行
平收29针
2-1-2
2-2-4
15cm
36行
减2-6-2
2-4-3
2-2-12
69cm
145针
12cm
30行
加2-2-6
2-1-9
前片
花样A
30cm
75行
编织方向
49cm
102针

圈挑180针
16cm
39行
120针
领子结构图

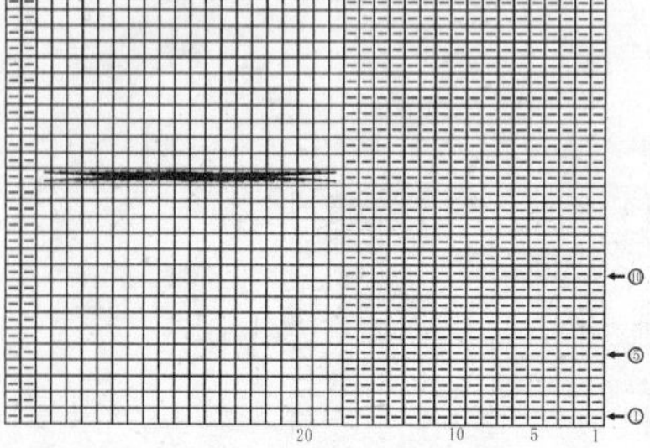

20　10　5　1
花样A

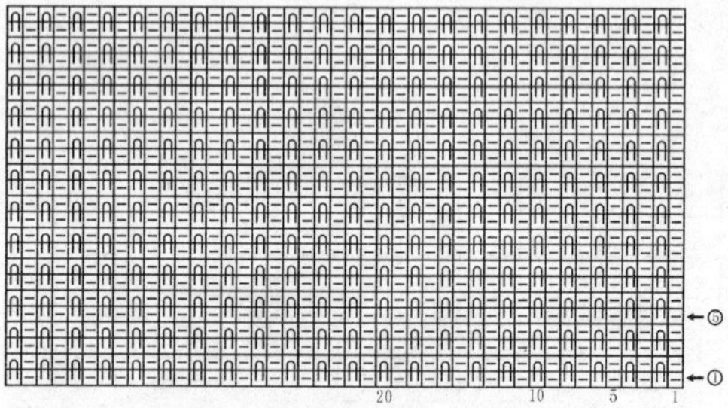

20　10　5　1
花样B

圆领中袖衫

【成品尺寸】衣长72cm　胸围96cm　袖长36cm

【工具】7号棒针　环形针

【材料】黑色开司米线620g

【密度】10cm²：22针×22行

【附件】纽扣9枚

【制作过程】1. 二股线编织。

2. 起52针从袖口开始编织后片花样，两侧按图示加针编织，加到50行即完成袖片，加到90行完成肩部加针，然后不加减针编织20cm完成后领，后身片共织52cm，再按加针针数如数减针编织另一侧，完成后收针断线。

3. 用同样方法编织前片，加针织到90行完成肩部加针后，开始前衣领加减针，领窝中间改由单股线编织，共编织32行后重新用二股线编织，编织50行即完成前领窝，前片共织52cm，再按加针针数如数减针编织另一侧，完成后收针断线。单股线起22针编织单片下针，织32行，共织5片，每片扭转后沿前领窝的单股线编织处缝实。

4. 将前、后片沿侧缝对接缝合。沿袖窿挑织下针双层边。沿肩部挑织上针双层装饰边，再沿领窝挑织上针双层领边。

5. 沿衣边挑织双罗纹针下边，共织20cm，完成后再沿前领窝单股线编织处横向挑织双罗纹针装饰边。钉好装饰纽扣。

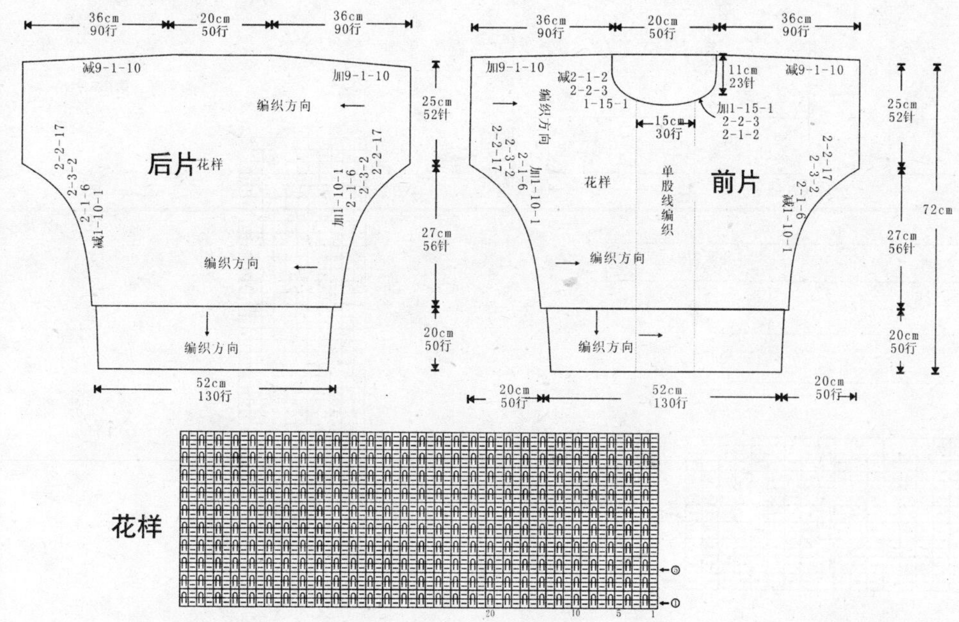

【成品尺寸】衣长52cm　胸围96cm　袖长38cm

【工具】7号棒针

【材料】蓝色马海毛线380g

【密度】10cm²：13针×25行

【附件】腰带装饰扣

【制作过程】1. 单股线编织。

2. 起64针双罗纹针后编织后片上针，编织9cm后两侧开始按图示减针，最后余28针，收针断线。用同样方法完成前片。

3. 起84针双罗纹针从袖口编织袖片花样A，按图示减针，共织38cm，最后余36针，断线。用同样方法再完成另一片袖片。

4. 沿边对应相应位置缝实，侧缝下方夹入单独编织的装饰腰带片。单独编织花样B麻花领边，沿领窝缝实。

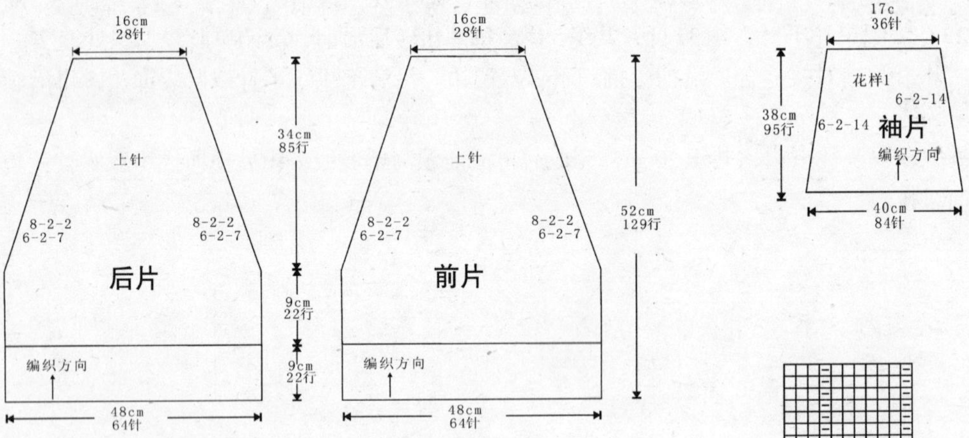

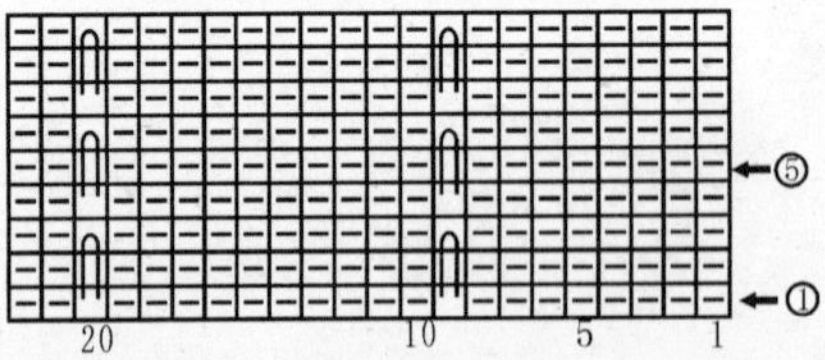

后片：16cm 28针；上针；8-2-2 6-2-7；8-2-2 6-2-7；34cm 85行；9cm 22行；9cm 22行；编织方向；48cm 64针

前片：16cm 28针；上针；8-2-2 6-2-7；8-2-2 6-2-7；52cm 129行；编织方向；48cm 64针

袖片：17c 36针；花样1；6-2-14；6-2-14；38cm 95行；编织方向；40cm 84针

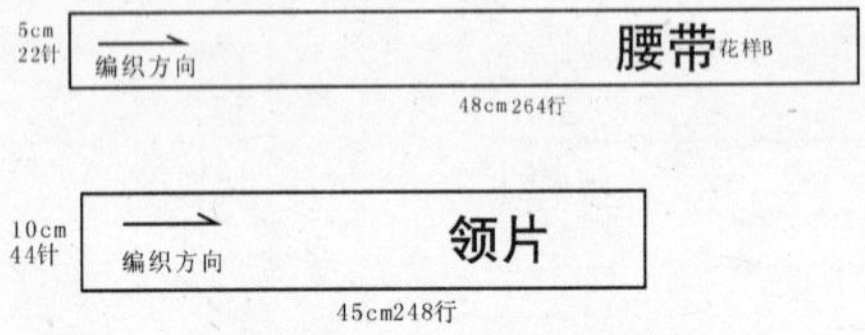

腰带：5cm 22针；编织方向；花样B；48cm264行

领片：10cm 44针；编织方向；45cm248行

花样1：⑤ ①；20 10 5 1

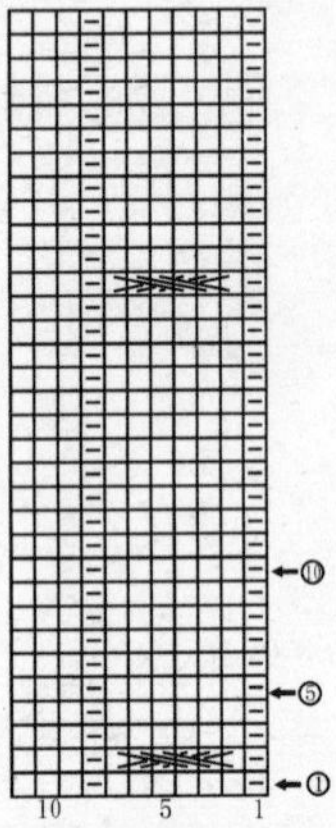

花样2：⑩ ⑤ ①；10 5 1

特色套头毛衫

【成品尺寸】衣长65cm 胸围96cm 连肩袖长25cm

【工具】1.7mm棒针

【材料】浅藕色、花杏色纯羊毛线

【密度】10cm²：44针×55行

【附件】亮片若干

【制作过程】前后片分别按图起针，织双罗纹10cm后，改织花样至织完成。领窝按图加减针，衣袖按编织方向，从袖口起针，织双罗纹20cm，腋窝按图加织，全部缝合。领圈跳针，织5cm双罗纹，形成圆领。侧缝按彩图缝扣子即可，缝上亮片，完成。

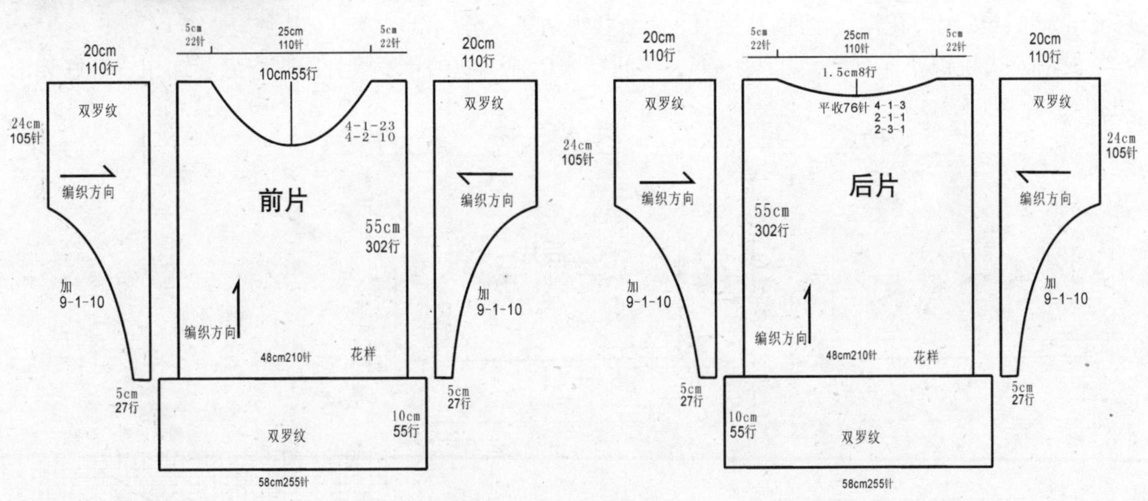

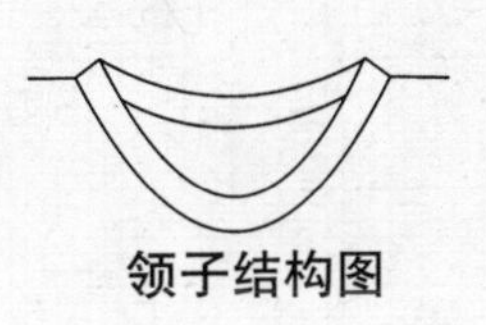

领子结构图

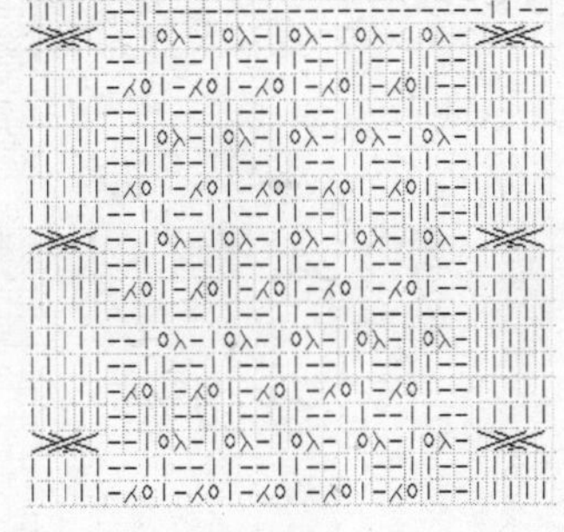

花样

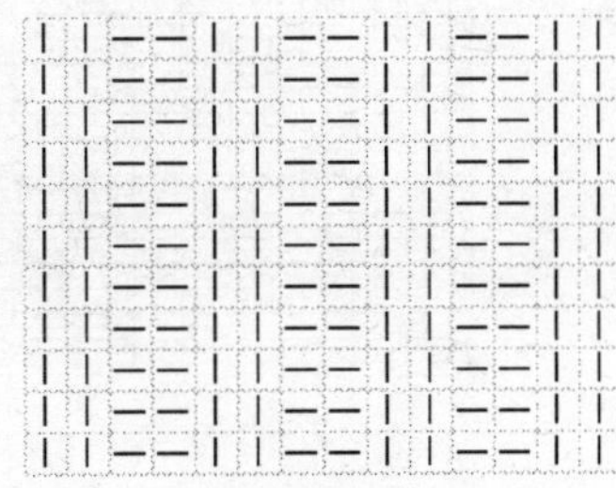

双罗纹

【成品尺寸】衣长60cm　胸围96cm　连肩袖长41cm

【工具】5号棒针　环形针

【材料】褐色交织毛线200g　驼色交织毛线60g

【密度】10cm^2：13针×16行

【附件】纽扣6枚　装饰扣1枚

【制作过程】1. 单股编织。

2. 起39针从袖口开始编织后片上针，一侧按图示加针编织，一侧不加减针，织到22cm即完成肩部加针，然后不加减针编织20cm完成后领，再按加针针数如数减针编织另一侧，完成后收针断线。后片共织64cm。

3. 用同样方法编织前片，加针织到22cm完成肩部加针后，开始前衣领加减针，共编织42行即完成前领窝，再按加针针数如数减针编织另一侧，完成后收针断线。

4. 起5针编织边花样，不加减针织88cm，共织两条，分别沿肩缝与衣片缝合。

5. 沿衣边挑织花样下边，共织19cm，腰间穿入单独编织的单罗纹针腰带穿好装饰扣。钉好装饰纽扣。

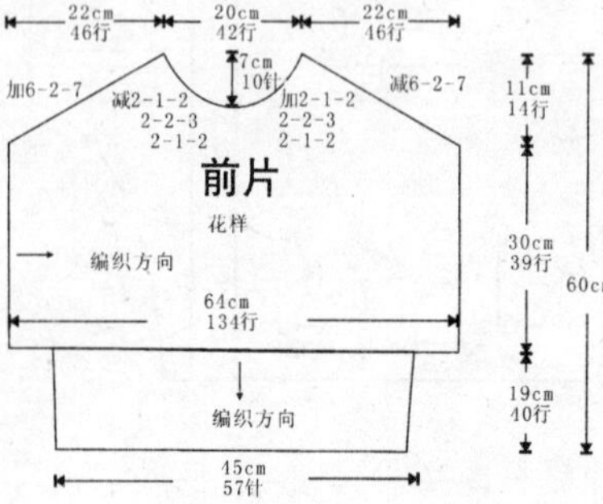

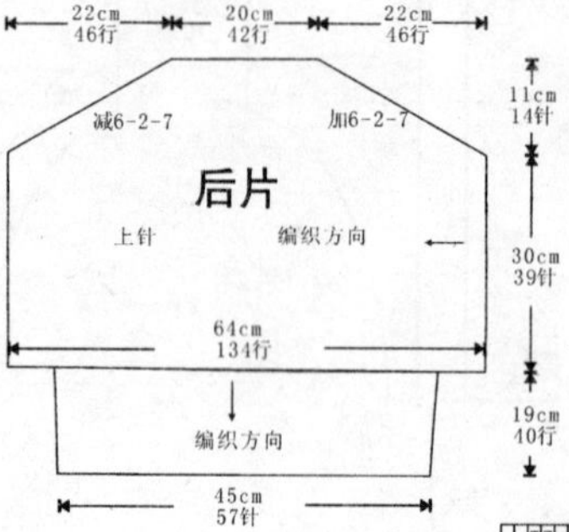

前片：22cm 46行　20cm 42行　22cm 46行　7cm 10针　加6-2-7　减2-1-2 2-2-3 2-1-2　加2-1-2 2-2-3 2-1-2　减6-2-7　花样　编织方向　64cm 134行　11cm 14行　30cm 39行　60cm　19cm 40行　编织方向　45cm 57针

后片：22cm 46行　20cm 42行　22cm 46行　减6-2-7　加6-2-7　上针　编织方向　64cm 134行　11cm 14针　30cm 39针　19cm 40行　编织方向　45cm 57针

图示说明：□=空针

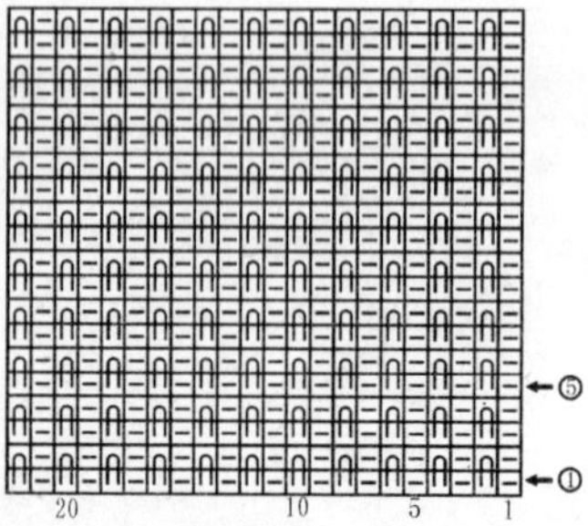

花边样：20　10　5　1　⑤　①

花样：20　10　5　1

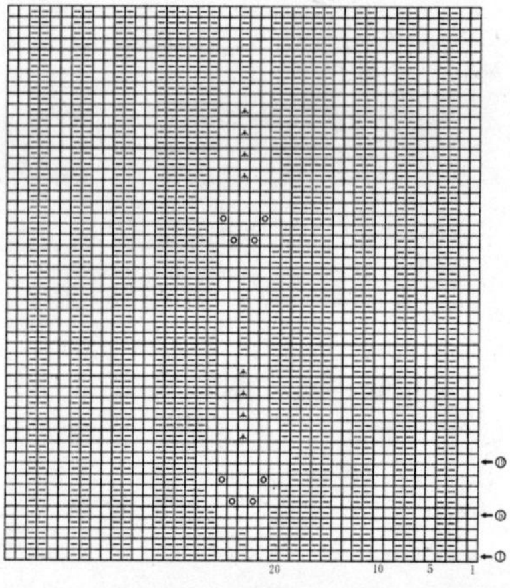

【成品尺寸】衣长47cm　胸围96cm　袖长38cm

【工具】7号棒针

【材料】褐色毛线380g

【密度】10cm²：13针×26行

【制作过程】1. 单股线编织。毛衣由前片、后片、袖片组成。

2. 起64针双罗纹针后编织46行，然后起花样下针编织后片，同时两侧开始按图示减针，最后余26针，收针断线。用同样方法完成前片，收针断线。

3. 起84针花样下针从袖口编织袖片，按图示减针，共织38cm，最后余36针，断线。用同样方法再完成另一片袖片。

4. 沿边对应相应位置缝实。沿领窝挑织下针帽片，共织32cm后，从帽顶沿边对接缝合。

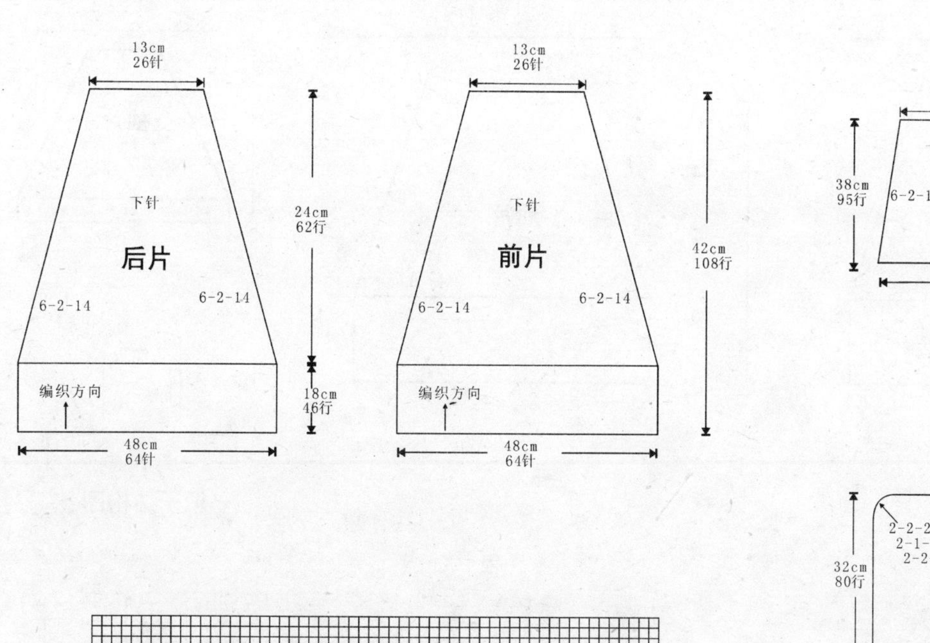

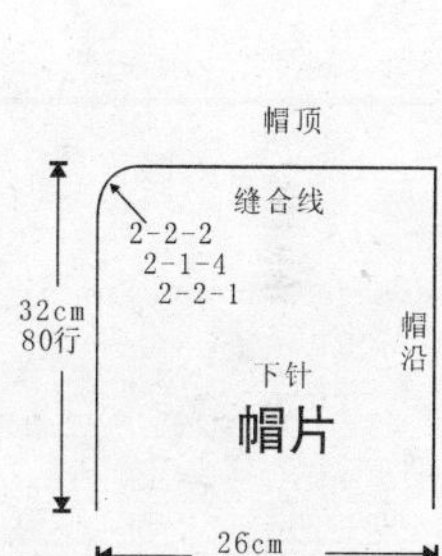

花样

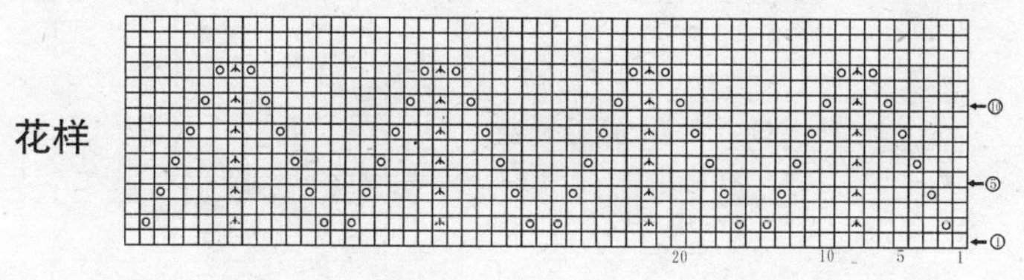

宽松短袖衫

【成品尺寸】衣长65cm　胸围94cm　连肩袖长52cm

【工具】1.7mm棒针

【材料】灰色纯羊毛线

【密度】10cm²：44针×55行

【制作过程】前后片都是分别按图起针，织双罗纹18cm后改织花样A，至织完成，衣片和领窝按图加减针。本款是插肩袖，衣袖按图起针，织5cm双罗纹后，改织下针，至织完成。袖片按图加减针，全部缝合。领子挑132针，圈织24cm花样B，形成高领，完成。

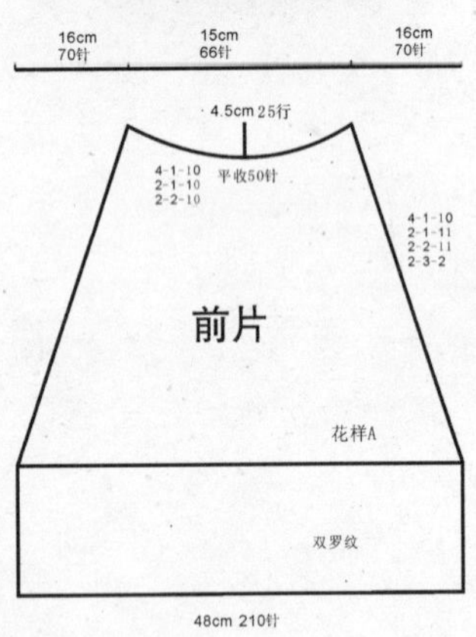

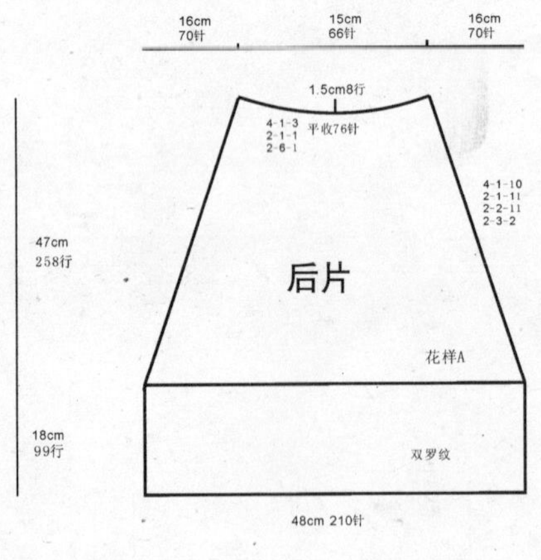

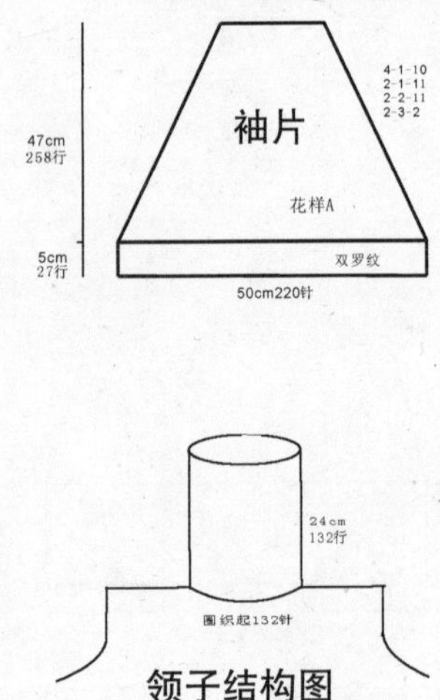

领子结构图

花样A

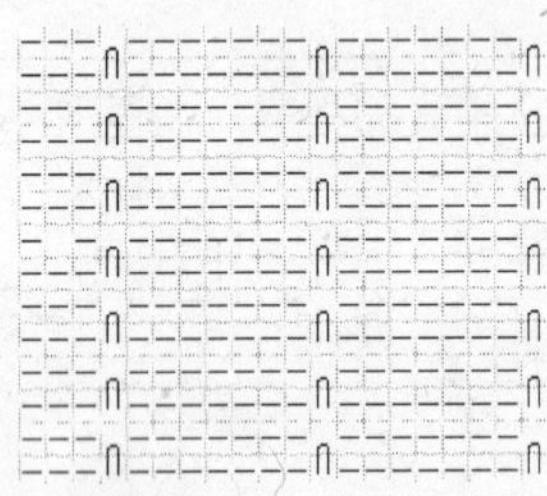

花样B

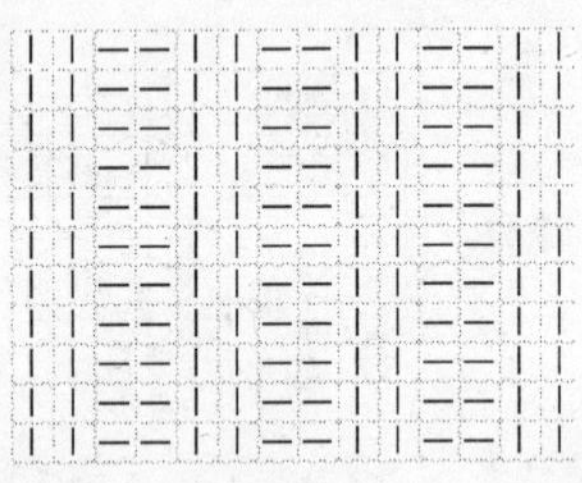

双罗纹

【成品尺寸】衣长65cm　胸围94cm　连肩袖长50cm

【工具】1.7mm棒针

【材料】粉藕色纯羊毛线

【密度】10cm²：44针×55行

【制作过程】前后片分别按图起针，织双罗纹20cm后改织花样A，至织完成。衣片和领窝按图加减针。本款是插肩袖。衣袖按图起针，织5cm双罗纹，后改织花样A，全部缝合。领子挑140针。圈织24cm花样B，形成宽高领，完成。

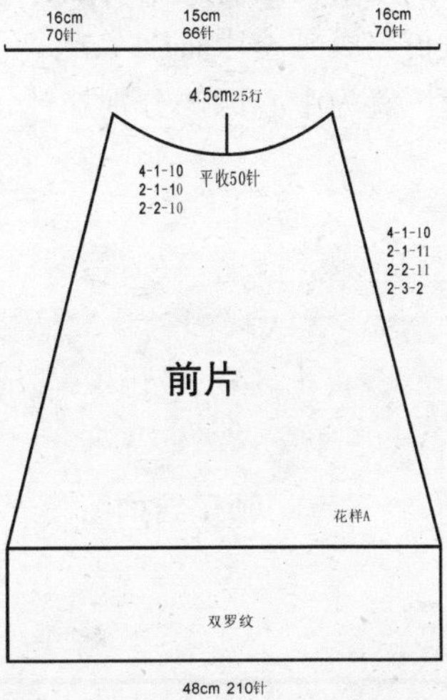

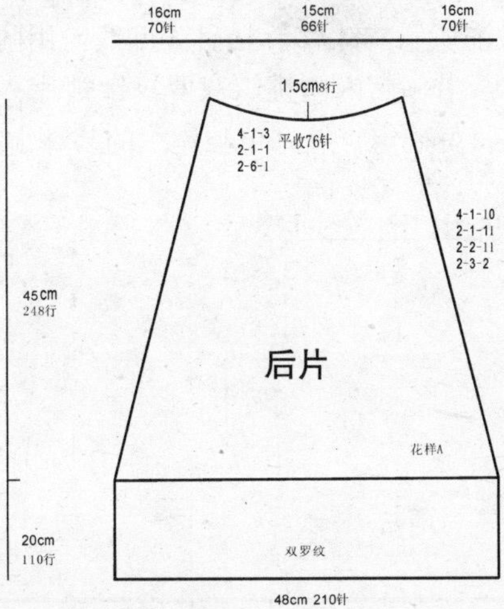

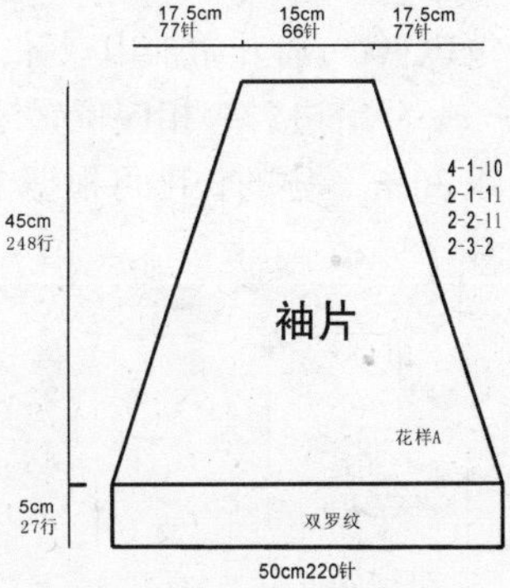

领子结构图

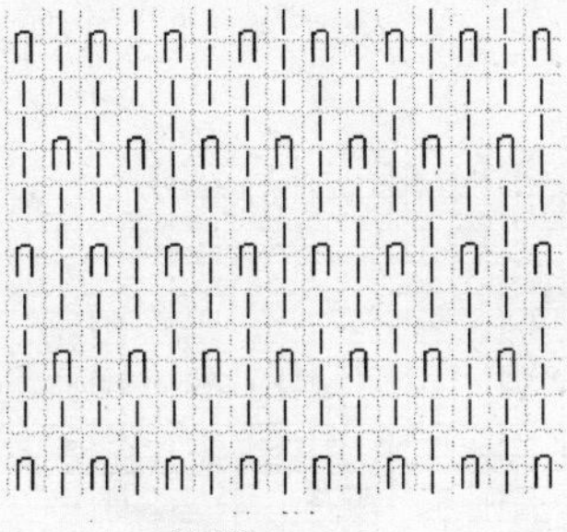

花样A

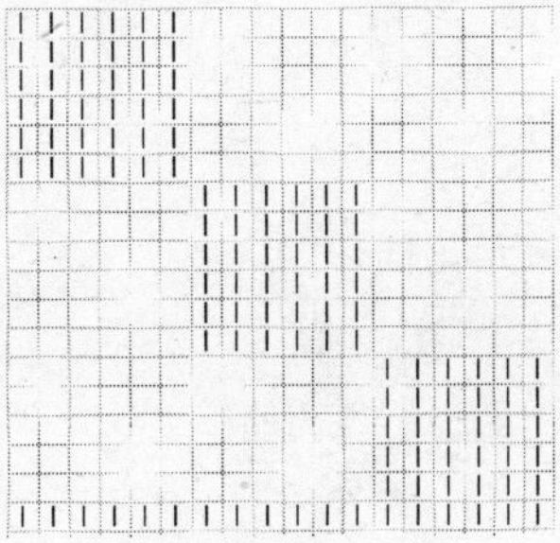

花样B

舒适厚款毛衫

【成品尺寸】衣长73cm 胸围96cm 袖长50cm

【工具】7号棒针 环形针 5号钩针

【材料】褐色交织毛线700g

【密度】10cm²：21针×25行

【制作过程】1. 单股线编织。

2. 起106针双罗纹针边，然后编织后片下针，两侧加减针收腰，身长共织52cm后开始袖窿减针，按结构图减完针后不加减针编织到72cm时，减出后领窝，两肩部各余10cm。

3. 起106针前片双罗纹针边后先编织下针，编织到18cm改为花样编织，侧缝加减针收腰，共编织52cm时进行袖窿减针，共织到65cm时开始前领窝减针，按结构图减完针后收针断线。

4. 起56针双罗纹针从袖口编织袖片下针，按结构图所示均匀加针，编织40cm后开始袖山减针，按图所示减针后余16针，断线。用同样方法再完成另一片袖片。

5. 沿边对应相应位置缝实。沿领窝内侧挑织双罗纹针领片，以肩缝位置为中心两侧分别加针，织26cm，领的长度可根据个人喜好确定。缝好单独钩织的装饰小花。

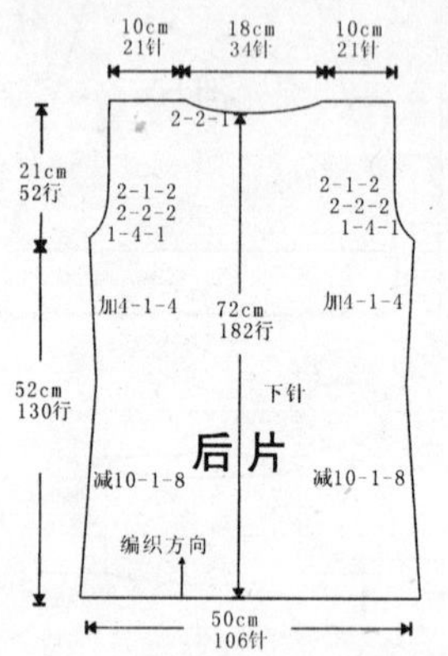

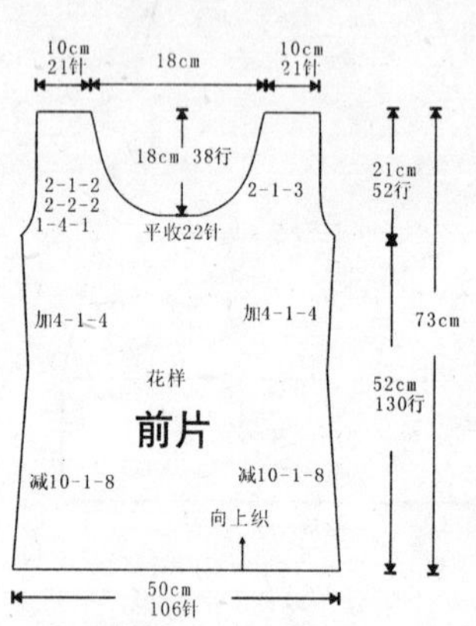

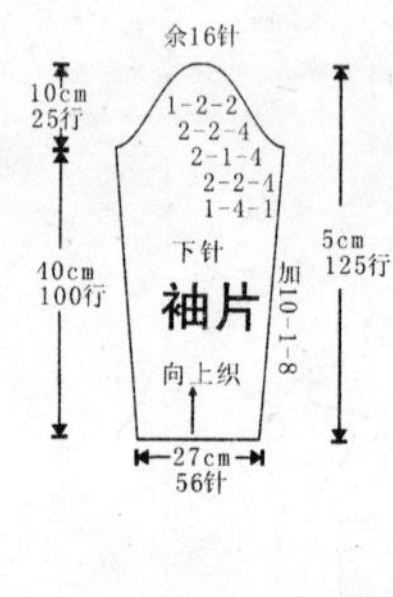

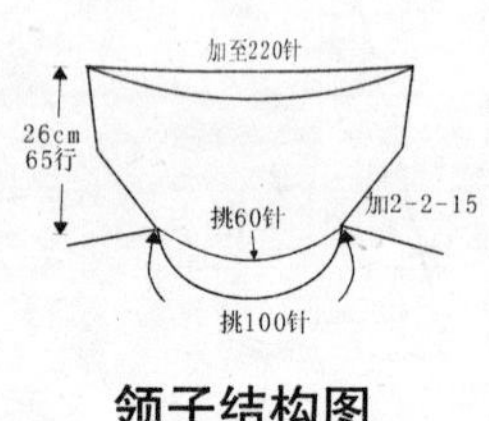

领子结构图

下针

袋片

14cm 38行

22cm 444针

单元花样

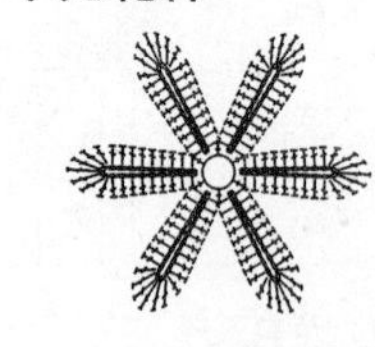

花样

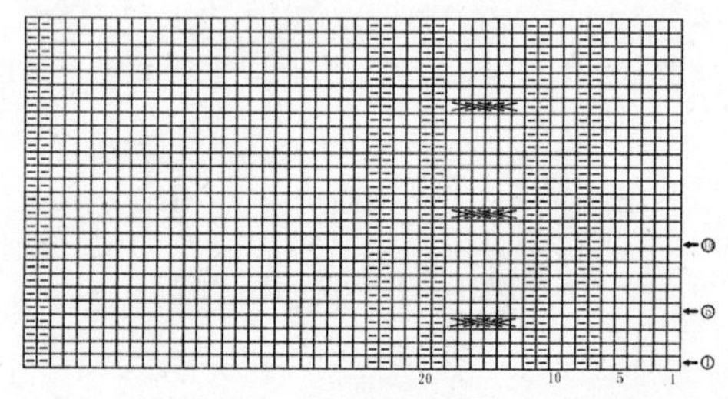

【成品尺寸】衣长65cm　胸围96cm　连肩袖长63.5cm

【工具】7号棒针

【材料】灰色花毛线880g

【密度】10cm²：21针×25行

【附件】装饰带1条　珠珠若干

【制作过程】1. 单股线编织。

2. 起31针编织育克片花样，不加减针共织102cm，收针断线。

分别起100针双罗纹针，编织前、后下身片，两侧加减针收腰，编织至61.5cm时两侧分别减出袖窿，身长共织65cm。

3. 起50针双罗纹针从袖口编织袖片下针，两侧均匀加针编织45cm后开始袖山减针，按图示减针后余38针，同样方法完成另一片袖片。

4. 将下身片与袖片分别与育克片缝合，育克片对接缝放在后片位置。沿领窝穿入装饰带，粘好珠珠。

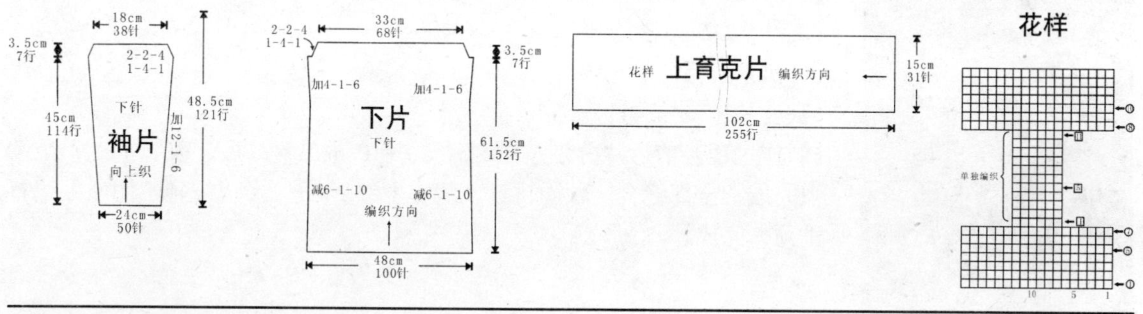

灰色短袖衫

【成品尺寸】衣长85cm　胸围96cm　袖长35cm

【工具】1.7mm棒针

【材料】灰色纯羊毛线

【密度】10cm²：44针×55行

【附件】装饰扣2枚

【制作过程】前片分左右两片，分别按图起针，织双罗纹10cm后，改织42cm花样，至织完成。后片和衣袖按图织好，全部缝合。门襟另织两条双罗纹的长方形。缝合前片。领圈挑针，织10cm双罗纹，形成立领，用缝衣针缝上装饰扣，完成。

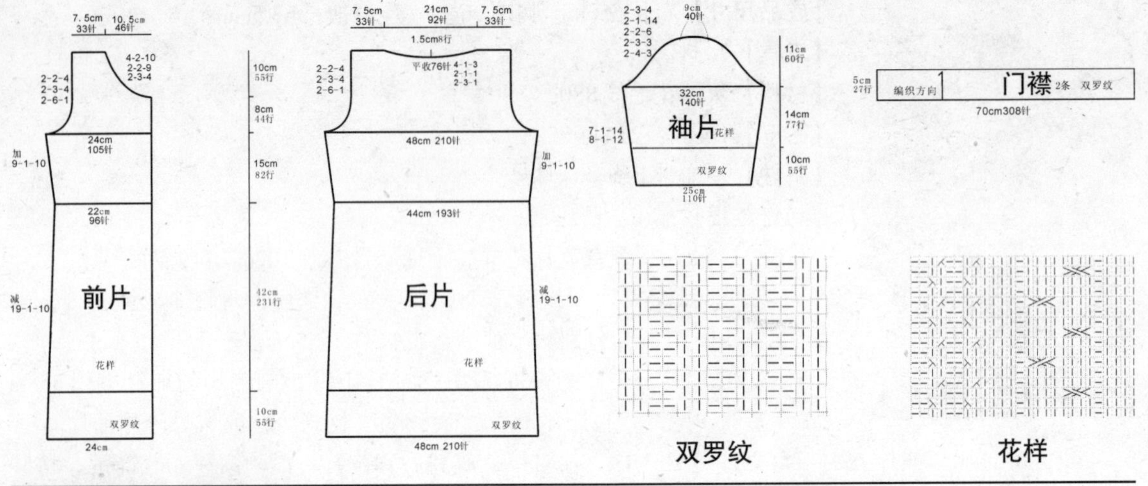

双罗纹　　花样

【成品尺寸】衣长85cm　胸围96cm　连肩袖长18.5cm

【工具】1.7mm棒针

【材料】灰色纯羊毛线

【密度】10cm²：44针×55行

【制作过程】前后片分别按图起针，织10cm单罗纹后，改织下针，至编织完成，全部缝合。领圈挑针，织单罗纹24cm，形成高领。用原毛线打垂须，完成。

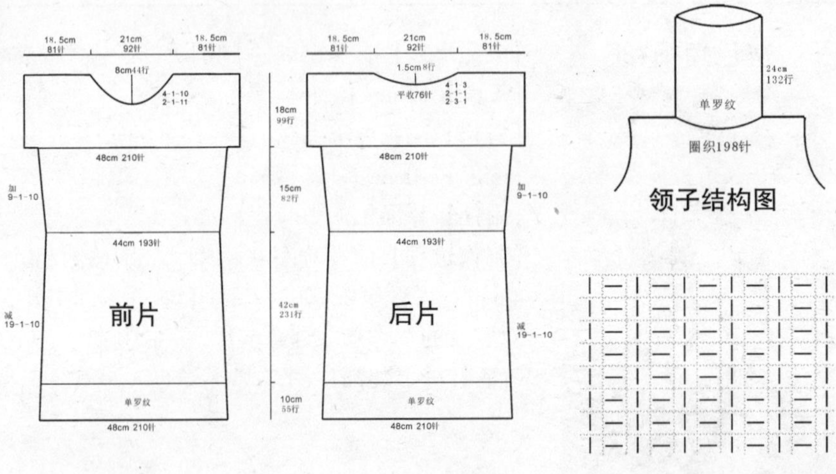

单罗纹

娇艳短款毛衫

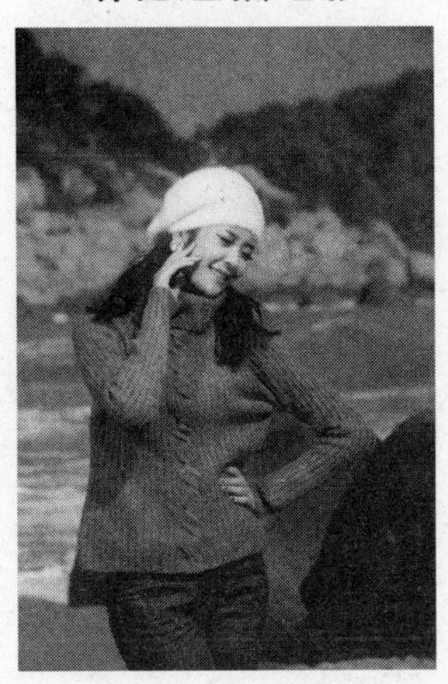

【成品尺寸】衣长47cm　胸围96cm　连肩袖长63cm

【工具】9号棒针

【材料】紫色马海毛线720g

【密度】10cm²：20针×27行

【制作过程】1. 单股线编织。

2. 起96针编织后片双罗纹针，两侧加减针收腰后，共织25cm开始袖窿减针，按结构图减针到肩部，余24针。

3. 起96针编织前片花样，侧缝加减针收腰，共编织25cm后开始袖窿减针，身长共编织到45cm时进行前衣领减针，按结构图减完针后收针断线。

4. 起65针双罗纹针，均匀加针后从袖口编织袖片，按结构图所示均匀加针，编织41cm后开始袖山减针，按图所示减针后余19针，断线。用同样方法再完成另一片袖片。

5. 将前、后片及袖片沿对应位置缝合。从领窝挑针圈织双罗纹针领，共织24cm。

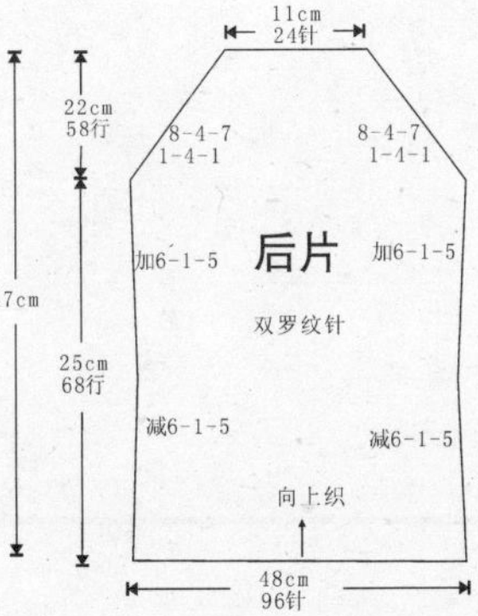

11cm
24针
22cm
58行
8-4-7
1-4-1
8-4-7
1-4-1
加6-1-5
后片
加6-1-5
双罗纹针
47cm
25cm
68行
减6-1-5
减6-1-5
向上织
48cm
96针

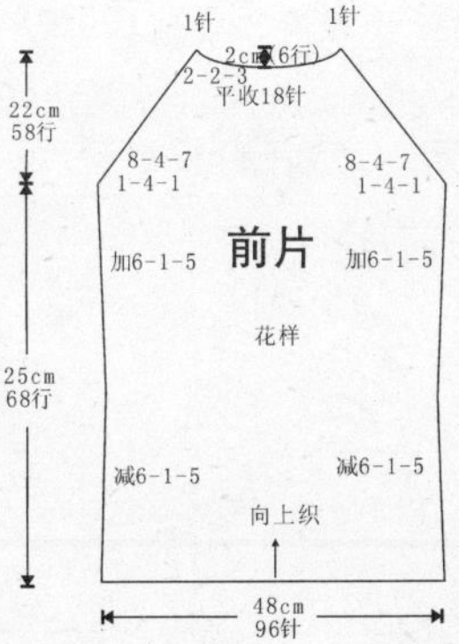

1针
1针
2cm(6行)
2-2-3
平收18针
22cm
58行
8-4-7
1-4-1
8-4-7
1-4-1
加6-1-5
前片
加6-1-5
花样
25cm
68行
减6-1-5
减6-1-5
向上织
48cm
96针

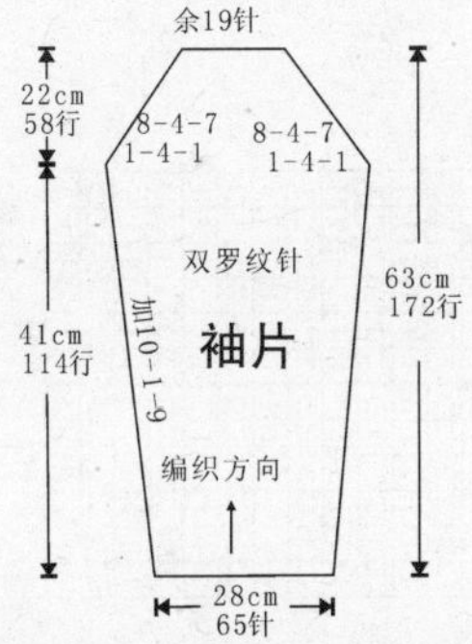

余19针
22cm
58行
8-4-7
1-4-1
8-4-7
1-4-1
双罗纹针
63cm
172行
41cm
114行
加10-1-9
袖片
编织方向
28cm
65针

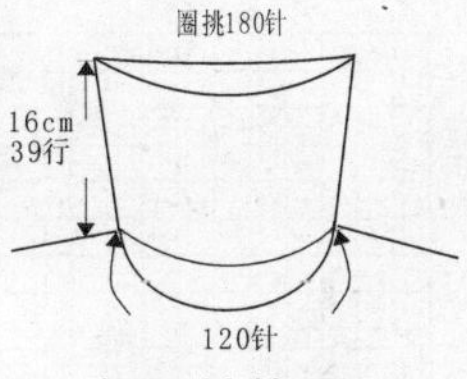

圈挑180针
16cm
39行
120针

领子结构图

花样

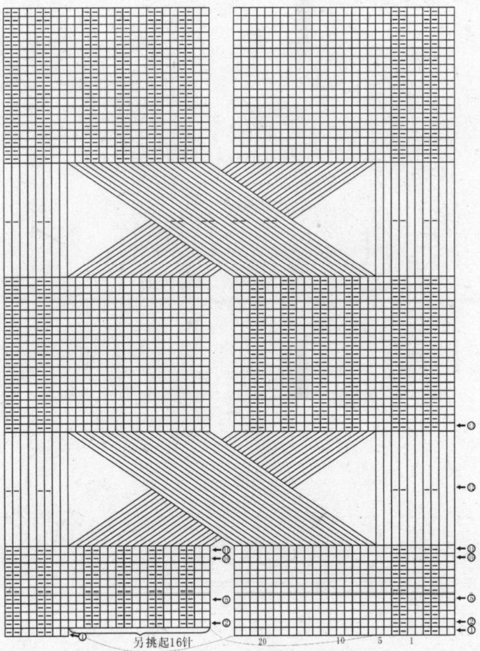

另挑起16针
20
10
5
1

【成品尺寸】衣长60cm　胸围96cm　袖长28cm

【工具】9号棒针

【材料】紫红色开司米线670g

【密度】10cm²：20针×28行

【附件】纽扣2枚

【制作过程】1. 二股线编织。

2. 起96针双罗纹针边后编织后片上针，两侧加减针收腰后，共织38cm开始袖窿减针，按结构图减针到肩部，余24针。

3. 用同样方法编织前片，身长共编织到58cm时进行前衣领减针，按结构图减完针后收针断线。

4. 起80针双罗纹针，从袖口开始编织袖片花样，不加减针织6cm时开始袖山减针，按图所示减针后余16针，断线。用同样方法再完成另一片袖片。

5. 将前、后片及袖片沿对应位置缝合。从左侧前片与袖片缝合处开始沿领窝反面挑织领片花样，使翻出的领片花样与袖片相一致，共织22cm。缝好纽扣。

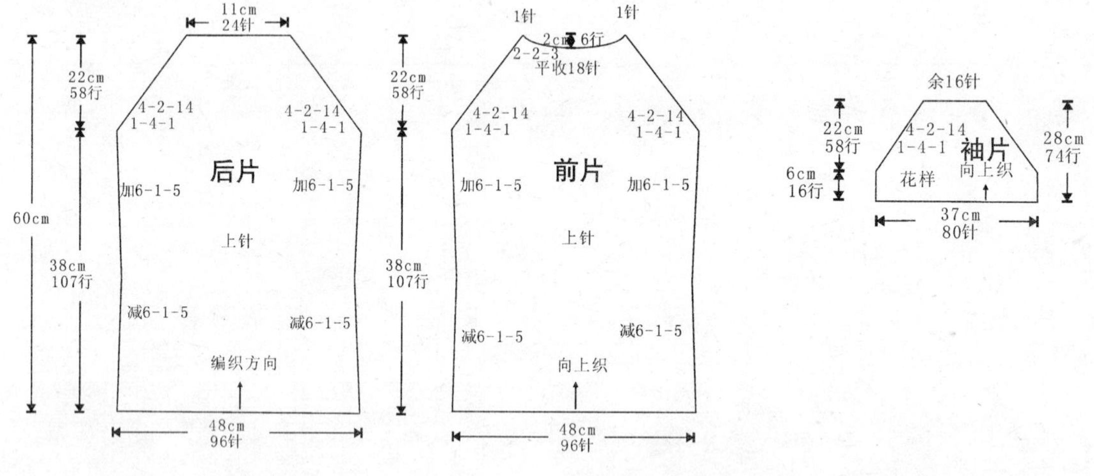

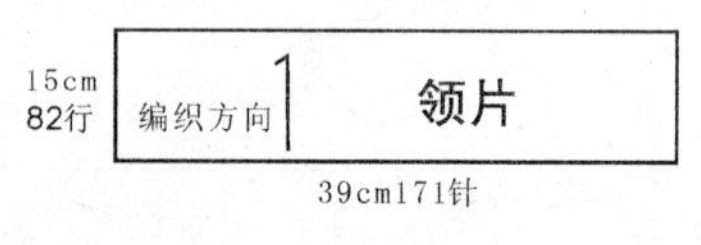

花样

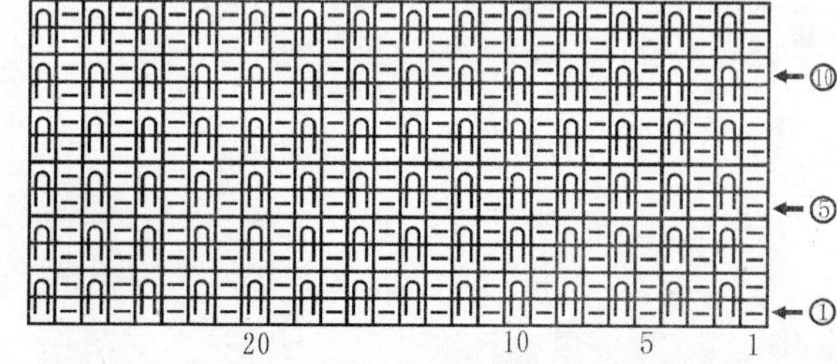

花边系带衫

【成品尺寸】衣长65cm　胸围96cm　袖长53cm

【工具】1.7mm棒针

【材料】红色纯羊毛线

【密度】10cm²：44针×47行

【附件】腰带1条

【制作过程】前后片按图起针，先按图解织下摆花边，后改织下针，至织完成。衣袖按图起针，先按图解织衣袖花边，后改织下针，至织完成，全部缝合。领圈挑针，织下针后褶边缝合，形成双层圆领。用原线做成毛毛边，装饰毛衣，系上腰带，完成。

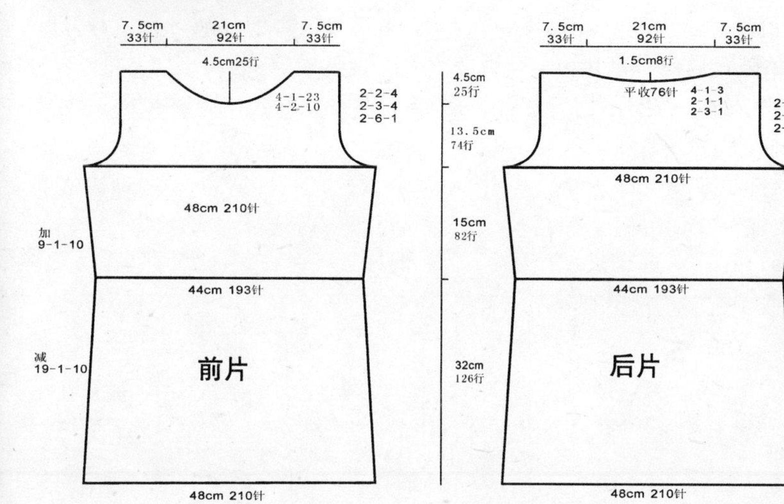

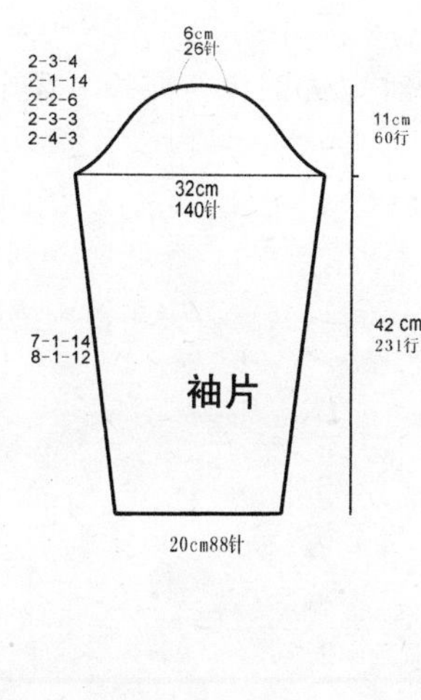

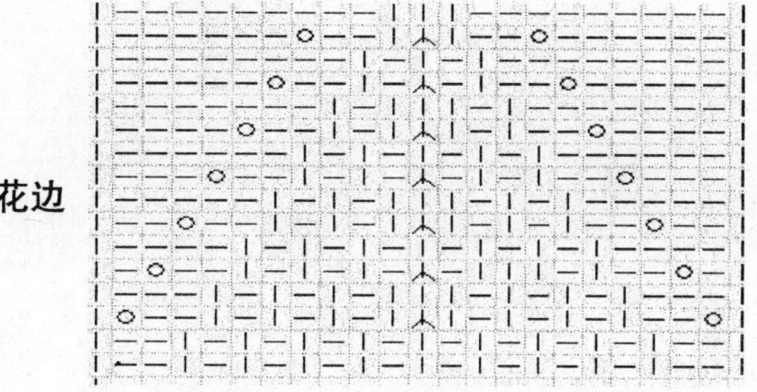

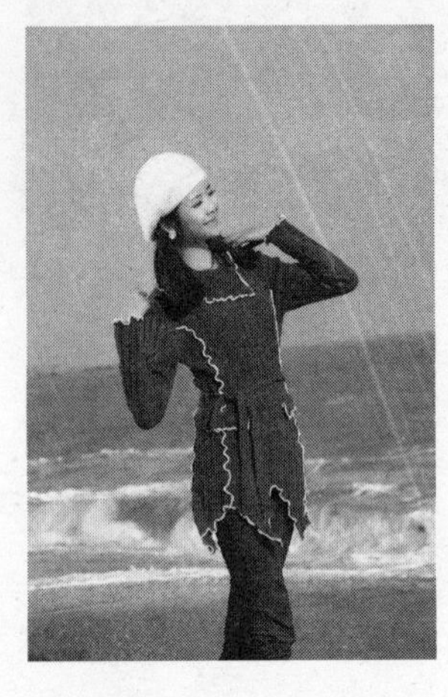

【成品尺寸】衣长75cm　胸围96cm　袖长57cm

【工具】9号棒针　锁边机

【材料】紫色圈圈纱线780g

【密度】10cm²：25针×32行

【附件】纽扣2枚

【制作过程】1. 单股线编织。

2. 起3针两侧加针编织下摆花样，织14cm，共织4片，前后各两片；起3针一侧加针一侧不加减针编织下摆花样，织14cm，共织4片，前后各两片。连接各下摆片，连接处加3针。

3. 完成连接后片共138针，开始编织花样，两侧减针收腰，身长共织54cm后开始袖窿减针，按结构图减完针后，不加减针编织至肩部，两肩部各余9cm。

4. 用同样方法连接编织前片花样，按图加减针收腰编织，织54cm时进行袖窿减针，身长共织到77cm时进行前领窝减针，按图示减针后肩部余9cm。

5. 起77针从袖口编织袖片双罗纹针，按图示均匀加针，织47cm后开始袖山减针，按图所示减针后余19针，断线。用同样方法再完成另一片袖片。

6. 对应相应位置缝合，沿领窝挑织双罗纹针领片，共织20cm。沿领边、衣边等缝合线锁边定型装饰。将袋片锁边定型后贴前片缝好，钉好纽扣。

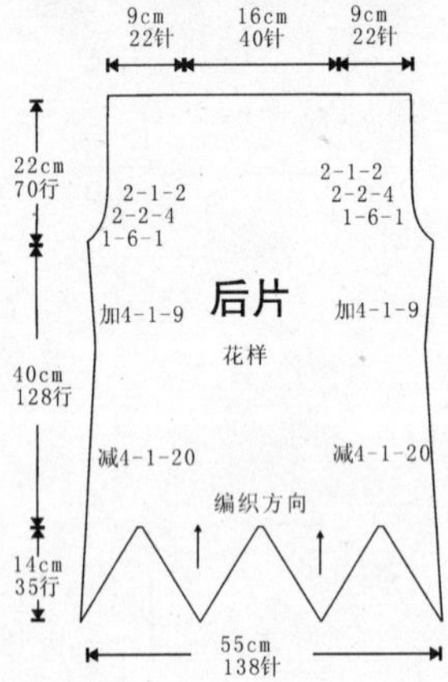

9cm
22针
16cm
40针
9cm
22针
22cm
70行
2-1-2
2-2-4
1-6-1
2-1-2
2-2-4
1-6-1
后片
加4-1-9
加4-1-9
花样
40cm
128行
减4-1-20
减4-1-20
编织方向
14cm
35行
55cm
138针

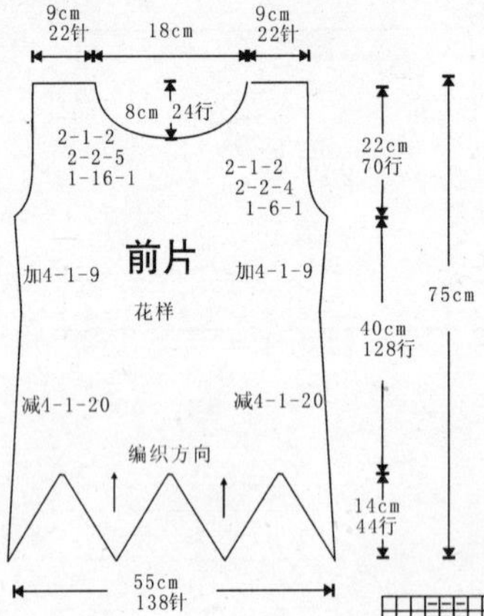

9cm
22针
18cm
9cm
22针
8cm 24行
2-1-2
2-2-5
1-16-1
2-1-2
2-2-4
1-6-1
前片
加4-1-9
加4-1-9
花样
减4-1-20
减4-1-20
编织方向
22cm
70行
40cm
128行
14cm
44行
75cm
55cm
138针

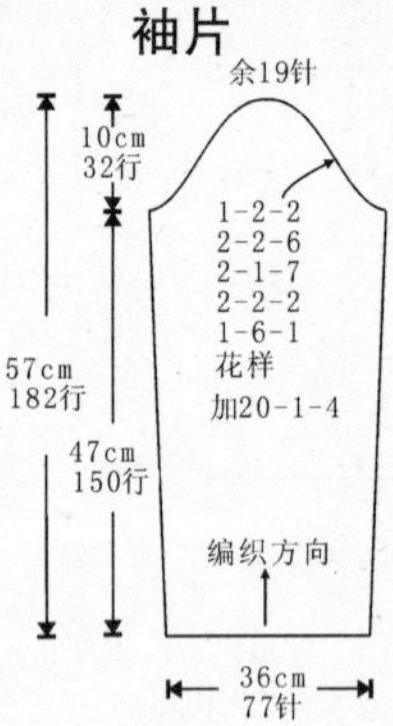

袖片
余19针
10cm
32行
1-2-2
2-2-6
2-1-7
2-2-2
1-6-1
花样
加20-1-4
57cm
182行
47cm
150行
编织方向
36cm
77针

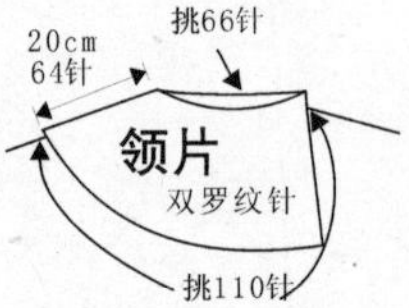

20cm
64针
挑66针
领片
双罗纹针
挑110针

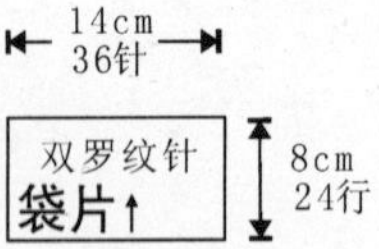

14cm
36针
双罗纹针
袋片
8cm
24行

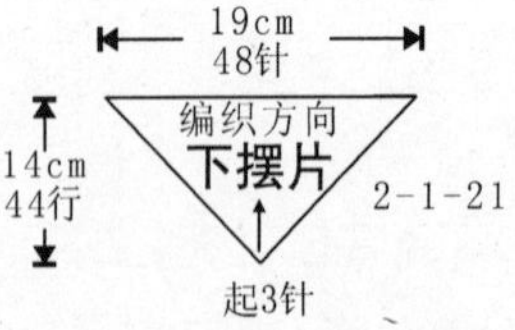

19cm
48针
编织方向
下摆片
14cm
44行
2-1-21
起3针

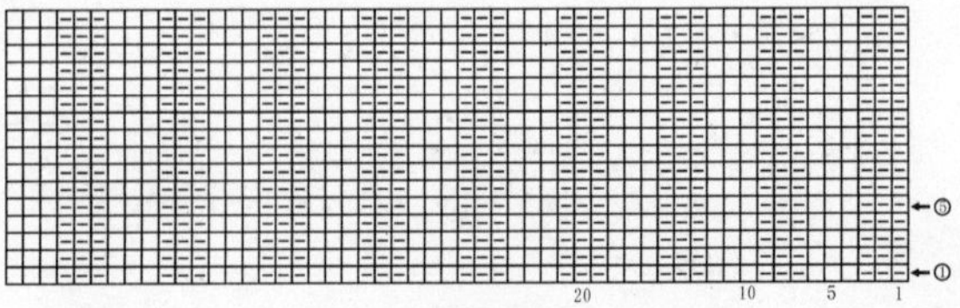

20
10
5
1

花样

清纯魅力短袖衫

【成品尺寸】衣长85cm　胸围96cm　连肩袖长35

【工具】1.7mm棒针

【材料】蓝色纯羊毛线

【密度】10cm²：44针×55行

【附件】纽扣8枚

【制作过程】前后片分上下部分组成，上部分别按编织方向起针，织花样至35cm时即开领口，按图至编织完成。下部分起针，织5cm双罗纹后改织下针，至织完成。打皱褶与上部缝合，领子另织双罗纹72cm的长方形，与领圈缝合，形成半高领，用缝衣针缝上衣袋和纽扣，完成。

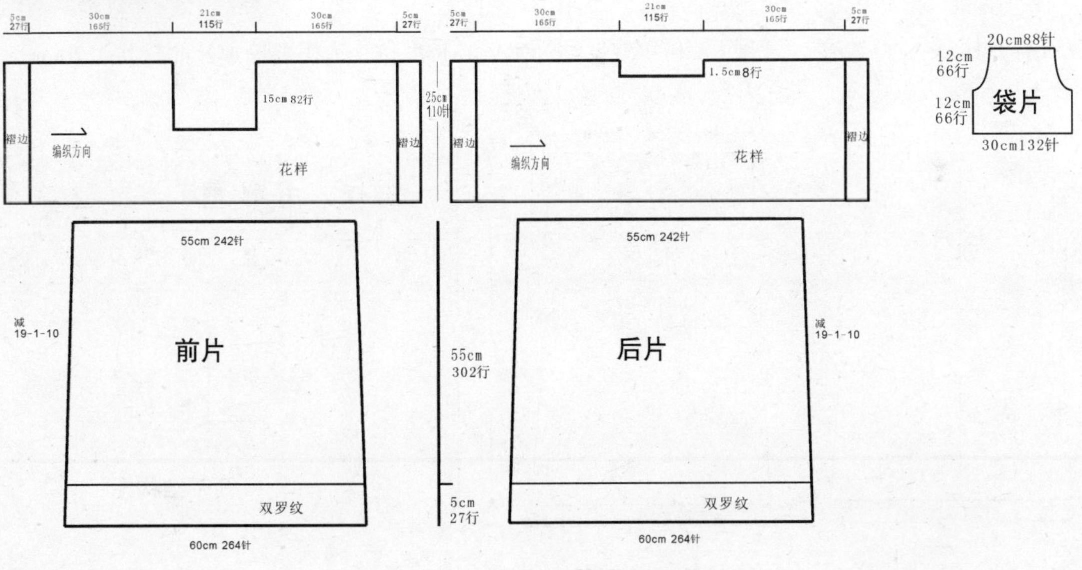

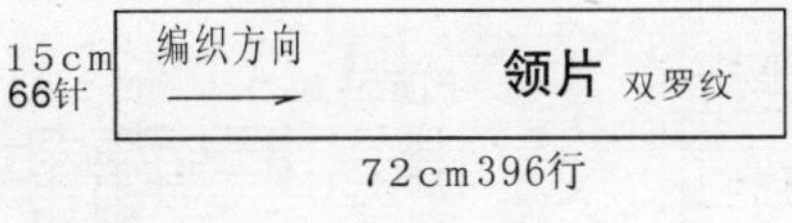

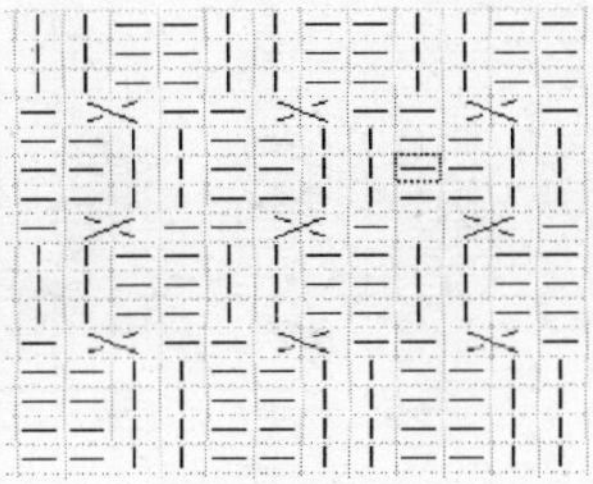

花样

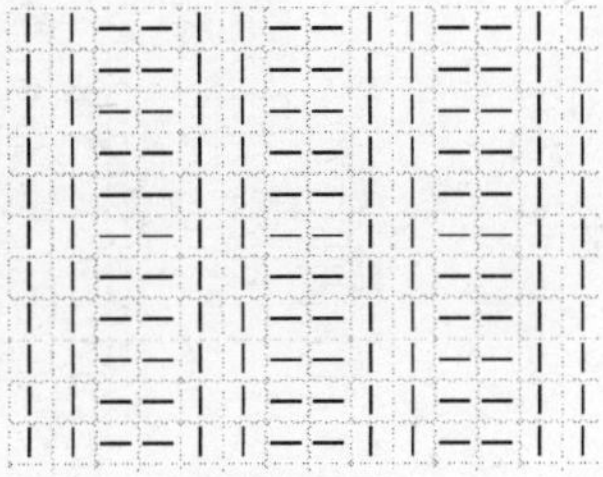

双罗纹

【成品尺寸】衣长73cm　胸围96cm　袖长14cm

【工具】7号棒针

【材料】灰色毛线470g　白色毛线60g

【密度】10cm²：21针×25行

【制作过程】1. 单股线编织。

2. 灰色线起100针双罗纹针边，然后配色编织后下片花样，两侧减针收腰，织到腰部后换单色线和花样编织，身长共织52cm后开始袖窿减针，按结构图减完针后，不加减针编织到72cm时，减出后领窝，两肩部各余9cm。

3. 用同样方法编织前片花样，编织52cm时进行袖窿减针，共编织65cm时进行前衣领减针，按结构图减完针后收针断线。

4. 起72针双罗纹针从袖口编织单色袖片下针，不加减针编织4cm后开始袖山减针，按图所示减针后余16针，断线。用同样方法再完成另一片袖片。

5. 沿边对应相应位置缝实。沿领窝挑织双罗纹针领边，长度按个人需要确定，此款共织20cm。

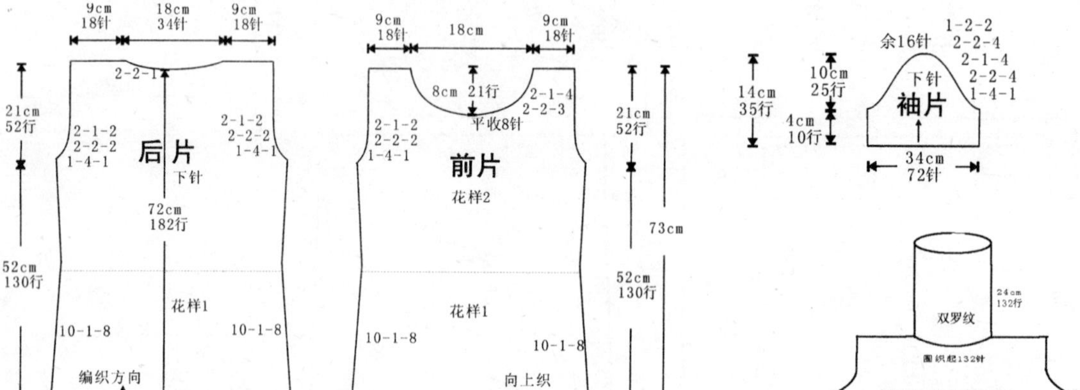

9cm 18针　18cm 34针　9cm 18针
2-2-1
21cm 52行
2-1-2 2-2-2 1-4-1
后片
2-1-2 2-2-2 1-4-1
下针
72cm 182行
52cm 130行
花样1
10-1-8　10-1-8
编织方向
48cm 100针

9cm 18针　18cm　9cm 18针
8cm 21行
2-1-4 2-2-3
平收8针
2-1-2 2-2-2 1-4-1
前片
花样2
21cm 52行
73cm
52cm 130行
花样1
10-1-8　10-1-8
向上织
48cm 100针

余16针
1-2-2 2-2-4 2-1-4 2-2-4 1-4-1
14cm 35行
10cm 25行
4cm 10行
袖片
34cm 72针

双罗纹
24cm 132行
圈织起132针
领子结构图

花样B

图示说明

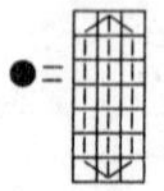

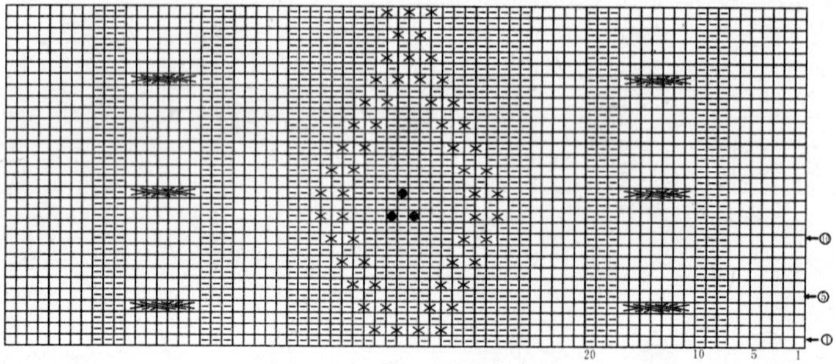

●=

20　10　5　1

花样A

图示说明 ■=灰色 □=白色

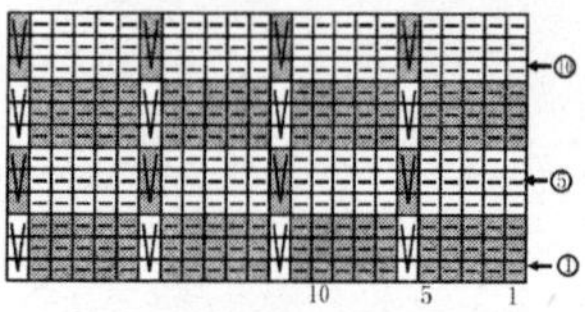

10　5　1

魅力束腰衫

【成品尺寸】衣长85cm　胸围96cm　连肩袖长13.5cm

【工具】1.7mm棒针

【材料】灰色纯羊毛线

【密度】10cm²：44针×53行

【附件】装饰扣1枚

【制作过程】前后片分上下部分，下部分分别按图起针，织52cm花样A后，改织下针，至编织完成。上部分按编织方向织好，全部缝合，领圈挑针，织单罗纹5cm，形成圆领。腰带缝上装饰扣，完成。

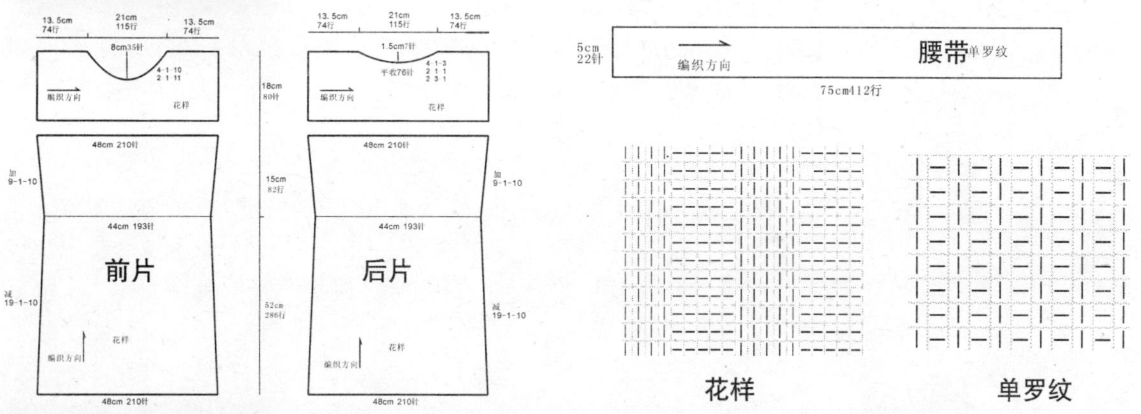

【成品尺寸】衣长85cm　胸围94cm　袖长25cm

【工具】1.7mm棒针

【材料】灰色纯羊毛线

【密度】10cm²：44针×55行

【附件】纽扣9枚

【制作过程】前后片分上下部分组成，上部分分别按图起针，织5cm双罗纹后，改织花样，至织完成。下部分前片分左右两片，前后片分别按图织好。打皱褶与上部分缝合，衣袖按图织5cm双罗纹后，改织下针，至织完成。袖山打皱褶与袖窿缝合，衣领挑针，织10cm下针，褶边缝合，形成双层圆领。缝上纽扣和衣袋。完成。

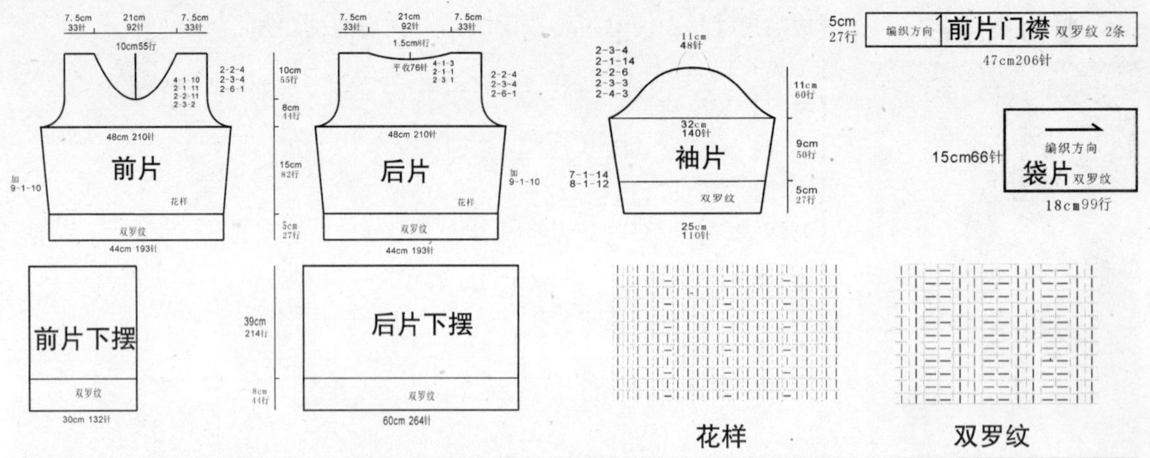

宽松淑女衫

【成品尺寸】衣长68cm　胸围94cm　连肩袖长40cm

【工具】1.7mm棒针

【材料】浅藕色纯羊毛线

【密度】10cm²：44针×55行

【附件】纽扣4枚

【制作过程】前后片是横织，分别从袖口织起，按编织方向起针，织5cm单罗纹后，即编入花样，并按图开领，织至另一袖，全部缝合。下摆另织单罗纹，与前后片缝合，下摆侧缝钉纽扣，领子跳针，织5cm单罗纹，形成圆领，完成。

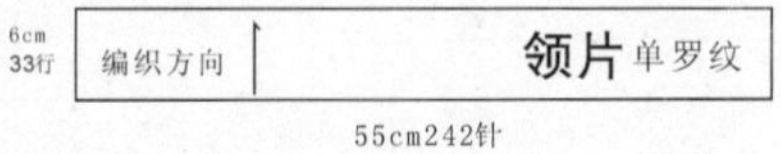

6cm 33行　编织方向　领片 单罗纹

55cm242针

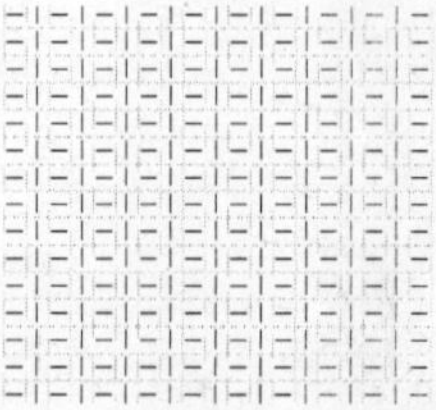

单罗纹

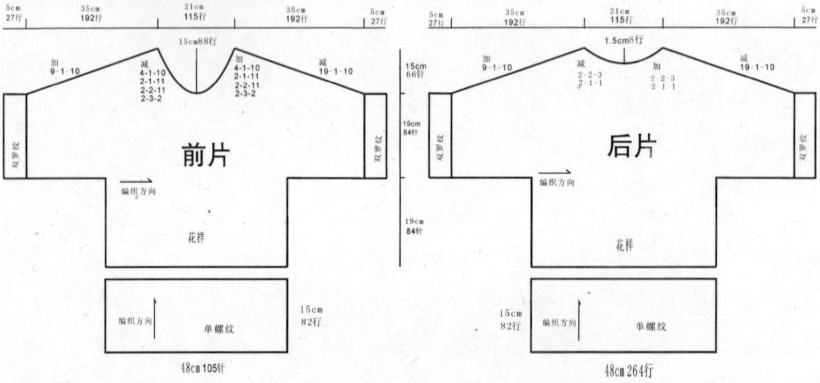

5cm 27行　35cm 192行　21cm 115行　35cm 192行　5cm 27行

15cm88行

加 9-1-10　减 4-1-10 2-1-11 2-2-11 2-3-2　加 4-1-10 2-1-11 2-2-11 2-3-2　减 19-1-10

15cm 66针　19cm 84针　19cm 84针

双罗纹　前片　双罗纹

编织方向

花样

编织方向　单螺纹　15cm 82行

48cm105针

5cm 27行　35cm 192行　21cm 115行　35cm 192行　5cm 27行

1.5cm8行

加 9-1-10　减 2-2-3 2-1-1　加 2-2-3 2-1-1　减 19-1-10

双罗纹　后片　双罗纹

编织方向

花样

15cm 82行　编织方向　单螺纹

48cm264行

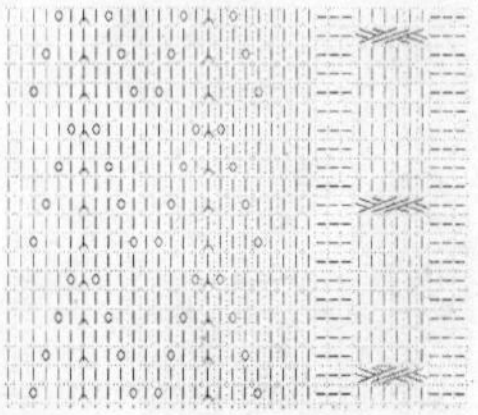

花样

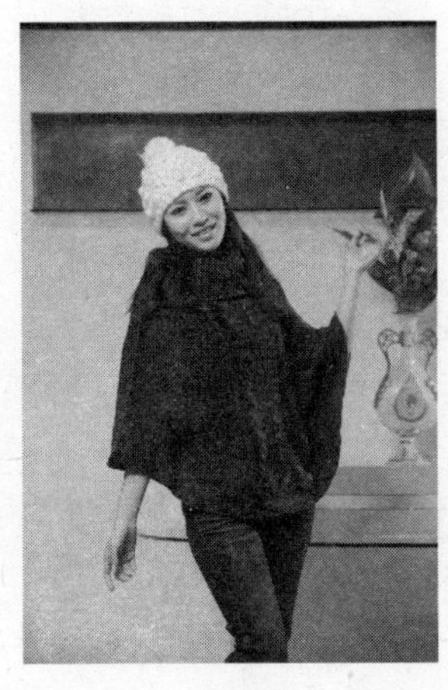

【成品尺寸】衣长65cm　胸围94cm　连肩袖长55cm

【工具】1.7mm棒针

【材料】深紫色纯羊毛线

【密度】10m²：44针×55行

【附件】纽扣2枚　毛毛边若干

【制作过程】前后片都是分别按图起针，织花样A至织完成，衣片和领窝按图加减针。本款是插肩袖，衣袖按图织好后，全部缝合。领子挑154针，织20cm双罗纹，形成翻领，扣上纽扣可成为高领。下摆衣边另织，连着袖口和衣下摆缝合，缝上纽扣和毛毛边，完成。

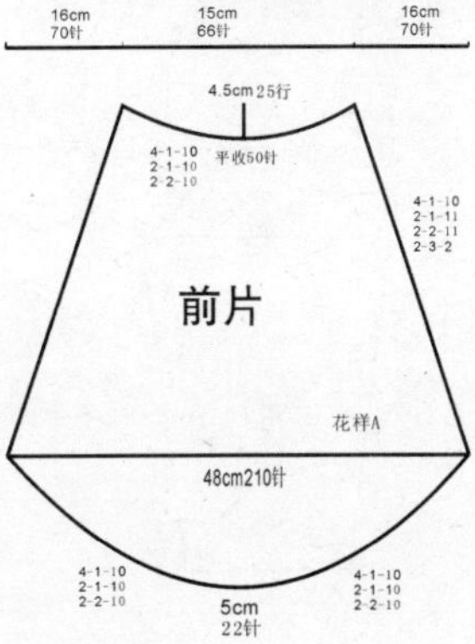

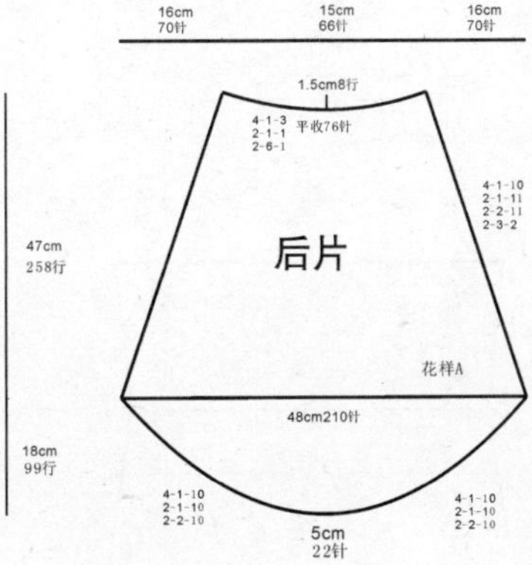

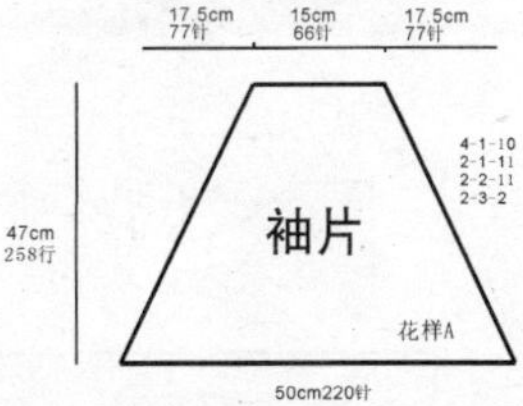

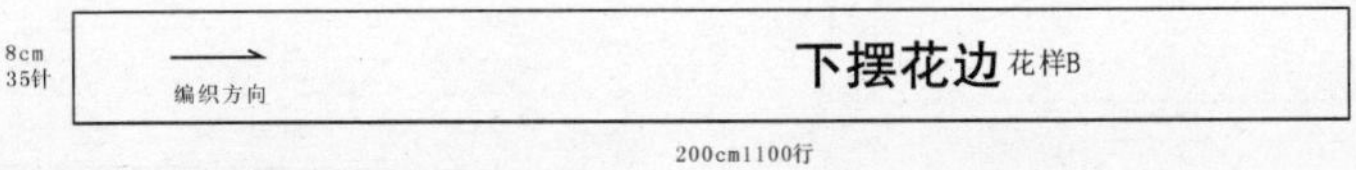

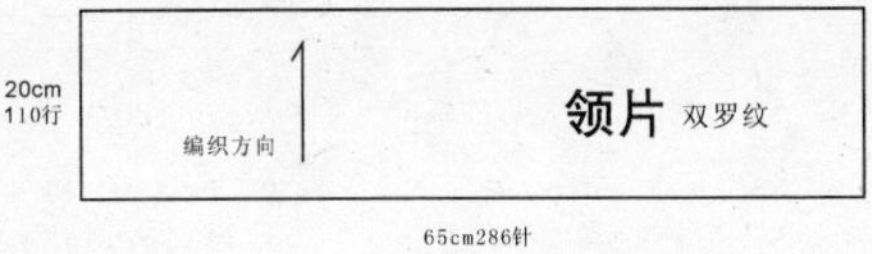

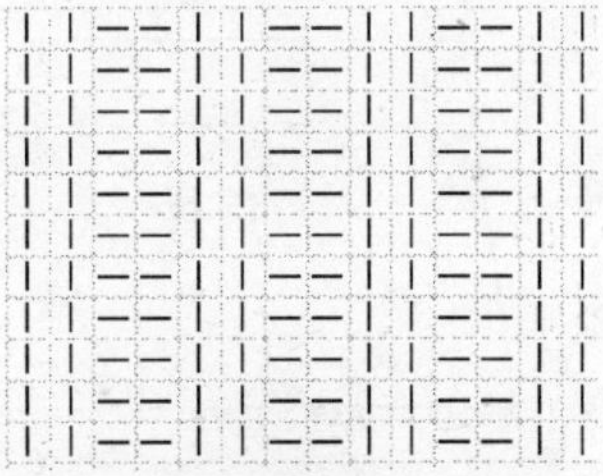
双罗纹

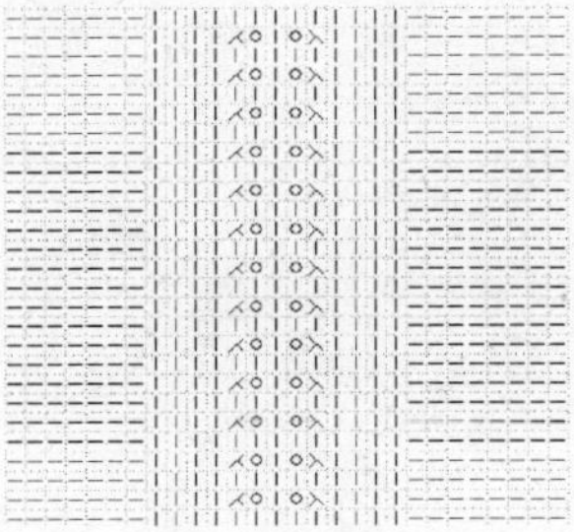
花样A

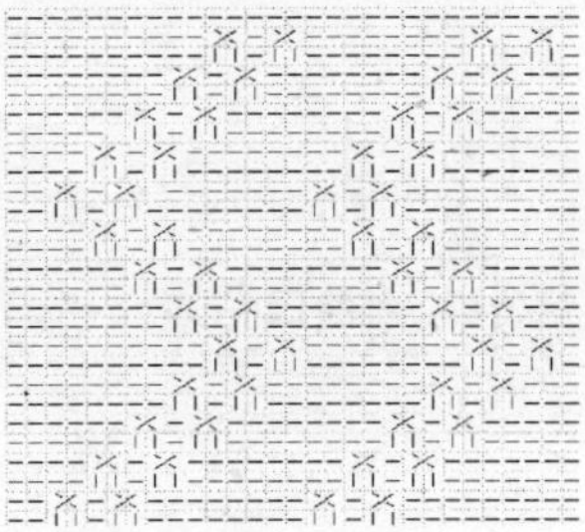
花样B

深色妩媚衫

【成品尺寸】衣长65cm　胸围96cm　袖长53cm

【工具】1.7mm棒针

【材料】绿色纯羊毛线

【密度】10cm²：44针×55行

【附件】纽扣3枚

【制作过程】前后片按图起针，织花样A16cm后，改织单罗纹10cm，再织花样B，至织完成。衣袖按图起针，织下针至织完成，全部缝合。领圈挑针，织下针后褶边缝合，形成双层圆领。花边另织好，按彩图缝合，缝上纽扣，完成。

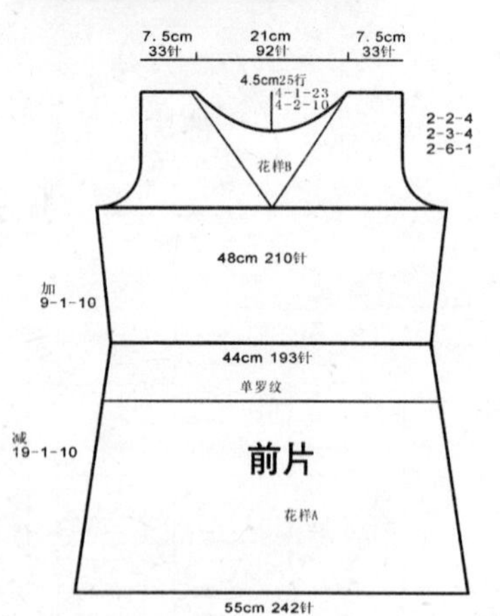

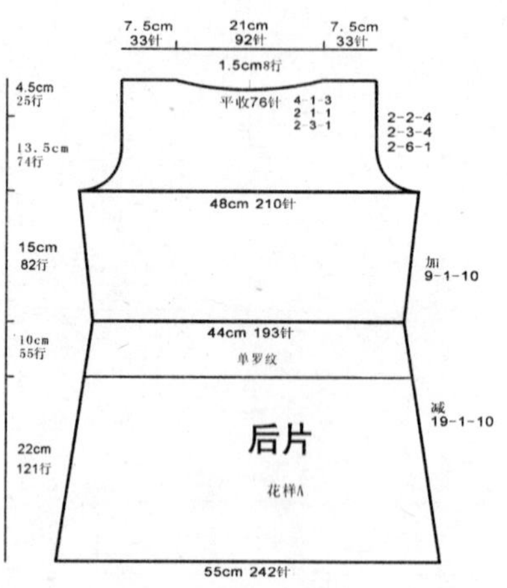

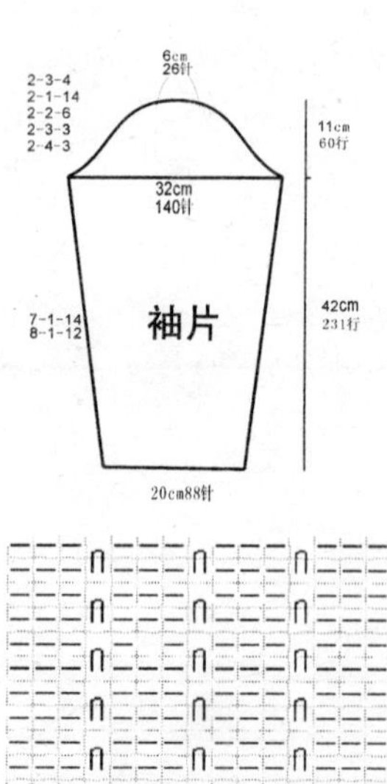

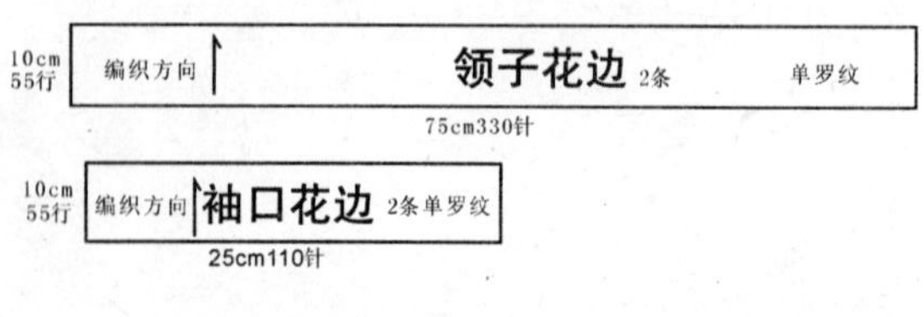

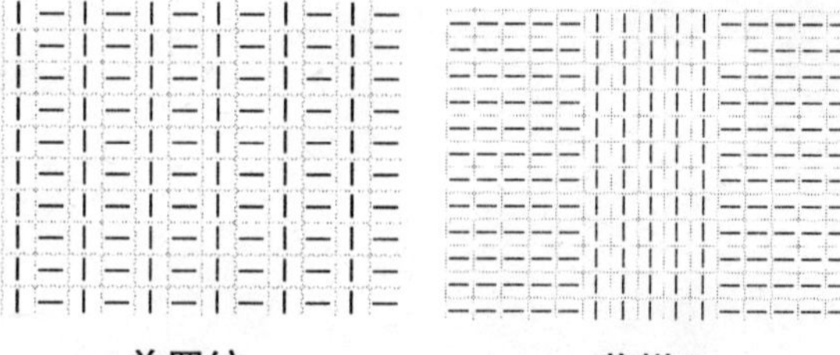

【成品尺寸】衣长73cm　胸围96cm　袖长18cm

【工具】7号棒针　环形针

【材料】黑灰色交织毛线520g

【密度】10cm²：21针×25行

【制作过程】1. 单股线编织。

2. 起64针从袖口开始编织花样，两侧按图示加针编织，共加44行即完成袖片，从36cm处减出前领窝，共减12针，然后不加减针编织8cm，再按图示加上12针，连接后片继续编织，后领窝不加减针，完成编织后收针断线。

3. 将前后片沿侧缝对接缝合。挑织双罗纹针袖窿边、下边。沿领窝挑织双罗纹针领片，共织18cm。

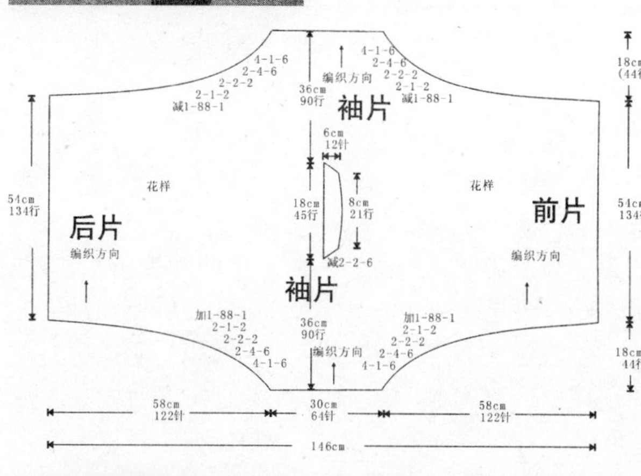

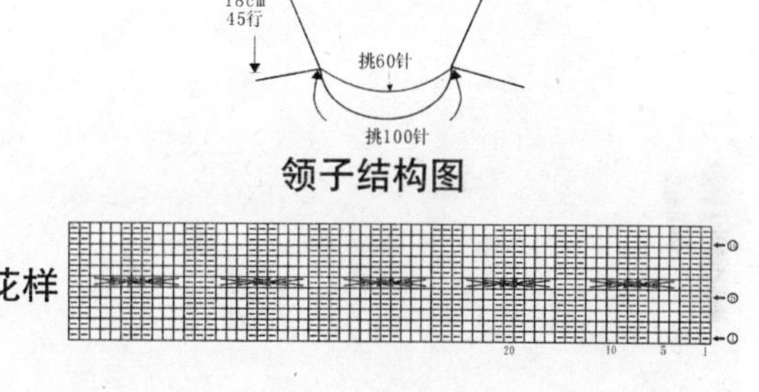

圆领个性毛衣

【成品尺寸】衣长75cm　胸围94cm　连肩袖长50cm

【工具】1.7mm棒针

【材料】蓝色纯羊毛线

【密度】10m²：44针×55行

【制作过程】前后片都是分别按图起针，织单罗纹10cm后改织下针，至织完成 。本款是插肩袖。衣袖按图起针，织5cm单罗纹，后改织花样，全部缝合。领子挑228针。圈织24cm单罗纹，形成高领，完成。

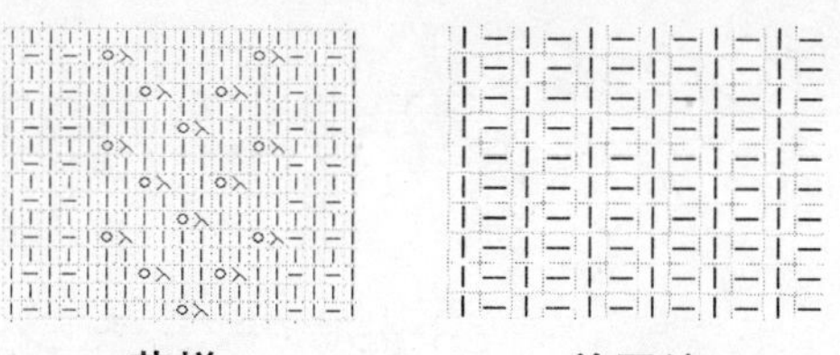
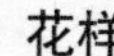

花样　　单罗纹

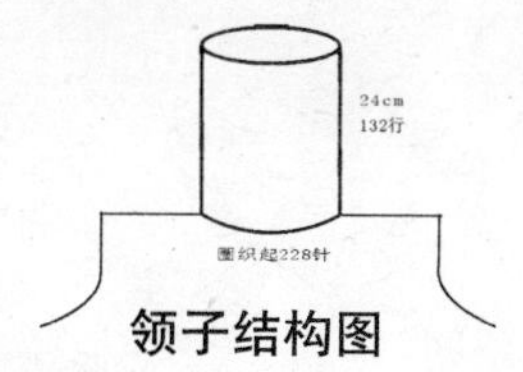

领子结构图

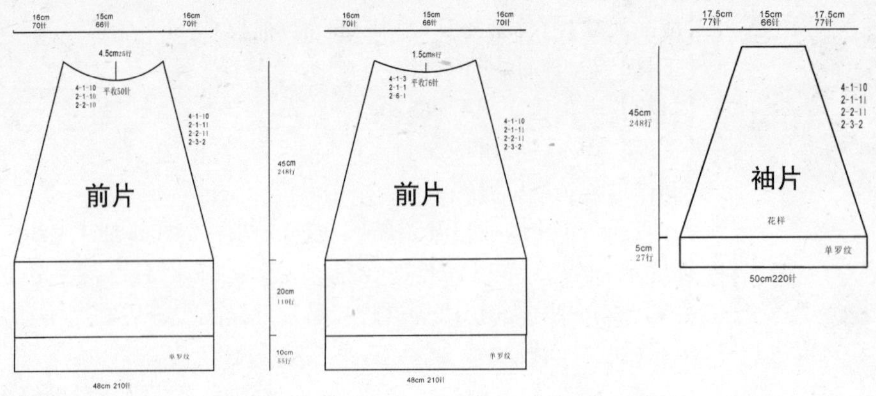

【成品尺寸】衣长57cm　胸围96cm　袖长30cm

【工具】7号棒针　环形针

【材料】军绿色羊毛线420g

【密度】10cm²：20针×21行

【制作过程】1. 单股线编织。圈织完成披肩。

2. 起12针以麻花为中心按花样编织前片下侧，在两侧按图示加针，共织56行后暂停，用同样方法起织后片下侧。另单独起9针麻花针，连接已织的56行披肩片，左右各加1次，共2次，然后圈织整个披肩，并在肩部麻花针处按图示减针，减至领窝后收针断线。在下摆处穿入流苏，流苏密度和长度可根据自己喜好调节。（流苏制作方法：取毛线数条对折，从衣片由正面穿向反面，将毛线从孔中钩出、收紧，梳理整齐。）

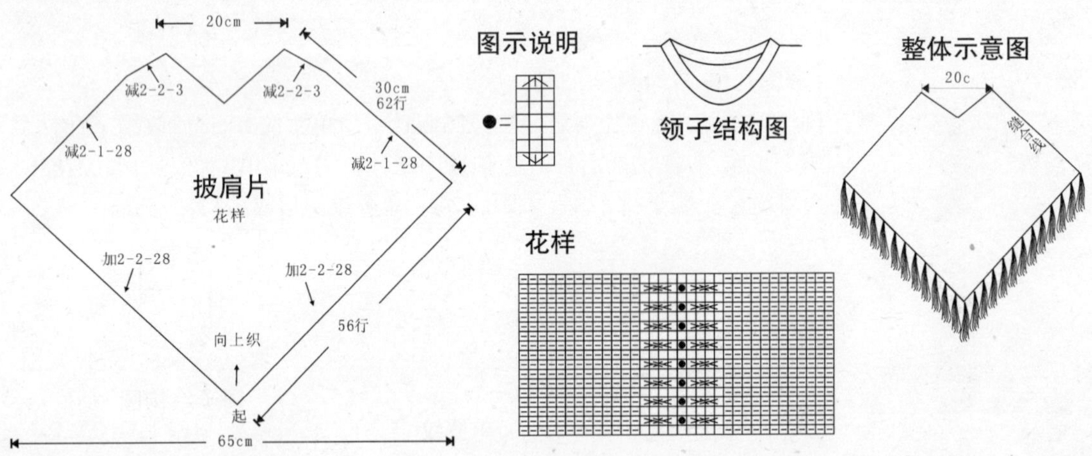

浪漫束腰衫

【成品尺寸】衣长65cm　胸围88cm　袖长55cm

【工具】5号棒针

【材料】灰色交织棉绒线720g

【密度】10cm²：14针×20行

【制作过程】1. 二股线编织。

2. 先编织花样A后片下摆，从衣摆行数少的一侧挑织下针后衣片，织20cm后两侧开始袖窿减针，再织12cm后，从中心针处向袖窿两侧减出后领窝，最后两侧各余2针。

3. 另起针编织花样B前片下摆，同样从衣摆行数少的一侧挑织花样C衣片，织20cm后同时进行袖窿、领窝减针，最后两侧各余2针.

4. 沿边对应位置缝合。挑织双罗纹针鸡心领。

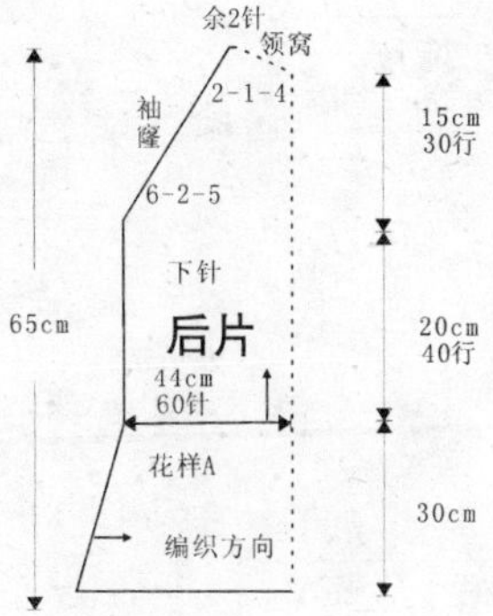

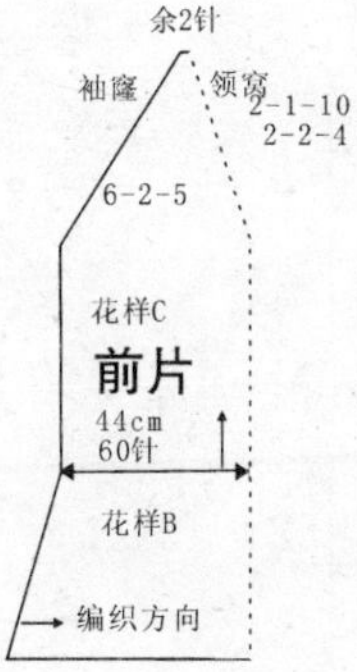

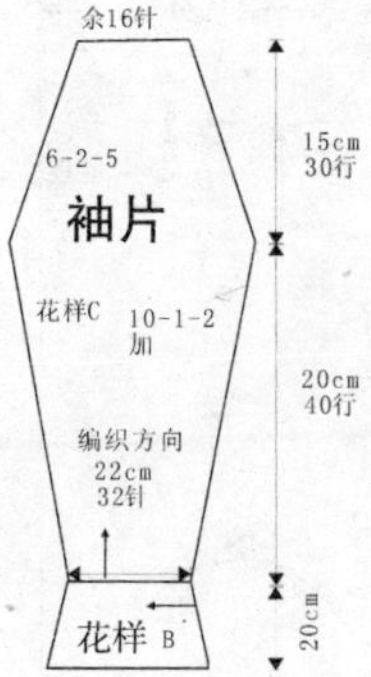

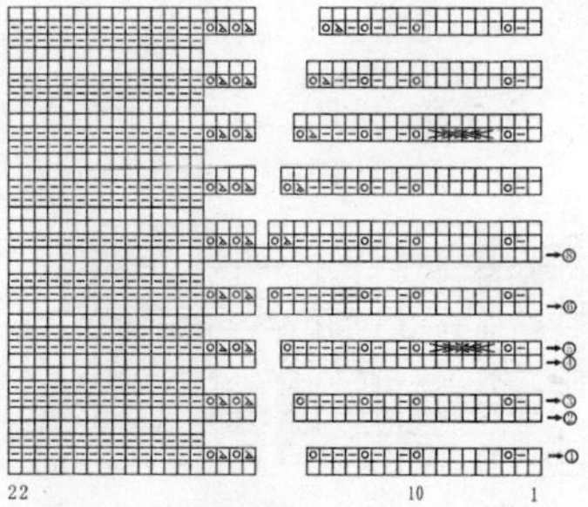

花样A

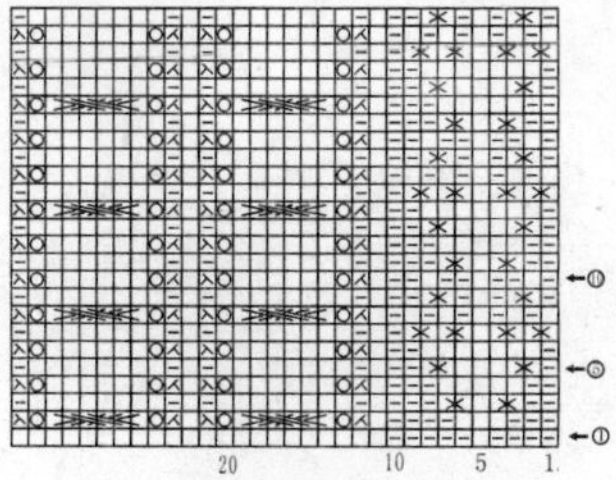

花样C

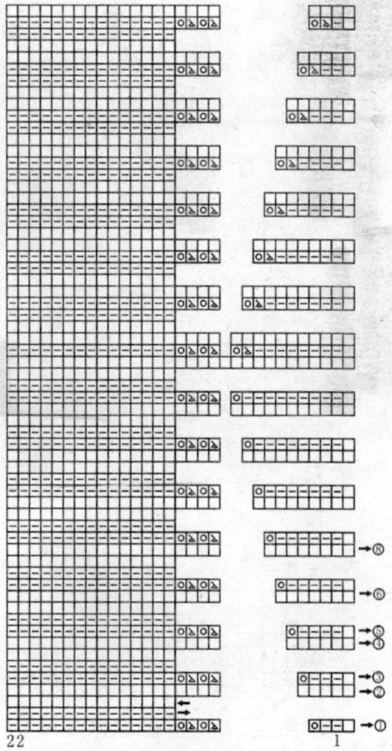

花样B

【成品尺寸】衣长65cm　胸围96cm　袖长23cm

【工具】8号棒针

【材料】驼色花毛线480g

【密度】10cm²：15针×23行

【制作过程】1. 二股线编织。

2. 起76针编织后片花样A，不加减针共编织75cm，收针断线。

3. 起76针编织前片花样A，不加减针编织到68cm时，中间平收16针，然后两侧以相反方向减出前领窝，两肩部各余16cm。

4. 起40针编织领片花样C，不加减针编织54cm，两头对接缝合。

5. 肩部沿边对应缝合，两侧缝将边留出6针后再缝合，共缝合52cm，余出袖窿不缝。沿侧缝边单股线挑织花样B装饰边，腰间留出腰带的穿入空，将单股线单独编织的腰带穿入腰间。

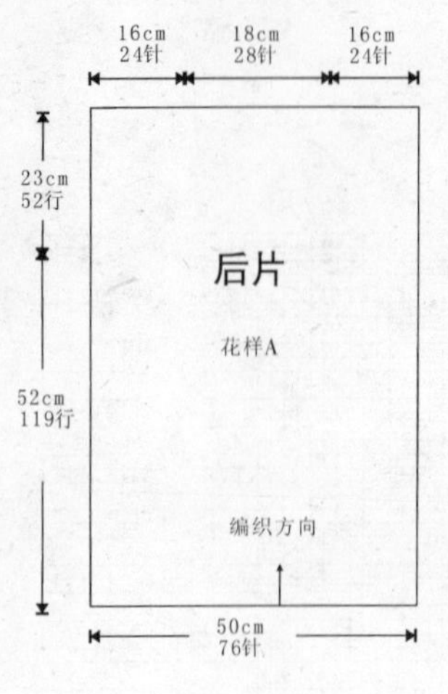

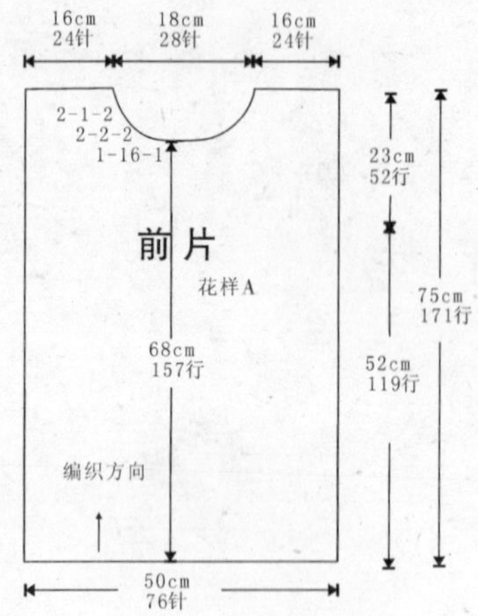

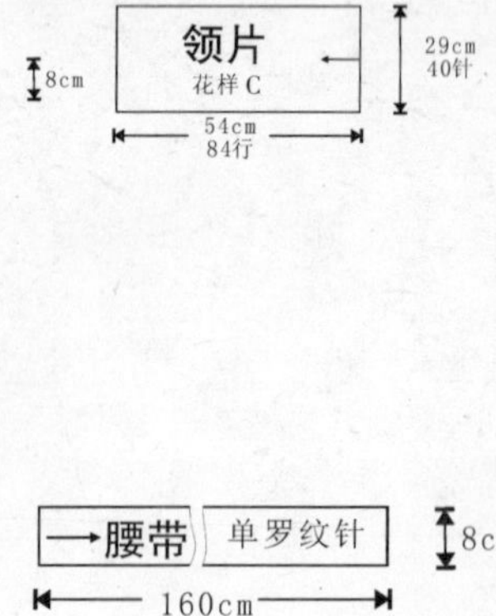

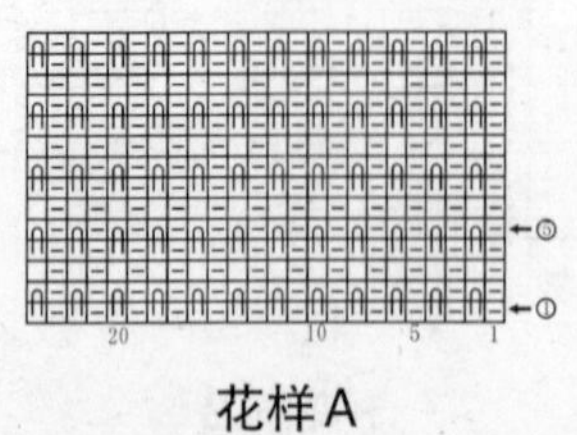

花样A

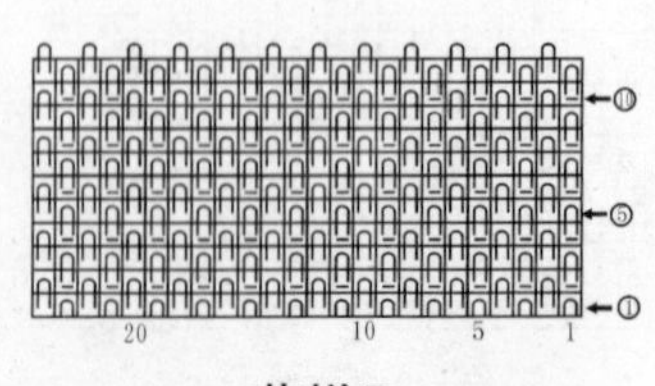

花样B

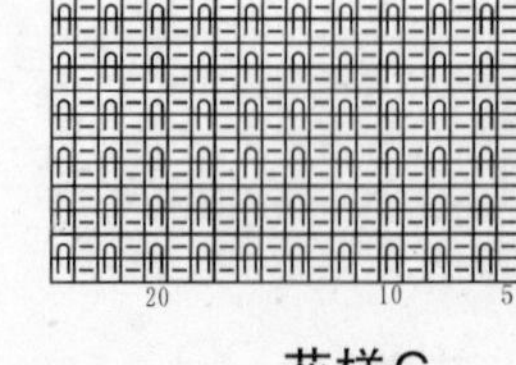

花样C

素雅长袖衫

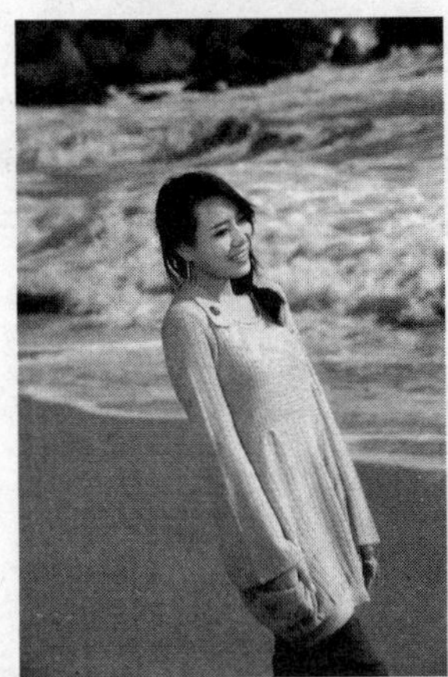

【成品尺寸】衣长85cm　胸围96cm　袖长53cm

【工具】1.7mm棒针

【材料】浅藕色纯羊毛线

【密度】10cm²：44针×55行

【附件】装饰扣4枚

【制作过程】前后片分上下片织，分别按图起针，织双罗纹至完成。下摆按图起针，即编入花样至织完成。打皱褶与前后片缝合，下摆边是一个长方形，织单罗纹，下摆打皱褶缝合下摆边。衣袖按图织好，全部缝合。衣领挑针织下针，形成圆领。领子衬条织好，按彩图装饰，衣袋织好，与前片两边侧缝缝合，缝上装饰扣，完成。

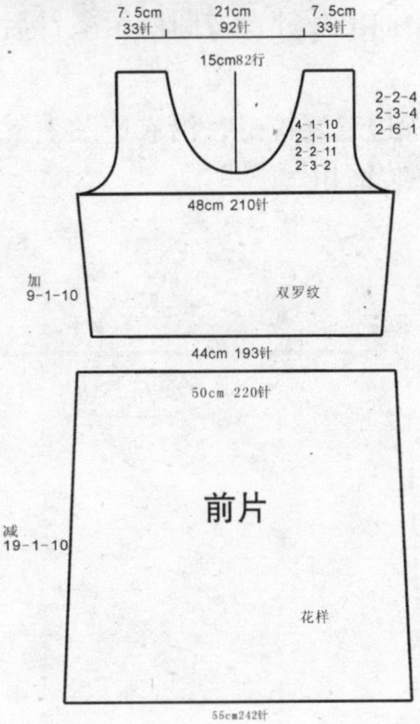

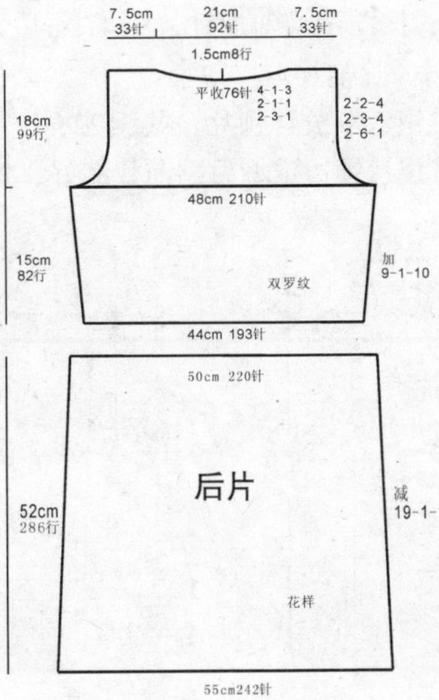

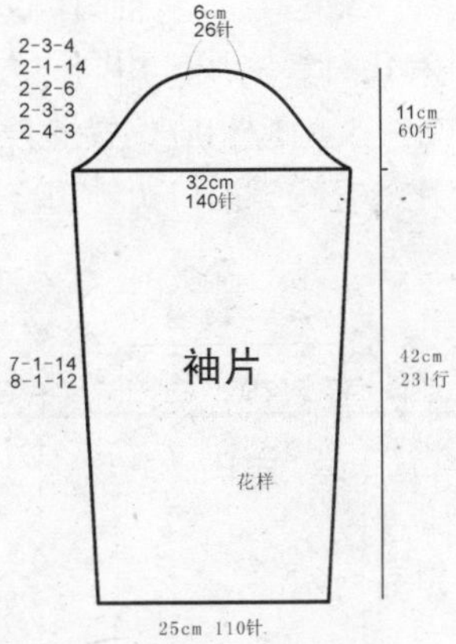

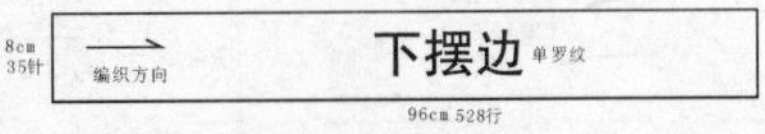

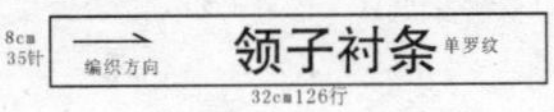

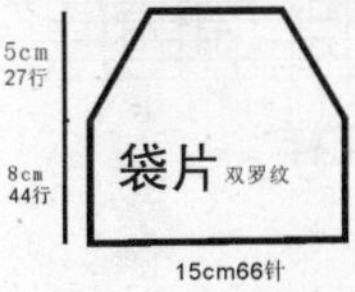

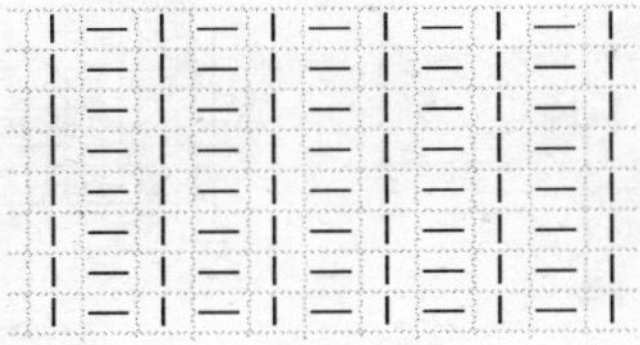

单罗纹

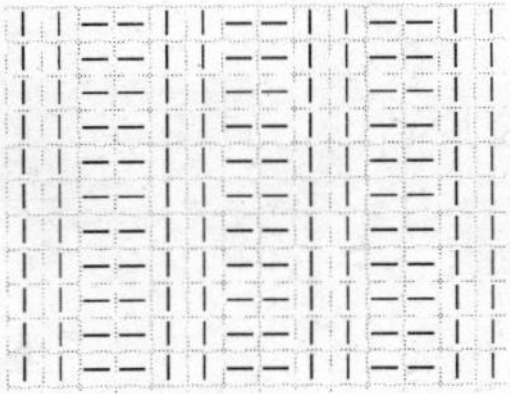

双罗纹

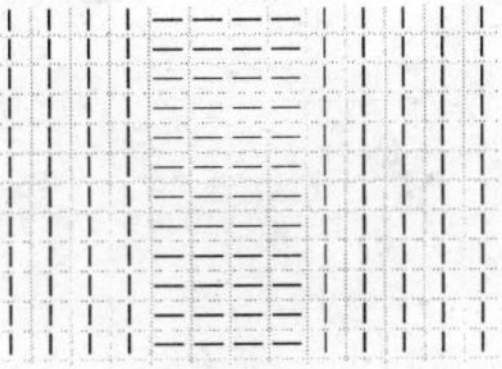

花样

【成品尺寸】 衣长80cm　胸围96cm　袖长57cm

【工具】 9号棒针　锁边机

【材料】 浅驼色圈圈纱线780g

【密度】 10cm^2：25针×32行

【附件】 拉链1条　子母扣1对　装饰扣1枚

【制作过程】 1. 单股线编织。

2. 起120针编织后片花样，按图加减针收腰编织，身长织43cm后开始袖窿减针，按结构图减针后编织到肩部，两肩部各余9cm。

3. 按图加针编织前片花样，加至120针后按图加减针收腰编织，织58cm时进行袖窿减针，身长共织到72cm进行前领窝减针，按图示减针后肩部余9cm。

4. 起180针编织后下片花样，不加减针织15cm，沿后片向前与前片下边缝合。

5. 起77针从袖口编织袖片花样，按图示均匀加针，织47cm后开始袖山减针，按图所示减针后余19针，断线。用同样方法再完成另一片袖片。

6. 对应相应位置缝合，沿领窝挑织双罗纹针领片，共织22cm。沿领边缝好拉链，沿衣边及上下片缝合线、袖口边锁边定型装饰。将袋片锁边定型后贴前片缝好，钉好装饰扣。

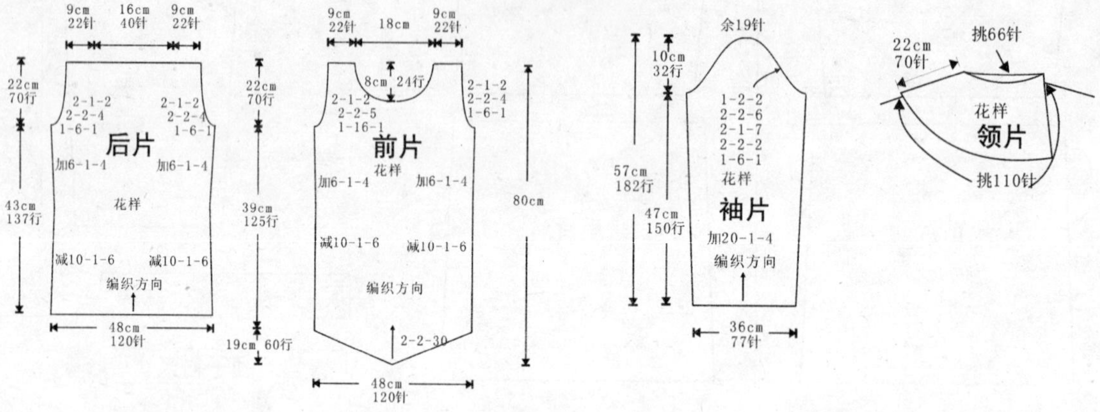

后片：9cm 22针　16cm 40针　9cm 22针；22cm 70行；2-1-2　2-2-4　1-6-1；加6-1-4；花样；43cm 137行；减10-1-6；编织方向；48cm 120针

前片：9cm 22针　18cm　9cm 22针；8cm 24行；22cm 70行；2-1-2　2-2-5　1-16-1；2-1-2　2-2-4　1-6-1；加6-1-4；花样；39cm 125行；减10-1-6；编织方向；80cm；19cm 60行；2-2-30；48cm 120针

袖片：余19针；10cm 32行；1-2-2　2-2-6　2-1-7　2-2-2　1-6-1；花样；57cm 182行；47cm 150行；加20-1-4；编织方向；36cm 77针

领片：22cm 70行；挑66针；花样；挑110针

袋盖：14cm 36针；花样；8cm 24行；2-2-2　1-2-1；10cm 24针

袋片：14cm 36针；花样；12cm 38行；2-2-2　1-2-1；10cm 24针

后下片：花样　编织方向；15cm 48行；72cm 180针

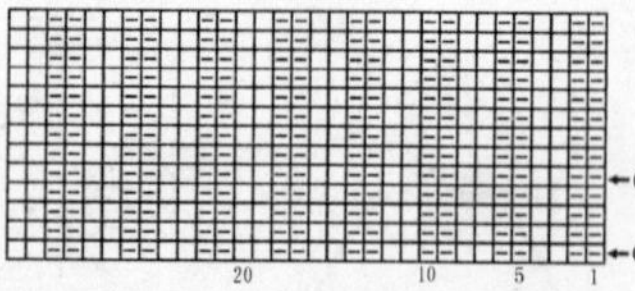

花样

秀气小巧衫

【成品尺寸】衣长73cm　胸围96cm　袖长54cm

【工具】7号棒针　小号钩针

【材料】石褐色马海毛线960g

【密度】10cm²：21针×25行

【制作过程】1. 单股线编织。

2. 起100针双罗纹针边，然后编织后片下针，两侧减针收腰，身长共织52cm后开始袖窿减针，按结构图减完针后不加减针编织到72cm时减出后领窝，两肩部各余9cm。

3. 起100针编织前片花样，侧缝均匀减针，共编织52cm时开始袖窿减针，织65cm时进行前领窝减针，按结构图减完针后收针断线。

4. 起56针双罗纹针从袖口编织袖片下针，按结构图所示均匀加针编织袖片，编织45cm后开始袖山减针，按图所示减针后余24针，断线。用同样方法再完成另一片袖片。

5. 沿边对应相应位置缝实。另起针挑织双罗纹针领，长度可根据个人喜好确定。缝好单独钩织的装饰小花。

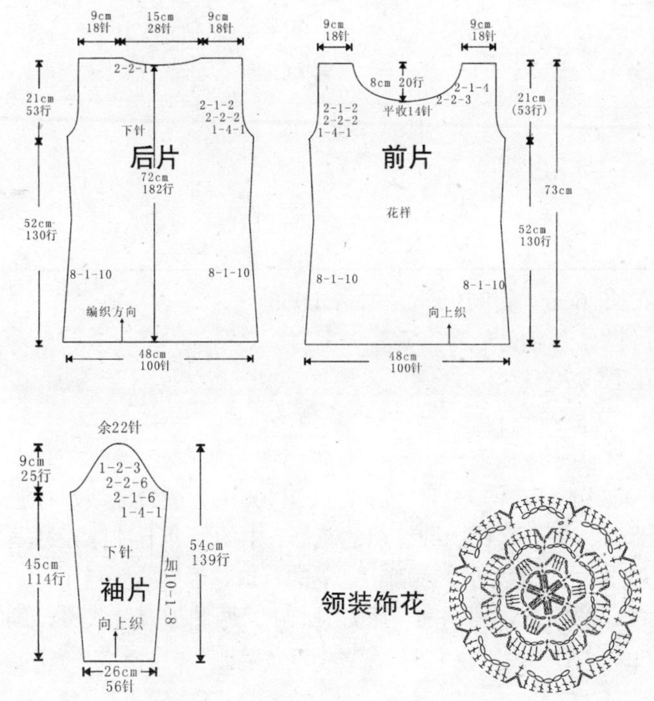

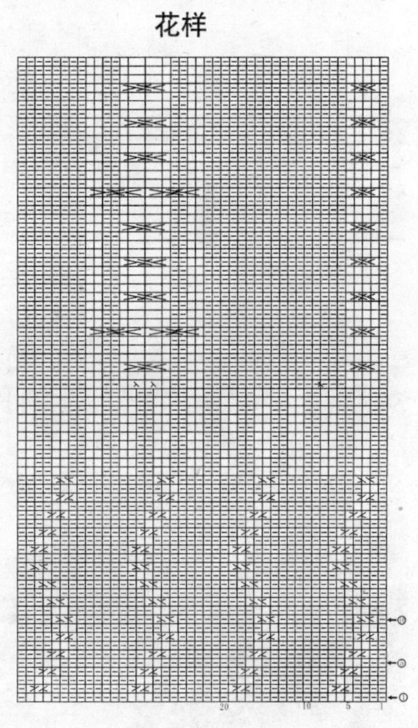

【成品尺寸】衣长75cm　胸围96cm　袖长50cm

【工具】7号棒针

【材料】白色毛线1000g

【密度】10cm²：21针×25行

【制作过程】1. 单股线编织。

2. 起116针编织后片花样，两侧减针收腰，腰间以双罗纹针装饰，然后改织下针，身长共织54cm后开始袖窿减针，按结构图减完针后，不加减针编织到74cm时，减出后领窝，两肩部各余8cm。

3. 起116针编织前下片花样，两侧减针收腰，腰间以双罗纹针装饰，然后改织下针，共编织54cm后开始袖窿减针，身长共编织到60cm时，进行前衣领减针，按结构图减完针后收针断线。

4. 起56针双罗纹针从袖口编织袖片下针，按结构图所示均匀加针编织袖片，编织40cm后开始袖山减针，按图所示减针后余16针，断线。用同样方法再完成另一片袖片。

5. 将前、后片及袖片对应缝合，沿前片领窝挑织6cm双罗纹针边，两侧与身片缝实，完成后再沿前袖窿处侧缝及后领连续挑织两侧双罗纹针外装饰前片，不加减针共织6cm，将侧缝处加以固定缝实。在腰间双罗纹针处穿入装饰带。

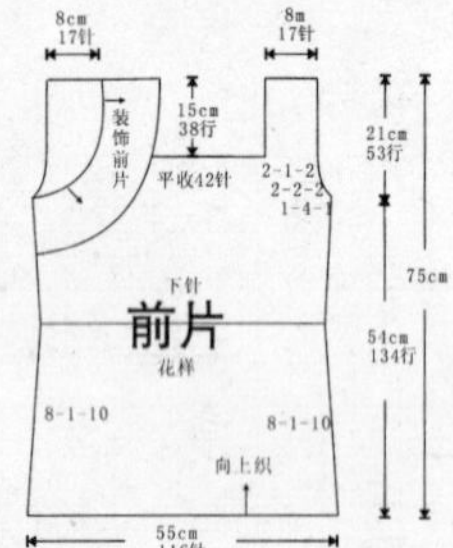

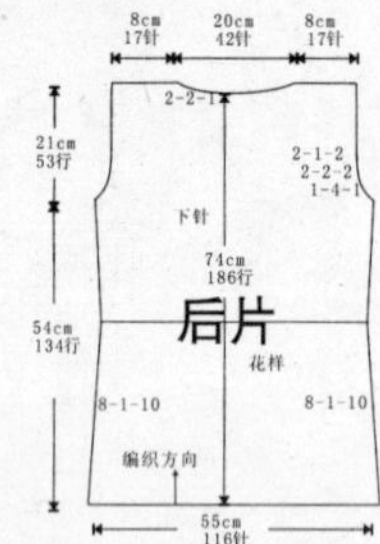

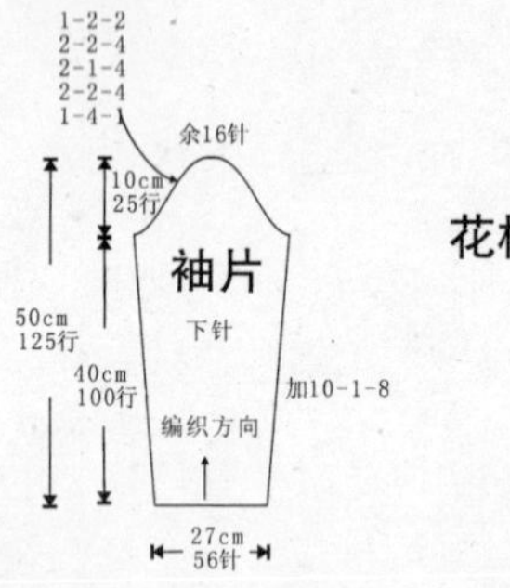

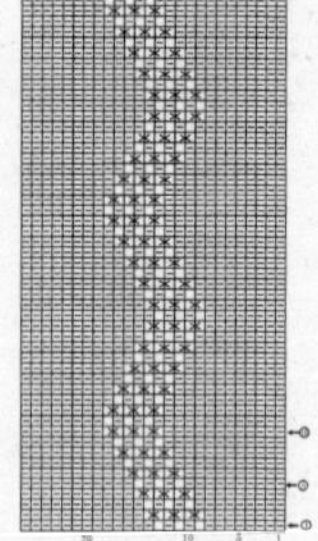

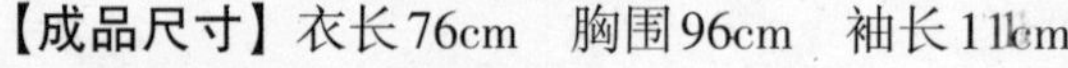

修身短袖衫

【成品尺寸】衣长76cm　胸围96cm　袖长11cm

【工具】7号棒针　5号钩针

【材料】灰色花毛线700g

【密度】10cm²：21针×25行

【制作过程】1. 单股线编织。

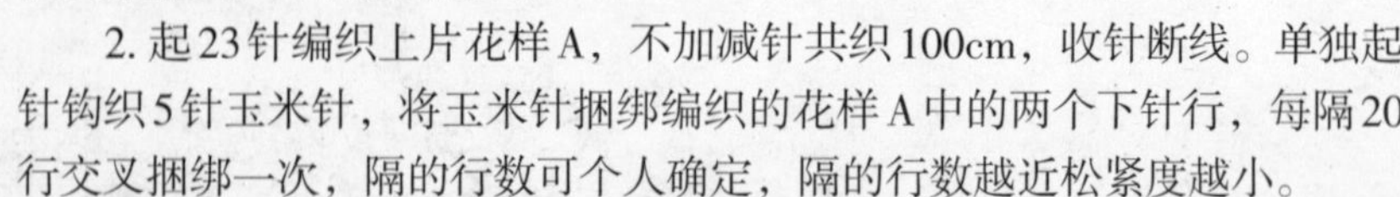

2. 起23针编织上片花样A，不加减针共织100cm，收针断线。单独起针钩织5针玉米针，将玉米针捆绑编织的花样A中的两个下针行，每隔20行交叉捆绑一次，隔的行数可个人确定，隔的行数越近松紧度越小。

3. 起110针双罗纹针，编织前后下片花样B，两侧加减针收腰，编织至61.5cm时两侧分别减出袖窿，身长共织65cm。